全国普通高等院校生命科学类"十二五"规划教材

细胞生物学实验

主　编　白占涛　延安大学
　　　　李先文　信阳师范学院
　　　　何玉池　湖北大学
副主编　余晓丽　武汉轻工大学
　　　　刘忠虎　河南农业大学
　　　　屈长青　阜阳师范学院
　　　　肖辉海　湖南文理学院
编　委　（以姓氏笔画为序）
　　　　白占涛　延安大学
　　　　刘忠虎　河南农业大学
　　　　汤行春　湖北大学
　　　　李先文　信阳师范学院
　　　　肖辉海　湖南文理学院
　　　　何玉池　湖北大学
　　　　何建民　天津医科大学
　　　　余晓丽　武汉轻工大学
　　　　宋　鹏　河南科技大学
　　　　张建萍　塔里木大学
　　　　武　燕　大庆师范学院
　　　　屈长青　阜阳师范学院

华中科技大学出版社
中国·武汉

内容简介

本书在编写时既注重基础性和系统化，又突出反映目前细胞生物学的研究现状和发展趋势。本书共分7个部分。第1部分为显微镜技术，包括光学显微镜技术和电子显微镜技术两个方面。第2到第7部分包括细胞亚显微结构的分离和观察、细胞生理学技术、细胞结构与化学成分的检测技术、细胞培养与细胞工程技术、染色体的观察以及细胞重大生命活动的研究等内容，涵盖细胞生物学基本操作技术，验证性、综合性和设计性等不同层面的实验，配合细胞生物学授课内容，侧重培养学生分析问题与解决问题的能力和严谨的科学态度，促进学生学科逻辑素养的形成。

本书由来自全国多所高等院校富有细胞生物学实验教学和研究经验的一线教师共同编写。编写中侧重培养学生的实践动手能力和创新性科学思维，突出强调每个实验的可操作性。精选的实验内容可供各高校依据自身教学实践资源和课时安排自主选择。

本书作为全日制教材，可作为综合性、师范类、农林、医学等院校相关专业本科生的细胞生物学实验教材使用，也可供研究生、相关科研及实验技术人员参考。

图书在版编目(CIP)数据

细胞生物学实验/白占涛，李先文，何玉池主编. —武汉：华中科技大学出版社，2014.3(2024.2重印)
ISBN 978-7-5609-9696-7

Ⅰ.①细…　Ⅱ.①白…　②李…　③何…　Ⅲ.①细胞生物学-实验-高等学校-教材　Ⅳ.①Q2-33

中国版本图书馆CIP数据核字(2014)第055774号

细胞生物学实验　　白占涛　李先文　何玉池　主编

策划编辑：罗　伟
责任编辑：程　芳
封面设计：刘　卉
责任校对：张　琳
责任监印：周治超
出版发行：华中科技大学出版社(中国·武汉)　　电话：(027)81321913
　　　　　武汉市东湖新技术开发区华工科技园　　邮编：430223
录　　排：华中科技大学惠友文印中心
印　　刷：武汉科源印刷设计有限公司
开　　本：787mm×1092mm　1/16
印　　张：13.5　插页：2
字　　数：356千字
版　　次：2024年2月第1版第8次印刷
定　　价：32.00元

全国普通高等院校生命科学类“十二五”规划教材
编　委　会

全国普通高等院校生命科学类“十二五”规划教材组编院校

（排名不分先后）

北京理工大学
广西大学
广州大学
哈尔滨工业大学
华东师范大学
重庆邮电大学
滨州学院
河南师范大学
嘉兴学院
武汉轻工大学
长春工业大学
长治学院
常熟理工学院
大连大学
大连工业大学
大连海洋大学
大连民族学院
大庆师范学院
佛山科学技术学院
阜阳师范学院
广东第二师范学院
广东石油化工学院
广西师范大学
贵州师范大学
哈尔滨师范大学
合肥学院
河北大学
河北经贸大学
河北科技大学
河南科技大学
河南科技学院
河南农业大学
菏泽学院
贺州学院
黑龙江八一农垦大学

华中科技大学
华中师范大学
暨南大学
首都师范大学
南京工业大学
湖北大学
湖北第二师范学院
湖北工程学院
湖北工业大学
湖北科技学院
湖北师范学院
湖南农业大学
湖南文理学院
华侨大学
华中科技大学武昌分校
淮北师范大学
淮阴工学院
黄冈师范学院
惠州学院
吉林农业科技学院
集美大学
济南大学
佳木斯大学
江汉大学文理学院
江苏大学
江西科技师范大学
荆楚理工学院
军事经济学院
辽东学院
辽宁医学院
聊城大学
聊城大学东昌学院
牡丹江师范学院
内蒙古民族大学
仲恺农业工程学院

云南大学
西北农林科技大学
中央民族大学
郑州大学
新疆大学
青岛科技大学
青岛农业大学
青岛农业大学海都学院
山西农业大学
陕西科技大学
陕西理工学院
上海海洋大学
塔里木大学
唐山师范学院
天津师范大学
天津医科大学
西北民族大学
西南交通大学
新乡医学院
信阳师范学院
延安大学
盐城工学院
云南农业大学
肇庆学院
浙江农林大学
浙江师范大学
浙江树人大学
浙江中医药大学
郑州轻工业学院
中国海洋大学
中南民族大学
重庆工商大学
重庆三峡学院
重庆文理学院

前　言

现代生命科学的发展在目前乃至今后很长一段时间内，仍将以实验实践为核心。作为现代生命科学的重要分支，细胞生物学的快速发展必须重视实践教学。本教材的编写针对细胞生物学的学科发展特点，综合考虑了不同教学单位的教学资源(师资、场地、设备和经费等)、实验材料来源、教学课时设置等状况，从对实验教学重要性理解、教材选用、教学内容设置等方面综合考量而成。

细胞生物学是生命科学及相关学科知识的交汇点，是生命科学类专业的重要基础课程，处于专业课程体系的核心位置，起到整合生理与生化、分子与细胞乃至个体与群体等多个层面知识的作用，可“串通”和“深化”学习者对生命科学知识的理解。然而，学好细胞生物学课程需要理论与实践的紧密结合。因此，实验课就成为整个细胞生物学教学体系中的一个重要组成部分。通过实验不仅可验证和加深对理论知识的理解，还可培养和提高学生操作与观察能力、分析问题和解决问题的能力以及勇于探索和善于探索的科研素质。因此，细胞生物学实验是非常重要的课程，也是理论课无法替代的课程。

目前，很多人的教学观念仍停留在“实验课是为其理论课服务的，是理论课的补充和延伸”，没有充分地、清楚地认识到实验课的另一个重要功能——培养学生科研素质和创新精神的教学目标，而这一功能是理论课所不可替代的。因此，我们不仅应当充分认识到实验课能矫正和深化学生对理论知识的理解，服务于理论课，还要坚定地实施培养学生科研素质和创新精神的实践教学目标。实验一方面要辅助和服务于理论课的教学，但由于细胞生物学理论知识是集数百年来多学科研究成果之大成，有限的实验课时不可能涵盖各个经典方面或主题，这就要求在细胞生物学实验教材编写时要有所取舍，选取部分经典和基础性实验，摒弃部分陈旧的内容，根据学科的发展，增加新的实验内容。将部分实验进行整合，增设综合性、探索性实验。巧妙设立保证实现“培养学生科研素质和创新精神的教学目标”的有效方案和措施，将基础性、综合性、设计性多个层面上的实验有机结合起来，使专业知识和技能的传授巧妙且分步骤地实施，设置弹性的多级实践教学目标内容和“可修改性”的综合实验方案或实验方案毛坯，学生根据当地条件稍加改造就可成为一套研究方案的教案。因此，基于这些理解，本教材针对细胞生物学的学科趋势、实验技术发展和使用的普遍性、实践教学的可操作性等特点，共设置 7 个部分及附录，在各部分同时注重实验项目设置的系统性。

参编人员均为从事细胞生物学教学多年的一线教师，大家也期望力所能及地做些有益的探索和尝试，但毕竟受能力所限，本书难免会有诸多不尽如人意的地方。恳请读者在使用过程中提出改进建议，以使本教材更好地适应细胞生物学的学科发展和创新型生命科学人才培养的需求。

白占涛　李先文

前言

目　录

第1部分 显微镜技术

1.1 光学显微镜技术

光学显微镜技术包括显微镜结构使用以及光学显微镜下观察标本的制作等内容。光学显微镜包括普通光学显微镜和特殊光学显微镜。光学显微镜下观察标本的制作主要是玻片标本制作,包括细胞涂片、印片以及切片标本制作。特殊光学显微镜包括暗视野显微镜、倒置显微镜、相差显微镜、微分干涉显微镜、荧光显微镜、双光子显微镜和激光共焦点扫描显微镜等。本部分主要介绍普通光学显微镜、部分特殊光学显微镜的构造原理与使用,以及光学显微标本的石蜡切片和冰冻切片制作技术。

1.1.1 普通光学显微镜的构造原理及使用方法

一、实验目的

(1) 了解普通光学显微镜的原理及构造。

(2) 熟练掌握普通光学显微镜的使用方法。

二、实验原理

(一) 普通光学显微镜放大原理

普通光学显微镜是实验室观察细胞显微结构的常备工具。普通光学显微镜以可见光(日光或灯光)为光源,通过玻璃透镜将光源汇聚为光束,当光束通过玻片标本时,标本中不同区域对光的滞留时间和吸收波长不同,造成明暗反差和颜色区别,以显示细胞结构细节。

普通光学显微镜成像光束通过的物镜、管镜和目镜等玻璃透镜以及观察者眼睛(晶状体)均为凸透镜,因此其放大原理遵从透镜成像原理,将标本 AB 置于物镜的 2 倍焦距与 1 倍焦距之间,光束经物镜后形成放大的倒立实像 $A'B'$,该实像经过目镜投射到观察者视网膜上,形成一个正立的实像,视网膜接收到的光束好似来自于距离眼睛 250 mm 处再次放大的像,该像实际是不存在的,所以是虚像(即 $A''B''$)。显微镜的放大倍数即为 $A''B''$ 与 AB 高度的比值。普通光学显微镜放大原理如图 1-1 所示。

对任何显微镜来说,最重要的性能参数是分辨率,而不是放大倍数。显微镜的分辨率(D)是指显微镜能够分辨的两个质点之间的最小距离,是显示显微镜解析细胞微细结构能力的重要参数,又称为解析度。D 值越小,表示显微镜的分辨本领越强。当用普通的中央照明法(使

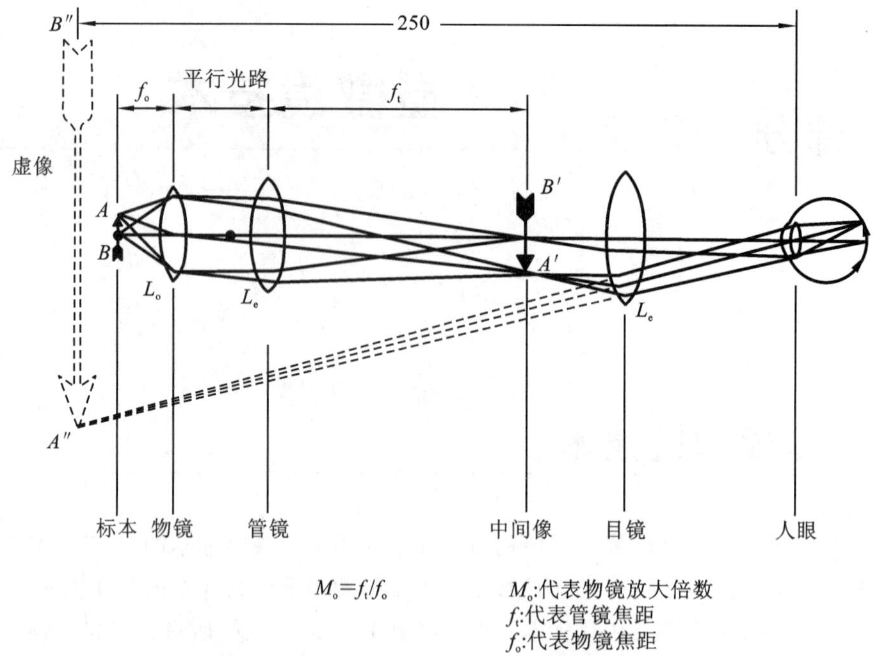

图 1-1　普通光学显微镜放大原理

光线均匀地透过标本的明视照明法)时，显微镜的分辨率取决于光源波长(λ)，物镜镜口角 α(标本在光轴的一点对物镜镜口的张角)和介质折射率 N，它们之间的关系是

$$D=\frac{0.61\lambda}{N\sin\alpha/2}$$

其中，$N\sin\alpha/2$ 称为物镜的数值孔径(NA)。可见光波长范围为 400～700 nm，镜口角总是要小于 180°，所以 $\sin\alpha/2$ 的最大值必然小于 1。当我们选用最高倍数物镜(油浸物镜，简称油镜，即 100×物镜，其 NA 为 1.25)时，利用最短波长的可见光为光源，则 D=195 nm，即可见光照明的显微镜分辨率的极限值约为 200 nm。一般人眼正常的分辨率为 0.2 mm，使用光学显微镜可以清楚地分辨细胞的微细结构细节(提高至 1000 倍)，这正是光学显微镜的极限放大倍数，再追求更大倍数也只能是空放大(无效放大)，并不能使细节更为清晰。

(二) 普通光学显微镜的基本构造

普通光学显微镜(图 1-2)主要由三部分组成，即机械支撑系统、光源照明系统和光学放大系统。

1. 显微镜的机械支撑系统

(1) 镜座：位于显微镜的底部，起支撑和稳固整个显微镜的作用。有的显微镜的镜座内还装有反光镜或光源组件。

(2) 镜柱：位于显微镜镜座上的直立部分，用于连接镜座和镜臂。部分显微镜无此部分。

(3) 镜臂：移动显微镜的把手，起支撑和固定镜筒、载物台及调焦装置的作用。直筒显微镜的镜臂与镜座连接处有活动关节，可按需要将镜臂调节至适当倾斜度。

(4) 镜筒：显微镜上方的空心圆筒，其内喷以无光黑漆(避免光线乱反射)，上端套接目镜，下端与物镜转换器连接。镜筒有单筒和双筒两种。单筒又分为直立式和倾斜式两种；双筒都是倾斜式的。双筒镜筒有调距装置，可调节两镜筒之间的宽度，其中的一个镜筒上还装有视度

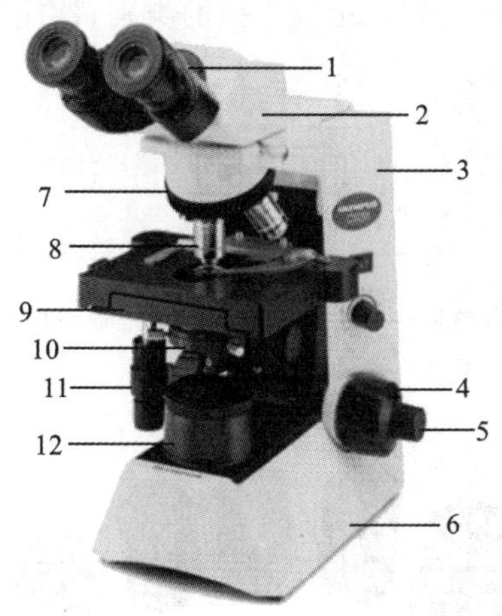

图 1-2　普通光学显微镜结构

1—目镜；2—镜筒；3—镜臂；4—粗调焦螺旋；5—细调焦螺旋；6—镜座；
7—物镜转换器；8—物镜镜头；9—载物台；10—聚光器；11—标本推进器；12—光源

调节装置。镜筒上缘到物镜转换器螺旋下端的距离称为镜筒长度或机械长度。调节式镜筒附有刻度，一般可调范围为 155～250 mm；固定式的为 160 mm 或 170 mm。

(5) 物镜转换器：连接于镜筒的下端，其上有 4～6 个圆孔，可顺序安装不同倍数的物镜。可根据需要转动转换器来更换观察用的物镜。

(6) 载物台：亦称工作台，固定在镜臂上，为方形或圆形，中央有一通光孔，台面上装有推进器和卡片簧夹，可推动和固定标本。有的显微镜在载物台两边或一边(或在推进器上面，或在载物台下面)装有两个移动手轮，转动移动手轮可使载物台前后左右移动，便于观察标本的任一视野。有的显微镜在载物台的纵向和横向上装有游标尺，可测定标本的大小，也可用来对被检视野作标记，以便下次观察时再检查该视野。

(7) 调焦装置：安装在镜臂的两侧，与镜筒或载物台连接。调焦装置包括粗调焦螺旋和细调焦螺旋。转动调焦螺旋可使镜筒或载物台上下移动，以调节焦距，使标本与物镜的距离等于物镜的工作距离。

2. 显微镜的光源照明系统

(1) 照明光源被设置在显微镜底座中的灯室内，为普通钨丝灯或 LED(light emitting diode，发光二极管)灯。对于采用柯勒照明法光源的显微镜，在光源灯与聚光器之间，加放了光源聚光器和视场光阑。

(2) 聚光器由孔径光阑和聚光镜组成，可通过镜臂上的聚光器调节螺旋进行上下方向的调节。孔径光阑位于聚光镜下方，由数个金属薄片依次环形排列组成。通过调节孔径光阑中央的开孔直径，可以调节通过光束的直径。聚光镜位于载物台下方，孔径光阑上方，由单片或数片玻璃透镜组成，有汇聚光线功能，其作用是把通过孔径光阑的光束集中到所要观察的标本上，使透过标本的光线摄入到物镜中。

3. 显微镜的光学放大系统

(1) 目镜安置在镜筒上方，有单目、双目或三目等配置方式。目镜镜头刻印有放大倍数，如“5×”、“10×”，分别表示目镜的放大倍数为 5 倍和 10 倍。

(2) 物镜装置在镜筒下方的物镜转换器上，物镜通常配置 4～6 个。物镜镜头外壳上刻印有多个符号、数字和缩写标志等，分别表示该物镜的类别、性能参数、使用条件和要求等，如图 1-3 所示。

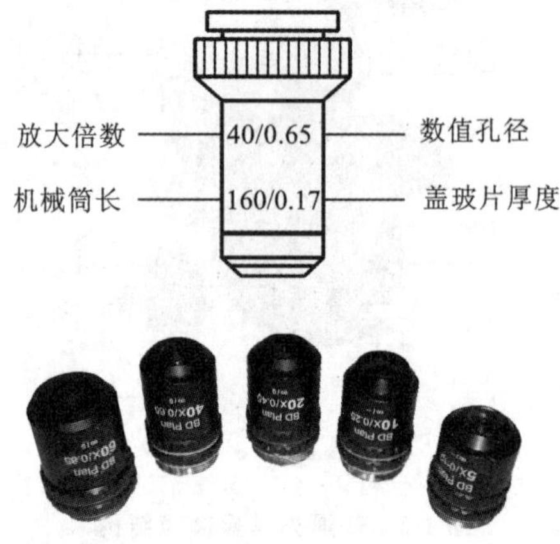

图 1-3　常见物镜镜头及性能参数

物镜的分类方式主要有两种。

① 根据物镜校正内容不同分类，分为消色差物镜(achromatic objective)、平场物镜(plan achromatic objective)以及平场消色差物镜 3 种基本类型。

色差(chromatic aberration)，又称色像差。可见光不是单色光，它是由波长在 400～700 nm 的一系列不同波长的光(即不同颜色的光)组成的复合光，不同波长的光在通过透镜时的折射率不同。这样物方一个点，在像方则可能形成一个模糊色斑。色差一般有位置色差、放大率色差。位置色差使像在任何位置观察都带有色斑或晕环，像模糊不清。而放大率色差则使像带有彩色边缘。另外，在光线通过透镜成像时，由于光学透镜的物理特性，会导致所形成的像出现球差、慧差、像场弯曲(场曲)等像差。

根据需求不同，消除色差的物镜又分为数种：a. 消色差物镜，其标志为“Ach”字样，这类物镜仅能校正轴上点的位置色差(红、蓝两色)和球差(黄绿光)以及消除近轴点慧差。不能校正其他色光的色差和球差，且场曲很大。b. 复消色差物镜(apochromatic objective)：其标志为“Apo” 字样，透镜采用了特种玻璃，这种物镜不仅能校正红、绿、蓝三色光的色差，同时能校正红、蓝两色光的球差。像差的校正效果较好。c. 半复消色差物镜(semi apochromatic objective)：又称氟石物镜(fluorite objective)，其标志为“FL”字样，在成像质量上接近于复消色差物镜。

平场物镜是在物镜的透镜系统中增加一块半月形的厚透镜，使显微镜视野中心与边缘能同时准焦，以达到校正场曲的缺陷。平场物镜的视场平坦，更适用于镜检和显微照相。平场物镜常同时具有校正色差功能，常见类型有平场消色差物镜(标志为“PLAN”)、平场复消色差物镜(标志为“PL・APO”或“Plan・Apo”)和平场半消色差物镜(标志为“PL・FL”)等。

② 根据光线在物镜镜头与被检标本之间传播的介质要求不同，分为干燥系物镜和浸没系物镜。干燥系物镜镜头与被检标本之间传播的介质为空气。浸没系物镜镜头与被检标本之间常用的液体为香柏油，物镜镜头金属外壳常用“oil”标志，如 100× 物镜。

物镜镜头外壳除了刻印表示物镜像差校正性能的标志外，还刻有放大倍数、数值孔径(numerical aperture，NA)、机械筒长(mechanical tube length)和盖玻片厚度要求等标志。

放大倍数有 4×、10×、20×、40× 和 100× 等表示方式。

数值孔径有 0.25、0.65 和 1.25 等表示方式。数值孔径常和放大倍数写在一起表示，如 10×/0.25、40×/0.65 和 100×/1.25，或者表示为 10 /0.25、40 /0.65 和 100 /1.25 等形式。

机械筒长是指有限像距的物镜，从其物镜的安装定位处到显微镜镜筒上端面的距离，标准定为 160 mm。对无限远像距的物镜，机械筒长可认为是无限长。在物镜镜筒外壳上分别表示为 160 或∞。

盖玻片厚度要求常常被刻印在物镜镜筒外壳上，且常和机械筒长写在一起，如 160/0.17 或∞/0.17，分别表示机械筒长 160 mm/盖玻片厚度 0.17 mm，或机械筒长为无限长/盖玻片厚度 0.17 mm。

三、实验材料、仪器与试剂

普通光学显微镜、擦镜纸、玻片标本（动植物组织切片或细胞涂片）、香柏油、二甲苯或乙醚-乙醇（7∶3）混合液等。

四、实验方法与步骤

（一）照明光路与显微镜光轴的合轴调节

显微镜在设计上存在着一个中心光轴，沿着这个光轴可以使照明灯发出的光束依次经过光源聚光镜、视场光阑、孔径光阑、聚光器透镜均匀地照射到玻片标本上。在使用过程中，由于聚光器位置变化，可能导致物镜视场中光源位置偏向于一侧，不能均匀照明，因此必须通过调节聚光器在水平平面上的位置，使照明光路与显微镜中心光轴完全重合在同一轴线上，这一过程称为光路对中。具体步骤如下。

（1）首先选择低倍物镜，转动物镜转换器，当转换器外的金属弹片上的突起滑入到 10×物镜镜头根部外壳上的凹槽内时，物镜即已调节至光路中。

（2）将聚光器透镜调升至顶端位置，孔径光阑调至中间位置。

（3）打开照明灯电源开关，并逐渐调大亮度。

（4）将玻片标本放置于载物台中央，并用推进器的玻片标本夹卡紧。通过调节螺旋调节载物台至适中位置。

（5）调节缩小视场光阑，视野中可见边缘模糊的多边形视场光阑图像。

（6）缓慢下降聚光器，直至多边形视场光阑图像清晰。

（7）同时调节聚光器侧面的 2 个对中旋钮，使视场光阑图像的多边形中心平移，并与视野中心重合，如图 1-4 所示。

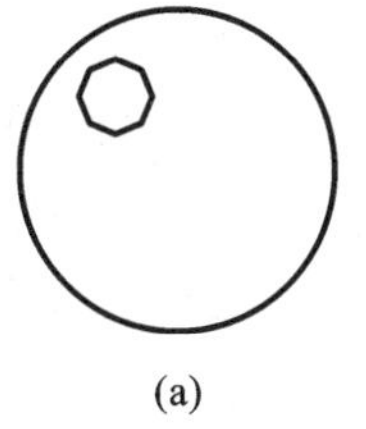

(a)

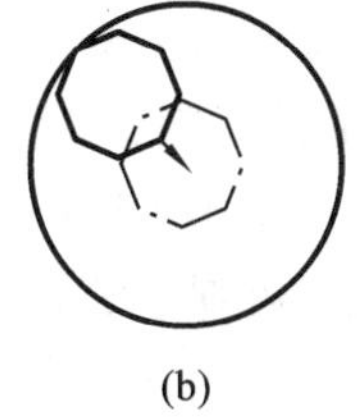

(b)

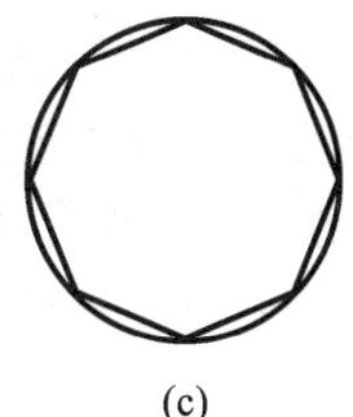

(c)

图 1-4　聚光器调中

注：(a)中视场光阑的多边形像偏向了左上，由于视场光阑是固定在镜座上的，形成此图像实际上是聚光器偏向了右下侧。(b)向左上方调整聚光器，视场光阑的像移向了视野正中。(c)开放视场光阑使之与视场边缘重合。

(8) 逐渐调节放大视场光阑，使其多边形图像成为视野的内节多边形。反复缩放视场光阑，确认对中效果和对中旋钮的松紧稳定。

(9) 进一步调节放大视场光阑，使多边形图像外展扩大，不显现在视野中。

(10) 调节聚光器恢复至顶端位置。

(二) 低倍镜和高倍镜的使用方法

(1) 低倍镜包括 4×和 10×物镜。使用低倍镜前首先将光源亮度调节适中，光路对中，然后将玻片标本卡紧并调节推进至载物台中央，观察时可适当调节缩小聚光器光圈，提高观察图像的清晰程度。

(2) 高倍镜包括 20×和 40×物镜。在低倍镜观察清楚的基础上，通过旋转物镜转换器将高倍物镜旋转入光路中，缓慢调节推进器，更换玻片标本的观察区域，调节孔径光阑和照明光强度至最适状态，谨慎调节粗、细调焦螺旋至图像清晰。

(三) 油镜的使用方法

(1) 高倍镜下将需要进一步放大观察的细胞调节至视野正中央。

(2) 移开高倍镜，然后在观察区域盖玻片表面滴加一滴香柏油，转动油镜镜头，使其浸没于油中，谨慎调节细调焦螺旋至图像清晰。此时一般需要将孔径光阑和照明光强度调节至最大。

(3) 观察结束后，先用专用擦镜纸蘸取少许混合液(乙醚-乙醇，体积比为 7∶3)，将镜头上香柏油擦去，彻底擦净镜头油迹，需要更换擦镜纸，重复上述过程 2 次。然后用干擦镜纸将镜头擦干。盖玻片可用同样方法擦净。

五、实验注意事项

(1) 显微镜要放置在干燥环境中，避免受潮，导致镜头发霉。使用结束后要将显微镜用防尘布包裹并加套防尘罩。

(2) 取放显微镜时必须一只手握住镜臂，另一只手托着显微镜底座，切勿单手斜提镜臂，前后摆动，以防镜头或其他零件掉落。

(3) 擦拭显微镜镜头一般只能利用专用镜头纸或脱脂棉，不能用手指、纱布或卫生纸擦拭，以免磨损镜面。显微镜使用过程中应避免腐蚀性和挥发性溶液或化学试剂接触显微镜，如不慎污染应尽快擦拭干净，以免造成显微镜镜体的锈蚀。

(4) 不要随意拆卸显微镜各部零件，尤其是不要随意取下目镜镜头，以免灰尘或纤维落入镜筒影响观察。

(5) 使用显微镜观察前应首先熟悉调焦螺旋旋转方向与载物台升降的对应关系，以免观察时扭反方向，压碎玻片。放置玻片要注意将有盖玻片的一面向上，同时将要观察的区域放置在载物台中央的光路上。在使用高倍镜时要注意边调节调焦螺旋，边从侧面观察，使物镜镜头尽量与盖玻片接近，然后通过目镜边观察，边调节细调焦螺旋使盖玻片远离物镜镜头。此方法可防止压碎玻片。

(6) 调节焦距过程中，粗、细调焦螺旋要配合使用，不能单方向过度旋转细调焦螺旋，以免损伤细调焦螺旋齿轮。

(7) 显微镜使用结束后，应先将灯光亮度调至最小，然后关掉电源开关，以防止下次打开电源开关时较大电流直接冲击灯丝，影响照明灯泡使用寿命。

六、作业与思考题

(1) 如何进行显微镜的光路合轴调节?

(2) 为什么说普通光学显微镜有效放大倍数一般只能达到1000倍?

(3) 使用推进器移动玻片时,显微镜下观察到的图像移动方向与玻片移动方向是否一致?为什么?

(4) 标记玻片标本中某一组织结构的位置,以便下次观察或示教教学显示,应该如何操作?

（刘忠虎）

1.1.2　特殊显微镜的原理和使用

一、实验目的

(1) 了解几种特殊显微镜的工作原理及结构。

(2) 熟悉、掌握相关的几种特殊显微镜的使用方法、适用范围并进行实际操作。

二、实验原理

(一) 暗视野显微镜

在一间光照充足的房间内人们很难看清楚空气中悬浮的尘埃颗粒,但在一间黑暗的房间中如果有一束光线照进房间,则可以清楚看到房间内空气中浮动的尘埃,光线没有直接进入人们眼睛,所以整个视野是黑暗的,能够看到尘埃是由于光线通过尘埃颗粒反射进入了眼睛。暗视野显微镜(dark ground microscope)的基本原理即与这一现象(丁达尔现象,Tyndall phenomenon)一致。暗视野显微镜与普通光学显微镜的区别主要在于聚光器的不同。暗视野显微镜聚光器由特殊聚光镜和孔径光阑构成。其孔径光阑中央为一圆形不透光的薄片材料,称为暗视场光挡,其遮光范围的直径大小应与所用物镜的后焦平面通光孔径相当,光挡直径小于光阑内径,使两者之间形成一个环形的缝隙供照明光线通过。其聚光镜构造特殊,有抛物面型透镜和心形面型结合球面型透镜等特殊形态透镜设计,可使照明光线经其透镜折射和特殊形态表面反射后,形成一空心的光锥,光线沿光锥表面斜向经过玻片标本时,如果没有照射到玻片标本中的细胞或颗粒物则会呈环形射向四周,且避开物镜,形成暗视野。如果照射到玻片标本中的细胞或颗粒物则会发生光的反射或折射,改变光线方向,进入物镜形成图像,如图1-5所示。

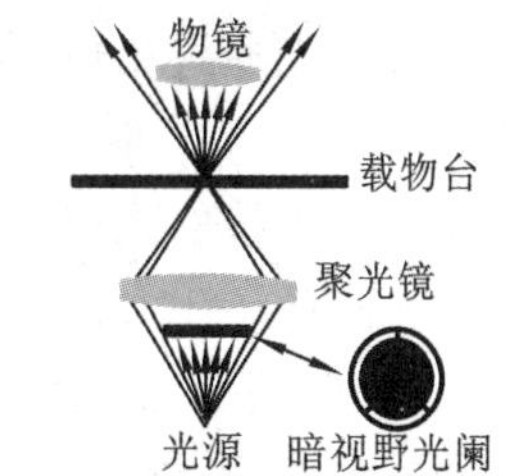

图1-5　暗视野显微镜的原理

暗视野显微镜主要适用于对细菌颗粒等颗粒型活体样品的观察,在明视野显微镜下观察活体细菌、细胞样品时,由于反差太小,不容易观察清楚,通过暗视野显微镜可以在黑暗背景衬托下观察到活体细菌呈现的亮点,显著增加了反差,其最高分辨率可达0.004 μm。但暗视野显微镜的这个特点也决定了它只能看到物体的大致轮廓,不能显示微细结构。

(二) 相差显微镜

光是电磁波的一种,故又称之为光波。光波传递过程中,具有一定的振幅(亮度)、波长(颜色）及相位（某一时刻光波传递所达到的位点）。当光波通过物体时，如果物体能够使通过的光波振幅和波长发生变化，则该物体的结构图像就可以被看到。但一般单个活细胞由于其呈现无色透明状，且个体较小，细胞各部微细结构的厚度仅稍有不同，光波通过时颜色和亮度几乎不发生变化，仅相位发生变化，仅发生相位变化而没有明暗反差变化，肉眼不能辨识。为了观察单个活体细胞的结构，荷兰物理学家 Zemike 于 1942 年研制出了第一台相差显微镜（phase contrast microscope）。

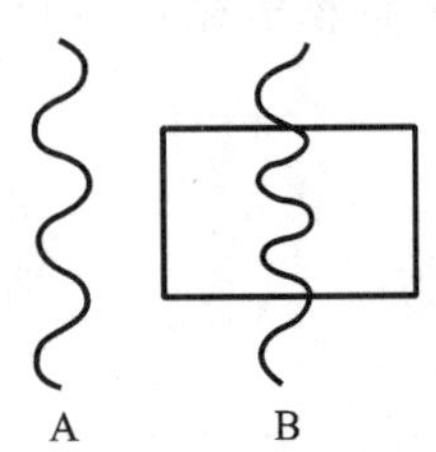

图 1-6　相位差的产生

注：相位相同的光线通过空气（A）和玻璃（B）时因为介质折射系数不同产生了相位差。

显微镜的照明光束由无数相关光线组成，当照明光束通过标本时，部分光线遇到了与光波波长长度相近大小的细胞结构或组分，形成了衍射光，另外一部分光线直接通过细胞结构，仍为直射光，直射光与衍射光穿过标本后发生干涉现象并在像平面上成像。对于染色标本而言，由于标本各点颜色不同和染料附着，对光的吸收差异较大，在像平面上仅直射光线振幅和波长的差异就可形成人眼可辨的像。对于活体细胞，光束通过后形成的直射光线和衍射光线的颜色和亮度几乎不发生变化，但这两类光线出现了相位差别（图 1-6），相差显微镜即是利用光的衍射、干涉原理和巧妙的设计装置，把人眼无法辨识的相位差变为振幅差，即可辨识的明暗反差。

相差显微镜与普通显微镜有 3 点主要区别。

相差显微镜为环状光阑，普通显微镜的光阑是孔径可调的中空光阑，而相差显微镜的光阑为一个环状孔隙，用于光线通过后形成一环形光源，不同物镜匹配不同的直径和孔隙宽度的光阑。

相差显微镜的物镜加装了相位板，相位板安装在物镜的后焦平面处，相位板有一环状区域，装有吸收光的吸收膜和推迟或提前光相位的相位膜，相位板主要可以使直射光的相位推迟或提前，并使其振幅减小。

相差显微镜增加了用于合轴调节的望远镜，又名合轴调中目镜，主要用于环状光阑（亮环）与相位板环状区域（暗环）调中合轴，环状光阑与相位板环状区域要完全吻合重叠，只有这样才能保证直射光通过相位板后振幅得到减小，相位得到推迟，与衍射光发生干涉后形成有明显反差的像。

相差显微镜的光路如图 1-7 所示，当光线通过标本时形成了直射光和衍射光，衍射光相位较直射光滞后了 1/4 波长，且衍射光振幅远远小于直射光，如果这样的两束光线汇聚后形成干涉光，一般振幅变化不大，在像平面形成的像反差不明显。对于相差显微镜，其环状光阑和相位板调中合轴后，透过环形孔径光阑的环形照明光束，通过标本后如果发生衍射则形成偏转光，而不发生偏转的直射光通过标本后刚好照射在相位板的吸收膜和相位膜的环状区，直射光的振幅减小而与衍射光相当，同时折射光的相位推迟或提前 1/4 波长，经过相位板的直射光与衍射光两者发生干涉就会有较大的振幅变化，形成肉眼可辨识的像。

相差物镜的相位板根据设计不同可分为两种，有的相位板可以使直射光线超前 1/4 波长，直射光通过这种相位板后，直射光就较衍射光共超前了 1/2 波长，直射光和衍射光干涉后，光波振幅减弱，造成像暗而背景明亮，称为正相差，装了这类相位板的物镜称为正相差物镜；反之，如果相位板使直射光线滞后 1/4 波长，直射光与衍射光变为同相位，两者干涉后，光波振幅增强，形成了像亮背景暗的结果，称为负相差，相应的物镜称为负相差物镜。

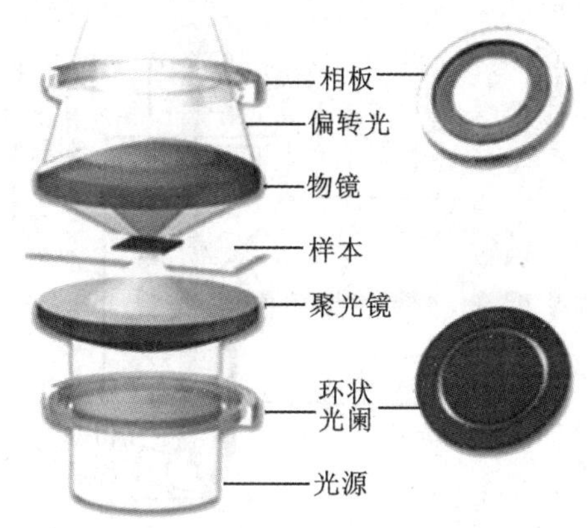

图 1-7　相差显微镜的光路

相差显微镜的物镜大多属消色差物镜，消色差物镜的最佳观察效果适用的照明光源波长范围为 510～630 nm，且最好是波长范围较小的单色光，故使用相差物镜时，多在光源灯室的滤片插孔中，插入绿色滤光片（其透光波长范围为 500～600 nm），绿色滤光片也有较强的吸热作用，可避免光源热辐射引起标本温度急剧升高，影响对活细胞的观察。

（三）荧光显微镜

荧光是指荧光物质在外界高能光（如短波长可见光、紫外光、X 射线等）照射后，导致荧光物质内部电子能级跃迁，转变为高能的激发态，处于激发态的分子不稳定，待其恢复至低能基态时，这些荧光物质可释放出波长较长的可见光，这种在激发光诱导下产生的光就是荧光。荧光显微镜（fluorescence microscopy）就是利用紫外光或蓝紫光照射被观察样品，使样品中的荧光物质产生荧光，显微镜成像系统借此来显示样品中产生荧光成分的分布、结构和数量。

荧光显微镜技术中所涉及的荧光物质有人工合成的有机小分子（如 Rhodamine 123 和 Hoechst 3342 等）、荧光蛋白以及一些细胞器或成分（如叶绿体、色素颗粒）等。显微镜下激发光诱导产生的荧光光源有两种：一种是细胞自身的某些物质成分不经过染色就能发出荧光，称为自发荧光；另一种是将细胞的成分或结构进行荧光染料染色或标记后观察到的荧光，称为染色荧光。

分子激发过程中吸收的能量一般高于荧光辐射释放的能量，二者之差以热的形式损耗，因此荧光波长比激发光的长。因此，绿光可以激发出红色荧光，蓝光可以激发出绿色荧光，而紫外光可以激发出蓝色荧光。各种荧光物质有其特定的激发光波长和荧光波长。荧光显微镜在设计上配置了一系列滤光镜片，用于获得所需波长的激发光。为了观察特定波长的荧光，防止非特异荧光的干扰，同样配置了一系列滤光镜片。

荧光显微镜的光源仅作为一种激发标本内荧光物质的能源，而不是像普通显微镜光源那样起着直接照明的作用，因此荧光显微镜参与成像的仅仅是荧光，荧光经物镜和目镜放大后，在黑暗背景下呈现彩色的荧光图像，大大增加了图像与背景的反差，使荧光显微镜观察具有较高的灵敏度。由于荧光显微镜具有较高的灵敏度，使其可以利用极低浓度的荧光染料或荧光蛋白就可以对活细胞的物质成分进行高精度的时空变化分析。

荧光显微镜具有荧光光源系统和滤色镜系统（图 1-8）。

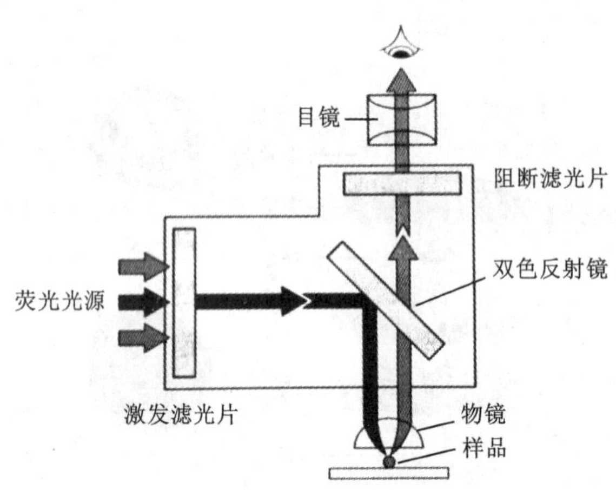

图 1-8 荧光显微镜的结构示意图

荧光显微镜的光源有高压汞灯、高压氙灯和金属卤素灯，高压汞灯是最常用的光源。100 W的高压汞灯在波长 365 nm、405 nm、435 nm、546 nm 和 577 nm 处都有发射峰。高压氙灯在紫外光区和可见光区都有较强的发射线。高压汞灯使用寿命较短，大约为 200 h，应尽量集中时间使用，减少空耗时间。高压汞灯在开启过程中会产生高压，需要在其他电器开启之前先打开，以减少对其他电器干扰，另外，高压汞灯关闭后不能很快重新开启，否则开启瞬间的高压电流会对尚在高温状态的灯丝造成较大损伤。荧光光源系统还配置有集光装置、聚焦装置和调中装置。

滤色镜系统包括激发光滤色镜、阻断滤色镜和双色反射镜。激发光滤色镜(excitation filter)有多种，一般有紫外光、紫色光、蓝色光和绿色光滤色片，一种滤色片仅允许某一特定波长或波段的激发光通过，以满足不同荧光物质对光波长的特异需要。激发光滤色镜配置于光源与物镜之间。阻断滤色镜(barrier filter)可以使波长较长的光通过，而波长较短的光不能通过，其作用是阻断激发光，减少其对荧光信号的干扰，以及防止紫外光进入目镜伤害观察者眼睛。阻断滤色镜配置在双色反射镜与目镜之间。双色反射镜(dichromic mirror)或称分色镜，它具有特殊镀膜，能够有效反射激发光，而荧光能够正常通过。双色反射镜位于激发光光束与荧光光束交汇处，镜面方向与激发光光束成 45°角，可将激发光反射进入物镜。

针对不同的荧光物质需要选用不同的激发光滤色镜，不同的激发光滤色镜又要匹配相应的阻断滤色镜和双色反射镜，三者必须相互匹配一致，为了便于操作，一些荧光显微镜将激发光滤色镜、阻断滤色镜和双色反射镜组合在一起，构成了所谓的“激发滤色块”(图 1-9)，或称为滤色镜组件。滤色镜组件根据组件中激发光滤色镜的类型命名，如 U、V、B 和 G 分别代表紫外，紫色、蓝色和绿色激发光滤色镜组件，可根据荧光物质的激发光波长要求选用。

图 1-9 激发滤色块

落射式的荧光显微镜的物镜除具有放大功能外，还具有激发光聚光器功能以及收集样品发出的荧光功能，激发光和荧光均通过物镜，故物镜采用的是能够透过紫外线且无自发荧光的材料制作而成的。由于图像在显微镜视野中的荧光亮度与物镜镜口率的平方成正比，在放大倍数相同的情况下，应尽可能选择数值孔径大的物镜。

在荧光显微镜中多用低倍目镜，如 4× 或 5× 物镜，因为放大倍数越大，在显微镜视野中观察到的图像的荧光亮度就越弱。

三、实验材料、仪器与试剂

各种特殊光学显微镜、擦镜纸、玻片标本（动植物组织切片或细胞涂片）、香柏油、二甲苯或乙醚-乙醇（7∶3）混合液等。

四、实验方法与步骤

1. 暗视野显微镜

（1）换上暗视野聚光器，如果聚光器为油浸系，则在聚光器透镜上表面滴加香柏油，放上玻片标本，向上调节聚光器使聚光器镜头与玻片标本底面间充满油液。

（2）对更换的暗视野聚光器进行光轴调中。具体方法是，选用低倍镜物镜对样品进行聚焦，随后上下调节聚光器位置，直到视野中出现清晰的光环，同时调节聚光器调中螺旋，使视野中的光环位于中心位置。

（3）调节聚光器位置，使视野中光环聚焦成一最小的光点，此时聚光器的焦点刚好位于玻片标本处。

（4）根据需要更换高倍物镜进行观察。

2. 相差显微镜

（1）相差物镜通常标识为“PH”，首先将普通物镜从物镜转换器上取下，更换上 10×、40×、100× 等不同倍数的相差物镜。

（2）将转盘聚光器装在聚光器支架上，使转盘聚光器的标示孔朝向观察者，便于观察者读取环状光阑相对应的标识 0、10、40、100 等，使用时要确认相差物镜和聚光器的环状光阑是否配套。

（3）在照明灯室上方的视场光阑上更换为绿色滤光片。

（4）聚光器调中。打开光源，旋转聚光器转盘，使“0”对准标示孔，此时聚光器相当于普通聚光器。按普通显微镜操作方法进行对光和调焦，具体步骤如下，将聚光器升至最高位，将观察样品放置在载物台上。用 4× 物镜聚焦，取下样品。在目镜观察下，调节视场光阑开孔至最小，并利用聚光器的两个调中螺旋杆进行水平位调节聚光器位置，使视场光阑的图像移到视场中央，然后开放视场光阑，使视场光阑的图像充满物镜下观察的视场。

（5）聚光器调焦。首先选用 10× 相差物镜，旋转环状光阑使“10”对准标示孔。取出目镜，换入合轴调中望远镜，在通过望远镜观察的同时，旋转望远镜可调节部分直到可以清楚看到环状光阑的亮环像和相位板的暗环，然后升降聚光器，使亮环的大小与暗环一致，并轻微调节聚光器的两个调中螺旋杆使两个环完全重合。

（6）取下望远镜，换回目镜，进行正常观察。然后更换 40× 相差物镜，旋转环状光阑使“40”对准标示孔进行放大观察。

3. 荧光显微镜

荧光显微镜有多种，使用方法基本相同，下面以常见的 Olympus BX51 荧光显微镜为例具体说明其使用过程。

（1）汞灯为该显微镜的激发光源，打开电源开关，开启汞灯，等待 10 min 使其逐渐达到稳定状态才能开始其他操作。注意，汞灯点亮后，在 20～30 min 内不要关闭，若暂时不需要激发光照明，可用遮光板阻断光线。使用过程中一旦不慎将汞灯关闭，需要等待 20～30 min，待其冷却后才能再次开启。

（2）转动滤色镜组件，选用绿色（G）组件。拉出视场光阑的拉杆，使光阑直径最小，推进孔径光阑拉杆，使之达到最大。转动物镜转换器，使未安装物镜镜头的空位置进入光路，在载物台上放置一张白纸承接灯丝像。调节汞灯光源前的调焦和调中旋钮，使灯丝像和镜像重合居中。

（3）将观察样品放置于载物台上，选用 10×物镜，根据样品荧光染料激发光波长需要，选择滤色镜组件。

（4）调节视场光阑使视场照明区域充满所观察到的视野，调节孔径光阑，使激发光达到适中强度。

（5）通过调节推进器和调焦螺旋，对样品内容进行观察。根据观察需要，调换选用其他倍数物镜。

（6）如果样品是使用 2 种荧光染料双染色的，应根据荧光染料对激发光波长需要更换激发组件进行进一步观察。

五、实验注意事项

1. 暗视野显微镜

（1）由于暗视野显微镜是通过微小颗粒样品反射的光线进行成像的，因此，照明光源的光照强度要高，否则反射光线的强度太弱，会影响观察效果。

（2）选用的载玻片和盖玻片质地应均匀无瑕疵，表面应光洁无磨痕，否则会导致照明光线发生漫反射，影响暗视野背景。载玻片不宜过厚，因为照明光线经聚光镜后形成的空心光锥顶点（即聚光镜的焦点）距离聚光镜表面上方的距离很短，如果载玻片厚度大于这个距离，则在焦点的上方无照明光线通过，无法照射到样品上。

（3）在使用过程中如果暗视野效果不够理想，有直射光的出现，其原因可能是物镜的孔径与聚光器孔径不匹配，物镜的孔径大于聚光器的孔径，致使部分照明光线射入物镜。

2. 相差显微镜

（1）利用相差显微镜观察时，观察效果受多种因素影响。如物镜就有正相差物镜（适用于观察细胞或细胞核内部结构）、负相差物镜（适用于观察微小的结构，如孢子、鞭毛等）、高反差物镜（适用于观察反差较低的样品）、低反差物镜（适用于观察反差较高的样品）、中反差物镜（适用于反差适中样品）之分，使用过程中应根据样品的实际情况，结合不同的放大效果，进行多次镜检尝试才能获得相对较好的结果。

（2）由于聚光器中的环状光阑遮挡了大部分照明光线，因此在使用相差显微镜时，应完全打开聚光器的孔径光阑，并适当增加照明光源的强度。

3. 荧光显微镜

（1）高压汞灯使用寿命较短，在使用时应尽量做好前期准备工作，提高其使用效率。另外，高压汞灯开启后，不得在 20～30 min 内将其关闭，一经关闭，必须待汞灯冷却后方可再开。严禁频繁开闭，否则，会大大降低汞灯的寿命。

（2）载玻片、盖玻片应不含自发荧光杂质，载玻片的厚度应在 0.8～1.2 mm，太厚会吸收较多的光，并且不能使激发光在标本平面上聚焦。载玻片必须光洁，厚度均匀，无油渍或划痕。

盖玻片厚度应在 0.17 mm 左右。

(3) 荧光标本一般不能长久保存，若持续长时间照射易使荧光很快淬灭，尤其是紫外线照射，因此应尽量减少观察时间之外激发光对样品的照射，在暂时不需要激发光观察时，可以用激发光遮光板阻断激发光光路。荧光信号的淬灭还与激发光的强度成正比。因此，在可以观察到荧光信号的情况下，可通过调节孔径光阑，尽量降低激发光的强度，这样做还有利于降低背景对光亮度的干扰。

(4) 紫外线对观察者眼睛和皮肤容易造成伤害，若使用紫外线激发光，可佩戴能阻挡紫外线的护目镜，加强对眼睛的保护。未加入阻断滤光片前不要用眼直接观察，否则会损伤眼睛。

六、作业与思考题

(1) 为什么暗视野显微镜下观察的样品图像是明亮的，而视野是黑暗的？

(2) 如何进行暗视野显微镜聚光器的对中调节和聚焦调节？如果聚光器光束中心轴与显微镜光轴不合轴将会出现什么结果？

(3) 与普通光学显微镜相比，相差显微镜有哪些特有的附件？其构造如何？

(4) 相差显微镜调节的关键步骤有哪些？

(5) 使用相差显微镜观察时，为什么要用绿色滤光镜片？

(6) 荧光显微镜与普通光学显微镜相比，有哪些装置是相同的？哪些装置是荧光显微镜特有的？

(7) 荧光显微镜的各种滤色镜分别起什么作用？

(8) 荧光显微镜在要求荧光信号充分明亮的同时，还需要没有信号的视野充分黑暗，试问视野的黑暗是怎样实现的？

（刘忠虎）

1.1.3　激光扫描共聚焦显微镜技术

一、实验目的

了解激光扫描共聚焦显微镜技术在细胞生物学领域的应用。

二、实验原理

激光扫描共聚焦显微镜(laser scanning confocal microscopy，LSCM)是近代生物医学图像仪器的最重要发展之一，它是在荧光显微镜成像的基础上加装激光扫描装置，使用紫外光或可见光激发荧光探针，利用计算机进行图像处理，从而得到细胞或组织内部微细结构的荧光图像，以及在亚细胞水平上观察诸如 Ca^{2+}、pH 值、膜电位等生理信号及细胞形态的变化。激光扫描共聚焦显微镜技术是一种无损的多层形态观测的新方法，它采用有效的途径弥补了上述各种手段的不足之处。其检测深度可达 100 μm，制样简单、快速，图像直观。由于它是光学观察方法，因此其分辨率较电镜为低，约为 0.2 μm。另外，为了得到一定的反差，进行观察前，需对多组分聚合物体系中的某一(或某些)组分进行荧光标记。可得到比普通荧光显微镜更高分辨率、更高灵敏度的图像，并能有效地保护标本。不仅在 *X-Y* 平面，同时在 *Z* 轴方向，可获得样品不同深度层面的信息，即光学切片或断层扫描，而无需破坏样品。另外，获得的图像信息通过相关软件的帮助，可对标本各深度层面的信息进行三维重建，得到表面及内部结构都非常清晰的三维图像。LSCM 已广泛应用于细胞生物学、生理学、病理学、解剖学、胚胎学、免疫学和神经生物学等领域，对生物样品进行定性、定量、定时和定位研究具有很大的优越性，为这些领域新一代强有力的研究工具。因此，在生物学、医学、高分子材料、生物化学、胶体化学（如研究胶体分散相中乳胶颗粒的分布、排列、热运动及器壁效应等）等众多研究领域，激光扫描共聚焦显微技术都有着广泛的应用。

共聚焦显微技术是由美国科学家 M. Minsky 在 1957 年提出的，当时的主要目的是消除普通光学显微镜在探测样品时产生的多种散射光。Egger 和 Petran 1967 年成功地应用共聚焦显微镜产生了一个光学横断面。1970 年，牛津和阿姆斯特丹同时向科学界推荐了一种新型的扫描共聚焦显微镜。1977 年作为牛津集团成员的 Sheppard 和 Wilson 首次描述了光与被照明物体的原子之间的非线性关系和激光扫描器的拉曼光谱学。1984 年 Bio-Rad 公司推出了世界上第一台共聚焦显微镜商品，型号为 SOM-100，扫描方式为台阶式扫描。1986 年的 MRC-500 即改进为光束扫描，用作生物荧光显微镜的共聚焦系统，随后又推出了 MRC-600、MRC-600uv、MRC-1000、MRC-1000uv。1987 年，White 和 Amos 在英国《自然》杂志发表了“共聚焦显微镜时代的到来”一文，标志着 LSCM 已成为进行科学研究的重要工具。随后 Zeiss、Leica、Meridian 等多家公司相继开发出不同型号的共聚焦显微镜。随着技术的不断发展和完善，产品的性能也不断改进和更新，应用的范围也越来越广泛。

1. 激光扫描共聚焦显微镜的工作原理

传统的光学显微镜使用的实际上是场光源，由于光散射，在所观察的视野内，样品上的每一点都同时被照射并成像，入射光照射到整个细胞的一定厚度，位于焦平面外的反射光也可通过物镜而成像，使图像的信噪比降低，影响了图像的清晰度和分辨率。此外，传统的光学显微镜也只能对局部作平面成像。激光扫描共聚焦显微镜脱离了这种模式，采用激光束作光源，激光束经照明针孔，经由分光镜反射至物镜，并聚焦于样品上，对标本内焦平面上的每一点进行扫描（图 1-10）。然后，激发出的荧光经原来入射光路直接反向回到分光镜，通过探测针孔时先聚焦，聚焦后的光被光电倍增管（photo multiplier tube，PMT）探测收集，并将信号输送到计算机，在彩色显示器上显示图像。在这个光路中，只有在焦平面上的光才能穿过探测针孔，焦平面以外区域射来的光线在检测小孔平面是离焦的，不能通过小孔。因此，非观察点的背景呈黑色，反差增加使成像更清晰。由于照明针孔与探测针孔相对于物镜焦平面是共轭的，焦平面上的点同时聚焦于照明针孔和发射针孔，焦平面以外的点不会在探测针孔处成像，即共聚焦。以激光作光源并对样品进行扫描，在此过程中两次聚焦，故称为激光扫描共聚焦显微镜。

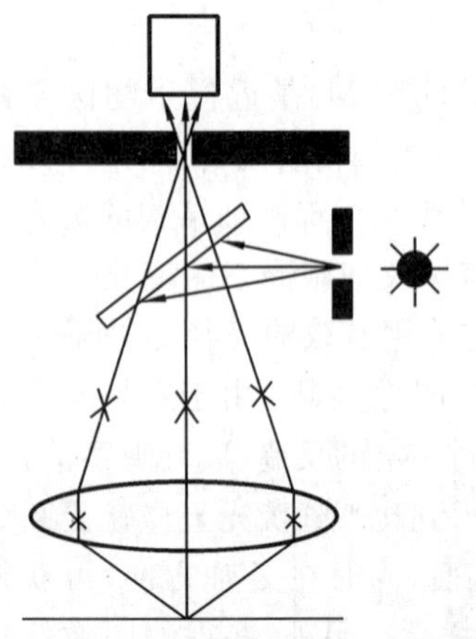

图 1-10　共聚焦图像形成光路图

激光扫描共聚焦显微镜的主要原理是利用激光扫描束通过光阑针孔形成点光源，在荧光标记标本的焦平面上逐点扫描，采集点的光信号通过探测针孔到达光电倍增管，再经过信号处理，在计算机监视屏上形成图像。对于物镜焦平面的焦点处发出的光在针孔处可以得到很好的会聚，可以全部通过针孔被探测器接收。而在焦平面上下位置发出的光在针孔处会产生直径很大的光斑，对比针孔的直径大小，则只有极少部分的光可以透过针孔被探测器接收。而且随着与物镜焦平面的距离越大，样品所产生的杂散光在针孔处的弥散斑就越大，能透过针孔的能量就越少（由 10%到 1%，慢慢接近为 0)。因而,在探测器上产生的信号就越小,影响也越小。正是由于共聚焦显微仪对样本焦平面成像,有效地避免了衍射光和散射光的干扰,使得它具有比普通显微镜更高的分辨率,并在生物学中获得了广泛的应用。

2. 激光扫描共聚焦显微镜的构造

激光扫描共聚焦显微镜主要由五部分组成:显微光学系统、扫描装置、光源、检测器和应用软件系统(图 1-11)。整套仪器由计算机控制,各部件之间的操作切换都可在计算机操作平台界面中方便灵活地进行。

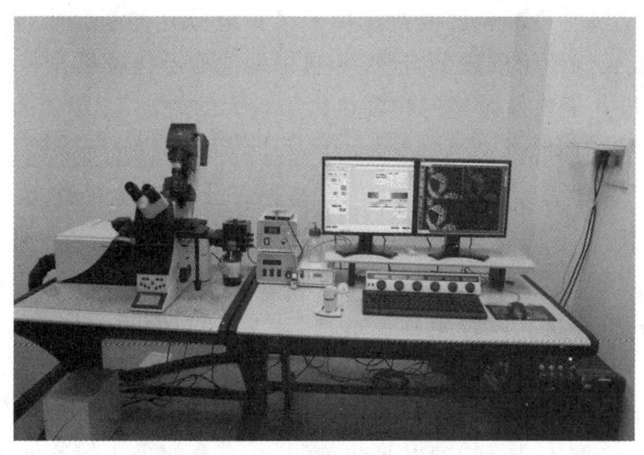

图 1-11　激光扫描共聚焦显微镜系统

(1) 显微光学系统:显微镜是共聚焦检测系统常用的组件,是系统成像质量的核心部分。显微镜光路一般采用无限远光学系统结构,可以方便地在其中插入光学元件而不影响成像质量和测量精度。物镜应选取大数值孔径、平场复消色差物镜,有利于荧光的采集和成像的清晰。物镜组的转换、滤色片组的选取、载物台的移动调节、焦平面的记忆锁定等都可以由计算机自动控制。

(2) 扫描装置:激光扫描共聚焦检测系统进行大范围检测必需的组件,通常有由丝杠导轨组成的 XY 平移扫描、由阵镜摆动扫描等方式。前一种扫描方式可以实现大范围区域的扫描,而后者扫描范围相对小一些,不过阵镜摆动扫描可以很快,图像采集速度可以大大提高,有利于对那些寿命短的离子作荧光测定。扫描系统的工作程序由计算机自动控制,与信号采集相对应。

(3) 光源:有单色光(激光)和多色光(汞灯、氙灯、卤素灯等)。激发光源可以使用多谱线氩离子激光器,它提供发射波长为 457 nm、488 nm 和 514 nm 的蓝绿光;另外,氦氖绿激光器可提供发射波长为 543 nm 的绿光,氦氖红激光器可提供波长为 633 nm 的红光。激光源还可以用其他半导体激光器。

(4) 检测器:通常采用光电倍增管、光子计数器等,通过高速 A/D 转换器,将信号输入计算机以便进行图像重建和分析处理。通常在 PMT 前设置针孔,可以采用固定大小的针孔或由计算机软件来控制的可变大小针孔。如果是检测荧光,光路中还应该设置能自动切换的滤色片组,以满足不同测量的需要;也可以采用光阑或棱镜分光然后进行光谱扫描。

(5) 应用软件系统:可以根据具体需要设置各种功能,但有一点是共同的,就是将扫描位置坐标与检测器接收的信号一一对应起来,并以图像的方式进行储存与显示。

3. 激光扫描共聚焦显微镜的发展

激光扫描共聚焦显微镜从产生至今获得了巨大的发展，扫描方式从最初的狭缝扫描方式（扫描速度较快，图像分辨率不高），到阶梯式扫描技术（提高了图像分辨率，标本制备要求太高），再到驱动式光束扫描器（扫描速度较快，符合共聚焦原理）。另外，激光扫描共聚焦显微镜的光源设计和分光采集技术也有了较大的改进，主要集中在以下几个方面。

（1）现代的激光扫描共聚焦显微镜可以根据研究需要选择不同的激光器。选择激发光源时，一方面要满足研究工作对波长的需求，另一个方面要考虑到激发光源的寿命。

（2）最新一代激光扫描共聚焦显微镜使用棱镜狭缝分光的新技术，配上合适的激发光源后，能够摆脱传统的波长滤片组的限制，连续和自由地选择最佳波长。

（3）用于激光扫描共聚焦显微镜的物镜也做了较大的改进，不但具有平场复消色差特性，而且能与高速扫描功能相匹配。

共聚焦显微镜发展至今又产生了诸多的类型，如针孔阵列盘式激光共聚焦显微镜和双光子共聚焦显微镜。

（1）针孔阵列盘式激光共聚焦显微镜：为了解决快速变化过程的共聚焦检测问题而提出的新型显微镜类型，其核心是双碟片专利技术，由日本 Yokogawa Electric 公司发明，包括微透镜阵列碟片与针孔阵列碟片同步旋转。与常规激光共聚焦方法不同，针孔阵列盘式激光共聚焦显微镜采用 CCD 作为探测器，无需载物台进行扫描运动，只要微透镜阵列碟片与针孔阵列碟片同步旋转，就可以对物体进行快速共聚焦检测，最高全幅采集帧速度达到每秒 1000 帧，是活细胞载体荧光成像的重要工具。

（2）双光子共聚焦显微镜：为了解决生物检测中样品染料标记的光漂白现象而提出的新型显微镜类型，因为共焦孔径光阑必须足够小，以获得高分辨率的图像，而孔径小又会挡掉很大部分从样品发出的荧光，包括从焦平面发出的荧光，这样就要求激发光必须足够强以获得足够的信噪比；而高强度的激发光会使荧光染料在连续扫描过程中迅速褪色（即光漂白现象），荧光信号会随着扫描进程的进行变得越来越弱。除此之外，还有光毒作用问题，在激光照射下，许多荧光染料分子会产生诸如单态氧或自由基等细胞毒素，所以实验中要限制扫描时间和激发光的光功率密度以保持样品的活性。针对活性样品的研究，尤其是活性样品生长、发育过程的各个阶段，光漂白和光毒现象将使这些研究受到很大的限制。

双光子激发的基本原理：在高光子密度的情况下，荧光分子可以同时吸收 2 个较低能量（即更长的波长）的光子，在经过一个很短的所谓激发态寿命的时间后，发射出一个波长较短的光子；其效果和使用一个能量较高（即波长为长波长的一半）的光子去激发荧光分子是相同的。双光子激发需要很高的光子密度，为了不损伤细胞，双光子共聚焦显微镜使用高能量锁模脉冲激光器。这种激光器发出的激光具有很高的峰值能量和很低的平均能量，其脉冲宽度只有 100 fs，而其周期可以达到 $(80\sim100)\times10^{6}$ Hz。在使用高数值孔径的物镜将脉冲激光的光子聚焦时，物镜的焦点处的光子密度是最高的，双光子激发只发生在物镜的焦点上，所以双光子共聚焦显微镜不需要共聚焦针孔，提高了荧光检测效率。

双光子共聚焦显微镜有很多优点：①长波长的光比短波长的光受散射影响较小，更容易穿透标本；②焦平面外的荧光分子不被激发，使较多的激发光可以到达焦平面，使激发光可以穿透更深的标本；③长波长的近红外光比短波长的光对细胞的毒性小；④使用双光子共聚焦显微镜观察标本的时候，只有在焦平面上才有光漂白和光毒性。因此，双光子共聚焦显微镜比普通共聚焦显微镜更适合用来观察厚标本、活细胞，或用来进行定点光漂白实验。

4. 激光扫描共聚焦显微镜的应用

激光扫描共聚焦显微镜有较高的分辨率，而且能观察到样本随时间的变化。因此，共聚焦显微技术在生物学研究领域起着不可或缺的作用。以下为激光扫描共聚焦显微技术的几个主要应用。

（1）组织和细胞中荧光标记的分子和结构的检测：利用激光点扫描成像，形成所谓的“光学切片”，进而可以利用沿纵轴上移动的标本进行多个光学切片的叠加，形成组织或细胞中荧光标记结构的总体图像，因此可以用于观察切片和一些表面不平的标本，特别是研究具有长突起的神经元时更有使用价值。同时可以做三维图像重建和标记强度的半定量分析。

（2）定量或半定量测量 Ca^{2+} 和 pH 值等细胞内离子浓度及其变化：激光扫描共聚焦显微镜可以提供更好的亚细胞结构中 Ca^{2+} 浓度动态变化的图像，这对于研究 Ca^{2+} 等离子的细胞内动力学有较大意义。最好与电生理等技术相结合来观察离子变化与电生理学指标的相关性。

（3）荧光光漂白及恢复技术：利用高能量激光束将细胞内某一部分中选定靶区域的某种荧光淬灭，然后观察邻近相同的荧光标记物重新扩散入该区域的速度和方式，从而分析细胞内蛋白质运输、受体在细胞膜上的流动和大分子组装等细胞生物学过程。

（4）长时程观察细胞迁移和生长：激光扫描共聚焦显微镜的软件一般均可自动控制进行定时和定方式的激光扫描，而且由于新一代激光扫描共聚焦显微镜的探测效率的提高，只需要很小的激光能量就可以达到较好的图像质量，从而减小了每次扫描时激光束对细胞的损伤，因此，可以用于数小时的长时程定时扫描，记录细胞迁移和生长等细胞生物学现象。

（5）其他生物学应用：用高能量激光束进行细胞损伤和损毁实验，一般要用紫外激光束进行细胞损毁，此外，还可用于细胞间通讯研究、光解笼锁活化技术等。

三、实验方法与步骤

1. 观察步骤及仪器操作

根据实验要求制备样品完毕后，即可进行观察。基本步骤如下。

（1）开启仪器电源及光源：一般先开启显微镜和激光器，再启动计算机，然后启动操作软件，设置样品的激发光波长，选择相应的滤光镜组块。以便光电倍增管能得到足够的信号结果。使用汞灯的注意事项同普通荧光显微镜。

（2）设置相应的扫描方式：在目视模式下，调整所用物镜放大倍数，在荧光显微镜下找到需要检测的细胞。切换到扫描模式，调整双孔针和激光强度参数，即可得到清晰的共聚焦图像。

（3）获取图像：选择合适的图像分辨率，将样品完整扫描后，保存图像结果即可。

（4）关闭仪器：仪器测定样品结束后，先关闭激光器部分，计算机仍可继续进行图像和数据处理。若要退出整个激光扫描共聚焦显微镜系统，则应该在激光器关闭后，待其冷却至少 10 min 后再关闭计算机及总开关。

2. 获取三维图像

激光扫描共聚焦显微镜具有细胞“CT”功能，因此，它可以在不损伤细胞的情况下，获得一系列光学切片图像。选用“Z-Stack”模式，即可实现此项功能。其基本步骤如下：①开启“Z-Stack”选项；②确定光学切片的位置及层数；③启动“Start”，获得三维图像。

3. 获取时间序列图像

激光扫描共聚焦显微镜的“Time-Series”功能，可以自动在实验者规定的时间内按照设定的时间间隔获取图像。只需设定所需的时间间隔以及所需图像数量，开启“Start T”功能键，即可进行实验。"Time-Series"功能大大减轻了实验者的劳动强度，对于荧光漂白恢复和钙离子成像等实验非常实用。

四、实验结果

经免疫荧光染色，获得分辨率极高的激光扫描共聚焦图像，与普通荧光显微镜图像比较，优势明显(图 1-12)。因此，诸多国际期刊均以激光扫描共聚焦图像确定为发表的"金标准"。高分辨率共聚焦扫描三维图像见图 1-13(彩图 1)。

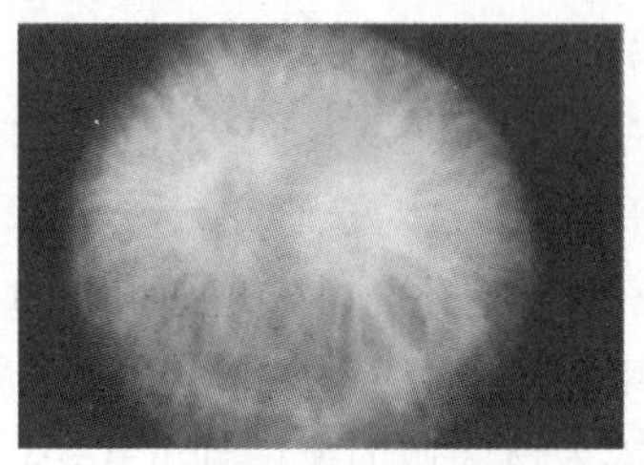

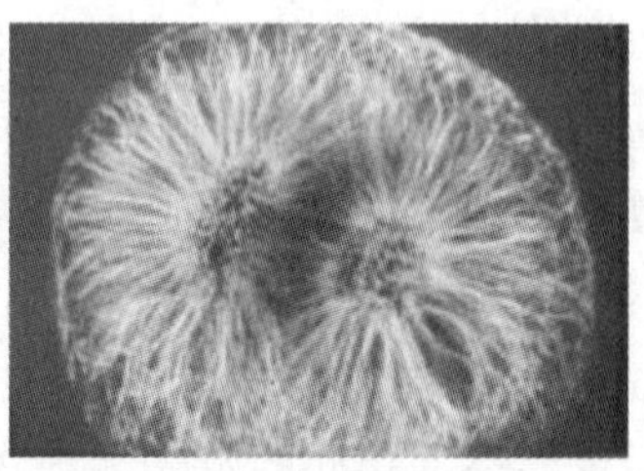

图 1-12　激光扫描共聚焦图像与普通荧光显微镜图像的比较

注：处于有丝分裂的海胆受精卵的 tubulin 分布，左图为普通显微镜成像，右图为高分辨率共聚焦成像。

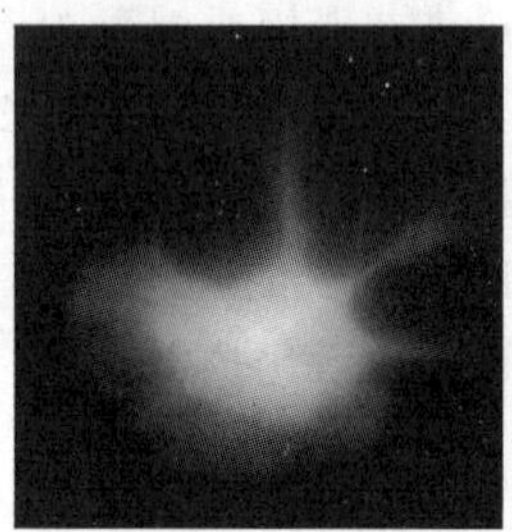

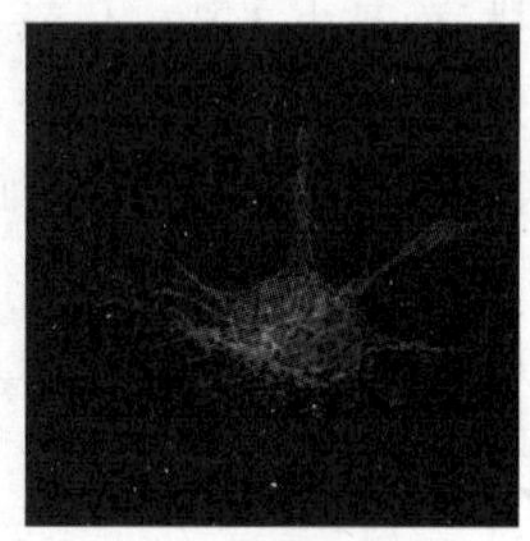

图 1-13　高分辨率共聚焦扫描三维图像

注：巨噬细胞，蓝色为 DNA，蓝色为微管，肌动蛋白为红色。左图为低分辨处理，右图为高分辨重建图像。

五、实验注意事项

(1) 仪器周围要远离电磁辐射源。

(2) 环境无震动，无强烈的空气扰动。

(3) 室内具有遮光系统，保证荧光样品不会被外源光漂白。

(4) 环境清洁。

(5) 控制工作温度在 5～25 ℃。

六、作业与思考题

(1) 理解共聚焦成像原理。

(2) 理解如何根据实验目的选择使用不同激光扫描共聚焦显微镜。

(白占涛)

1.1.4　光学显微标本的制作技术

光学显微镜制片技术是指制作适合于光学显微镜下观察的细胞和组织标本的相关技术，

包括常规组织的石蜡切片技术和冰冻切片技术，培养细胞、血液、脑脊液和精液等的涂片制作技术，骨等坚硬组织的磨片制作技术，肠系膜等薄层组织的铺片制作技术等。在此仅就石蜡切片技术加以叙述。

一、实验目的

了解光学显微镜切片制作技术的基本方法及步骤。

二、实验原理

采用光学显微镜研究一般生物体的内部结构，在自然状态下是无法观察清楚的，多数动、植物材料都必须经过某种处理，将组织分离成单个细胞或薄片，光线才能通过细胞。为了适应这个需要，就产生了光学显微镜制片技术。

光学显微镜制片技术方法可分为两大类：一类是非切片法，另一类是切片法。非切片法是用物理或化学的方法，使细胞彼此分离，如分离法、涂布法、压碎法等。非切片法的操作比较简单，能保持细胞的完整性，但细胞之间的正常位置往往被更改，无法反映细胞之间的正常联系。它可以与切片法配合使用，各取其长处。切片法是利用锐利的刀具将组织切成极薄的片层，材料须经过一系列特殊的处理，如固定、脱水、包埋、切片、染色等，过程十分繁复。在制作过程中，还要经过一系列的物理和化学的处理，这些处理方法可根据不同材料的性质要求进行合理选择。切片法虽然工序烦琐，技术复杂，但是，它更能保持细胞间的正常的相互关系，能较好和较长时间地保留细胞的原貌，所以仍然是光学显微镜的主要制片方法。

石蜡切片技术(paraffin sectioning)是一种经典的细胞学技术。石蜡切片不仅用于观察正常细胞组织的形态结构，也是病理学和法医学等学科用以研究、观察及判断细胞组织的形态变化的主要方法，而且也已相当广泛地用于其他许多学科领域的研究中。教学中，光镜下观察切片标本多数是采用石蜡切片法制备的。

石蜡切片技术一般包括样品的取材、固定、冲洗、脱水、透明、浸蜡、包埋、修整蜡块和固着、切片、贴片、染色、脱水、透明、封片等步骤。一般的组织从取材、固定到封片制成玻片标本需要数日，但标本可以长期保存使用，为永久性显微玻片标本。

三、实验材料、仪器与试剂

1. 材料

兔脏器。

2. 仪器

单面刀片、切片刀、切片机、载玻片、盖玻片、标本瓶、烧杯、量筒、漏斗、染色缸、树胶瓶、酒精灯、毛笔、绘图纸、滤纸、熔蜡箱(或恒温箱)、展片台(或烫板)、小木块、蜡带盒、烤片盒、切片托盘等。

3. 试剂

10%福尔马林固定液，70%、80%、90%、100%的乙醇，二甲苯，甘油蛋白，中性树胶，石蜡等。

四、实验方法与步骤

1. 取材

在预先明确所取样品解剖结构的前提下，取材动作要轻柔迅速，解剖刀要锋利，避免挤压和损伤所取组织和细胞。所取样品要力求小而薄，便于固定液迅速渗入到内部。一般样品厚度不超过 2 mm，大小不超过 5 mm×5 mm。

取用活体动物材料时要对动物进行麻醉，减少应激影响。这个取材过程时间越短越好，取材后尽早将所取材料投入固定液。

2. 固定

固定就是利用有机溶剂、重金属盐等化学试剂使细胞和组织尽量保持原来状态，防止细胞发生自溶等死后变化过程。

通过固定可以促使组织和细胞成分发生沉淀或凝固，使大部分蛋白质、脂肪、碳水化合物和核酸等成分的结构和分布得以保持原状态，也使酶和活性成分的部分生物活性得以保持，供切片处理后进行观察。同时，固定还可以使细胞和组织的硬度增加，着色性增强。细胞固定过程中，所需要固定剂的量一般为细胞体积的 20～25 倍。

固定剂可以是一种成分，也可以由几种试剂混合配制而成，使用时应根据对固定效果的要求进行选择。

常见的固定剂有甲醛（HCHO）、乙醇（C_2H_5OH）、戊二醛（$OHC(CH_2)_3CHO$）、乙酸（CH_3COOH 或称醋酸）、三氯乙酸（CCl_3COOH）、三硝基苯酚（或称苦味酸，$C_6H_2(NO_2)_3OH$）、氯化汞（$HgCl_2$）、重铬酸钾（$K_2Cr_2O_7$）、四氧化锇（或称锇酸，OsO_4）等，这些试剂对细胞成分的固定分别有不同作用，如：含有 10％商品甲醛的水溶液（即福尔马林）对蛋白质、脂肪和糖原有固定作用；氯化汞对蛋白质有较强的凝固作用；苦味酸是较好的蛋白质凝固剂，且与其他试剂配伍可固定糖原；乙酸可凝固染色质；乙醇与其他试剂混合可固定糖原和核糖核酸等等。

在固定组织和细胞时为了获得较好的固定效果，防止样品的过度收缩和变硬，增加样品对染料的吸附作用等，常常会选用数种试剂配制成混合固定液。如常用的 Bouin 固定液中含有甲醛、苦味酸和乙酸，其中甲醛可固定细胞胞质和核质，但会使组织硬化而导致浸蜡困难，且胞质染色嗜碱性，而苦味酸可弥补这些缺陷，使组织软化易于浸蜡，并使胞质嗜酸性，染色质固定良好，但仍有组织收缩和染色质染色嗜酸性等缺点，在固定剂内再加入乙酸可使这些不足得以补偿。

Bouin 固定液配制比例为：75 mL 苦味酸饱和水溶液，25 mL 商品甲醛溶液（含 37％～40％甲醛），5 mL 冰乙酸溶液。

中性福尔马林固定液配制比例为：10 mL 商品甲醛溶液，90 mL 蒸馏水，0.4 g 磷酸二氢钠（$NaH_2PO_4 \cdot H_2O$），0.65 g 磷酸氢二钠（Na_2HPO_4）。

固定时间依样品大小、样品种类和固定剂种类而定，可以从 1 h 到几十个小时，对于较难渗透的组织可适当延长固定时间，某些固定剂（乙醇等）对组织硬化作用较强，应严格控制固定时间。

3. 冲洗

固定完毕，根据所用固定剂的不同，用水或乙醇冲洗去除残留固定液。用甲醛固定液长期固定的组织在组织内会形成沉淀，影响染色效果，需用流水冲洗过夜。含有氯化汞的固定液会引起组织内形成“汞色素”，需用流水充分冲洗 12 h，切片后还需分别经过 0.5％碘酒和 2.5％硫代硫酸钠处理才能进行染色。

4. 脱水

脱水就是利用乙醇、丙酮等逐步替代细胞和组织内水分的过程。由于乙醇易造成组织剧烈收缩，脱水时应先用低浓度的乙醇，再用高浓度的乙醇进行逐步脱水，常用的乙醇浓度梯度为 70％、80％、90％和 100％，对于一些柔软组织如胚胎组织，常常从 30％、50％开始逐渐过渡到高浓度的乙醇溶液。丙酮渗透性强，脱水速度较快，但浸泡时间长易导致组织变脆，多用于细胞涂片的快速脱水，一般不用于常规脱水过程。

正丁醇和叔丁醇也是良好的脱水剂，而且可以脱水后直接浸蜡。

使用梯度浓度乙醇溶液的脱水时间与组织大小、组织致密程度、环境温度等因素有关，一般每步脱水时间在 30～60 min。

5. 透明

选用石蜡作为包埋剂的组织，在乙醇脱水后，还需要用媒浸剂(如二甲苯等)来替代组织间的乙醇，组织样品在经过媒浸剂处理后常呈半透明状，因此这一过程称为“透明”。若选用火棉胶作为包埋剂组织，则需选用能够与火棉胶相容的有机溶剂(乙醚与无水乙醇的混合液)作为媒浸剂，这种媒浸剂不能使组织变成明显的半透明状，此过程被称为“媒浸”。

媒浸剂既可以与乙醇混溶又可以与石蜡混溶，常用媒浸剂有苯、甲苯、二甲苯、氯仿、香柏油、丁香油、石油醚等。

组织透明时，为了尽量脱去组织和细胞间的水分，常常先要将组织投入二甲苯和纯乙醇 1∶1等体积配制的混合溶液，然后投入二甲苯中进行透明处理。透明时间根据组织样品的大小和样品致密特性而定，一般每步时间在 15～60 min，在纯二甲苯中应更换 1 次，使二甲苯能够彻底替换组织和细胞间残存的乙醇。二甲苯易使组织变硬，透明时间不宜过长。如果脱水彻底，经过透明处理后组织则呈现均质的透明状，如果组织和细胞间残存有水分，二甲苯并不能与水分子混溶，水分子会在组织中形成白色云雾状，出现此种现象时应重新进行脱水处理。

在透明过程中应当尽量保持环境干燥，避免二甲苯吸收环境中的水分，同时也要尽量减少二甲苯挥发到空气中，以免对人体造成不利影响。

苯和甲苯的用法与二甲苯相同，苯对组织收缩作用小，但需防止其引起吸入性中毒，而且苯安全性差，易引起爆炸。甲苯沸点低，透明慢，不会使组织变脆。氯仿浸透性好，对组织硬化作用程度小，适于对厚组织透明，但氯仿易于挥发，有较强的吸收空气中水分的能力。

香柏油使组织透明快，且对组织的收缩作用和硬化作用也很小，但其挥发性小，浸蜡前须经二甲苯将之漂洗干净，否则切片会因浸蜡不全导致碎裂。

6. 浸蜡

在恒温箱内或包埋机保温室内，利用熔化的石蜡逐步替代透明后组织中媒浸剂的过程即为浸蜡。

浸蜡和包埋过程中均需要石蜡，石蜡使用前的前期准备和处理非常重要。首先要根据组织样品的硬度、环境温度对所用石蜡的熔点进行选择，对于较硬的组织(动物厚皮肤、脱钙骨组织、植物组织等)应选择熔点较高的硬蜡，而对于较柔软的材料则适宜用熔点较低的软蜡；冬季气温较低，适于用软蜡，夏季气温较高，应选择硬蜡。市场供应的生物切片石蜡的熔点范围在 45～60 ℃。动物组织材料多选用熔点在 52～56 ℃的石蜡，植物组织材料多用熔点在 54～58 ℃的石蜡。夏季可选用熔点在 56～58 ℃的石蜡，冬季则可选用熔点在 45～50 ℃的石蜡。

石蜡使用前处理主要是通过加热，对石蜡进行熬制(常称为“熬蜡”)，使石蜡中挥发性小分子有机杂质、水分、气泡等除去，使石蜡成分相对较为一致，冷凝后较为致密和均质。熬制过程中还要对呈液态的石蜡进行粗滤纸过滤，以除去石蜡中的杂质和灰尘等。无论是新购买的石蜡还是重复回收使用多次的旧蜡，都要进行使用前处理。重复利用的旧蜡熬制次数多，切片效果更好。加热熬制石蜡时要注意控制好温度，加热至石蜡完全熔化且开始冒白色烟雾，就要调小火力并保持 30 min，禁止持续明火加热造成石蜡外溢。

浸蜡时，应保持恒温箱温度高于石蜡熔点 3 ℃，将经过透明后的组织样品依次经过石蜡与二甲苯的等量混合液、第一纯石蜡液、第二纯石蜡液、第三纯石蜡液，每步浸蜡时间为 30～60 min。

7. 包埋

包埋是使浸蜡后的组织包裹在石蜡中，并经冷凝形成包埋着组织的固体蜡块的过程。包埋时应先预备一盛装石蜡和组织的包埋纸盒（图 1-14）或金属包埋槽（图 1-15）。用包埋纸盒时，可在其侧壁上用铅笔做上组织的序号和标记，以便于包埋后辨识。用金属包埋槽包埋时，可先在其内壁涂抹一层甘油，然后再倒入熔蜡和放入组织，此时可在包埋槽内放入写有组织编号的纸质小标签。在包埋过程中，为了使选择的组织块位于包埋盒中央，且拟定切面朝向包埋盒底面，可以先用酒精灯将细镊子加热后，插入石蜡中对组织块的位置进行调整。调整完成后应该将包埋盒（槽）移至盛有冷水的容器中，开始时仅让包埋盒（槽）底部与水面接触，并可轻轻对着蜡面吹气使之快速凝固，待蜡块表面凝固后，即可将整个包埋盒（槽）没入水中，使整个蜡块彻底凝固。

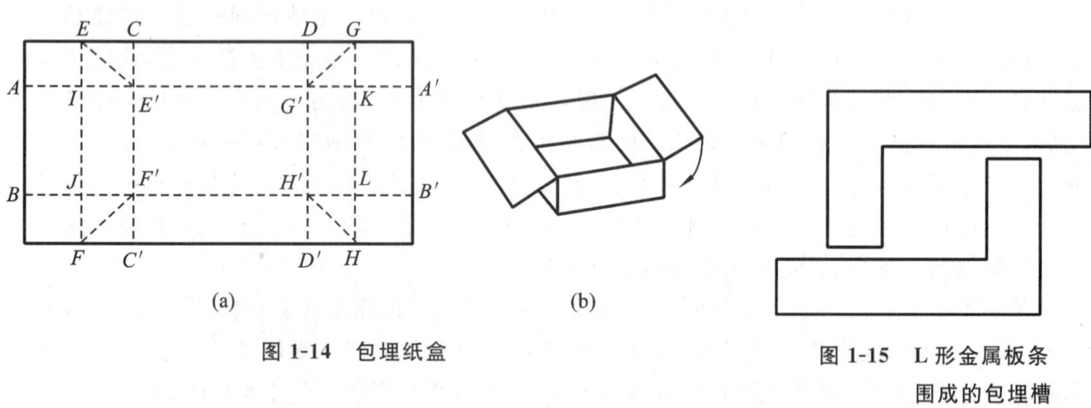

图 1-14　包埋纸盒

图 1-15　L 形金属板条围成的包埋槽

按照图 1-14(a)虚线所示先折叠 AA' 及 BB'，再折叠 CC' 及 DD'，将 CE' 与 AE 折痕相叠，向外夹出 EE'，同样折叠出 FF'、GG'、HH'，再将三角形 $E'CE$ 与三角形 $E'IE$ 相叠，并沿 $E'C$ 和 EI 重叠的折痕向后转折，依照同样方法折出其他三个角，使 EUF、$GKLH$ 向外，即折成了图 1-14(b)所示的包埋纸盒。

图 1-16　塑料标本托与标本托夹头

8. 修整蜡块和固着

切片之前首先要对包埋组织的蜡块进行修整，通过用单面刀片切削蜡块，将蜡块修整成近似正方块形，顶面为蜡块拟定切面，该切面要保持两条对边的边缘相互平行，底面为焊接蜡块到木托上的固着面。修整蜡块时要在组织四周保留 3～4 mm 的厚石蜡，防止修蜡块时把组织切去，也有利于切片时前后相邻的切面形成连续蜡带。

固着就是将修好的蜡块的底面利用熔化的石蜡液体焊接到标本托上。标本托有切片机原配的塑料标本托（图 1-16），也可以自己利用长方形小木块制作标本托。标本托可以被切片机标本台前端的标本夹固定。在标本托上提前放置少量石蜡，将修整好的包埋组织蜡块的底面与标本托表面接触，在两者接触面中插入加热的刀片或钢锯条，使两个接触面中充满熔蜡，待冷却后即可将蜡块与标本托焊接到一起。

9. 切片

切片是在石蜡切片机中完成的。石蜡切片机是一种专门设计的精密机械，目前有多个厂家生产的多种品牌和型号。常用的是轮转式切片机，包括切片刀和刀架、转轮式标本推进器以及切片厚度调节器 3 个主要部分，其他均为附属构造。切片时切片刀固定不动，旋转转轮可以使标本推进杆向前移动和上下移动。手轮每转动一圈，标本推进杆连同其头部的蜡块向前移动一个设定距离（即微米级的切片厚度），且上下移动一次使蜡块经过 1 次刀刃，切出一个蜡片。切片刀有钢刀和一次性刀片，目前多使用一次性刀片。切片厚度调节器是一个微动调节螺旋，每转动一格可以增加或减少 1 μm，切片机调节范围一般为 1～40 μm。

切片前，首先将焊接上蜡块的标本托安装到标本托夹头上，注意使蜡块的上下两个边缘线与实验台面平行。然后将钢刀或一次性刀片安装到刀架上，并通过移动刀架使刀刃能够刚好切到蜡块的切面，同时要通过调节刀架的倾斜角度，使切片刀平面与石蜡切面之间成 10°～15° 的夹角（图 1-17），然后将刀架锁固定在切片机底座上。其次，根据需求调整好切片厚度。

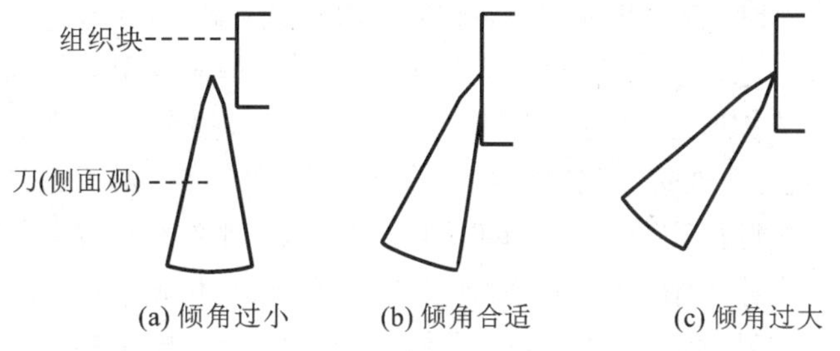

图 1-17　切片刀与组织块切面的夹角关系

切片时，右手转动转轮，转速要保持匀速，左手持一支毛笔将垂在刀面上的蜡带托住，并随蜡带延伸向离开刀面的方向轻轻地将蜡带带离开。待蜡带达到一定长度后，停止切片，双手配合取下蜡带，将蜡带放置在衬有黑色油光纸的纸盒内供下一步贴片选用。

Leica RM2235 型石蜡切片机如图 1-18 所示。

图 1-18　Leica RM2235 型石蜡切片机

10. 贴片

切片完成后应尽快将切好的组织切片铺展并牢牢贴在载玻片上。贴片时，首先预备一展片水槽，水槽内盛装深 4～5 cm 的洁净温水（温度保持在 50 ℃），然后将蜡带放于展片水槽中，待蜡带中的每个蜡片展平后，将预先涂有黏片剂的洁净载玻片一端插入蜡带下方水中，在解剖针的帮助下，将蜡带一端贴附在载玻片表面上，然后轻轻向上提出载玻片，同时将蜡带带出水面并贴附在载玻片上，此过程即所谓的捞片法。也可以在涂有黏片剂的载玻片上先滴加数滴蒸馏水，然后直接将蜡带或单个切片放上其上，再将切片转移到可以保温的平台上，使蜡带或单个切片逐渐在载玻片上展开(变透明)，此法称为烫板展片法。切片展平后需沥去多余水分，彻底晾干或在温箱中烘干。

黏片剂有蛋白甘油黏片剂、明胶黏片剂、多聚赖氨酸黏片剂和 APES(3-氨基丙基三乙氧基硅烷)黏片剂等多种。蛋白甘油黏片剂较为常用，配制方法如下：取一枚新鲜鸡蛋的蛋清，反复搅拌成雪花状泡沫，用 4 层纱布过滤除去泡沫，滤液加等量甘油搅拌均匀，加 1%麝香草粉防腐。

11. 染色

切片中的组织和细胞结构是无色透明的，为了观察其微细结构，需要利用组织和细胞结构成分对染料亲和力的不同进行染色。染色方法很多，但绝大多数染色液是以水为溶剂的水溶液，因此切片中的组织和细胞必须经过脱蜡而重新回到水环境中(复水)才能进行染色。脱蜡和复水过程正好是浸蜡和脱水的逆过程，利用二甲苯脱蜡，利用浓度逐渐降低的乙醇(下行浓度梯度)使组织复水。此时由于切片较薄，每步处理时间仅需要 5 min 左右即可。

复水后的组织即可进行染色，根据研究目的不同可选择不同染色方法。如果目的在于观察细胞和组织的基本结构形态，可选用 HE 染色；如研究目的在于观察细胞的 DNA 成分，则需应用 Feulgen 染色法，需观察细胞内多糖分布可选用 PAS 法，需观察细胞内蛋白质分布可选用 Millon 法；如果需要显示某种特异蛋白则可利用免疫组织化学法，等等。

常用的染色方法为苏木精-伊红染色，或称为 HE 染色(hematoxylin and eosin stain，HE stain)，这种染色方法的基础是组织结构对不同染料的结合程度不同。染料苏木精可以将嗜碱性结构染成蓝紫色，而伊红可以将嗜酸性结构染成粉红色。嗜碱性结构通常包括含有核酸的部分，如核糖体、细胞核及细胞质中富含核糖核酸(RNA)的区域等。嗜酸性结构则通常为细胞内及细胞间的蛋白质，如细胞质的大部分以及一些特殊成分等。

12. 脱水、透明和封片

染色后的切片经过放置干燥后很快就会变色且不透明，为了保持细胞微细结构颜色的鲜艳，必须要进行透明处理，透明前仍然需要进行逐级脱水，此时脱水和透明处理仅需 5 min 左右时间。

封片的目的是为了切片的长期保存，封片剂必须使组织细胞保持透明且颜色不发生改变。常用的封片剂有加拿大树胶和中性树胶。封片步骤如下：将载玻片从染色杯中取出，吸取多余二甲苯液，将载玻片平放在实验台面上，注意确认载玻片贴附有组织的一面朝上，在载玻片表面滴加 1 滴封片剂，用细镊子夹取一洁净盖玻片，使盖玻片一端倾斜且慢慢接触封片剂，然后轻轻放下盖玻片，封片剂在盖玻片下慢慢扩展并填充在其与载玻片之间的空隙中，盖玻片覆盖过程中应尽力避免形成气泡。

待封片剂干燥后，通过初步镜检，给切片贴上标签。

五、实验注意事项

(1) 石蜡切片过程涉及很多技术细节和操作经验，常见问题主要如下。

所切蜡片不完整、碎裂，组织常和蜡片分离等，造成这一现象的原因是前期组织脱水不彻底或二甲苯没有被石蜡彻底替换，或者由于切片刀的平面与组织切面之间夹角过小，切片时刀的近下部直接挤压了组织切面。为了纠正上述现象，部分组织可以脱蜡后重新进行脱水、透明和包埋进行弥补，或者重新调节刀的倾斜角度。

切片碎裂也可能由于乙醇脱水、二甲苯透明时间过长导致组织过硬，也可能由于透蜡时温度过高，或者组织本身过硬、含有杂质等因素造成，这些原因造成上述结果无法弥补。

切片不能相互连续形成带状，可能的原因是切片室温度过低、包埋的石蜡过硬、组织周围保留的蜡太少等。纠正上述现象可以采用在切片机上方安装灯泡加热、重新包埋等。

蜡带不直，向一侧弯曲，其原因可能是蜡块上下两边不平行，或蜡块左右两边硬度不一样，切片刀刀刃锋利程度不一样等，可分别采取重新修正蜡块上下两边使之互相平行，将蜡块转换90°方向，平移刀刃等办法进行调整。

（2）染色方法较多，不同染色方法存在不同需要注意的问题，在此以 HE 染色为例就染色时应注意的问题加以讨论。

组织切片的脱蜡应彻底，否则无论进行哪种染色都会发生困难。脱蜡要充分，若溶蜡剂使用过久应及时更换，以免降低效率，若室温过低，可将溶蜡剂置于温箱中进行脱蜡。

染色的时间长短需依据染色剂特性、室温条件、切片厚薄、固定液的类别、染液的新旧程度而进行调节，在染色时可使用显微镜时常观察染色程度，以利于掌握最佳染色时间。

染色后的组织切片，要将组织四周的污染物痕迹，尤其是切片背面的污染物擦掉，以免影响观察和美观。

封片剂黏性加大，很容易对切片造成污染，影响后期观察，使用时要适量，滴加时应小心倾滴，盖玻片要轻轻放置，以免产生气泡，影响镜检。盖玻片大小选择要合适，一般要大于组织块，以防封盖不全。

HE 染色时，苏木精染液使用一段时间后表面易出现明亮的有金属光泽的漂浮物，这可能是液体表面的过氧化物，必须过滤除去，以防沉渣污染组织切片。苏木精染液一般染过三四百张切片后，着色力会减弱，应及时更换新液。苏木精染色后分化步骤要在镜检下准确把握分化时间，若分化失当则引起染色过淡或过深等现象，一般分化后胞核应清晰，呈略深的蓝色，胞质呈淡白色，否则伊红复染后，细胞会呈紫蓝色即“蓝盖红”现象。伊红染色时，染色时间和分色时间可以瞬间（3 s 左右）完成，这样染色的结果是伊红颜色鲜艳，且不会影响胞核的颜色，整个细胞染色红蓝分明。

六、实验结果

用 HE 染色，塔里木兔胰腺和肝脏组织学结构分别见图 1-19（彩图 2）和图 1-20（彩图 3）。

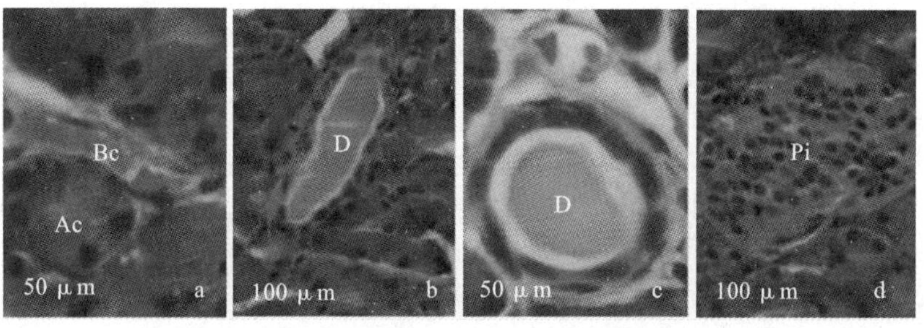

图 1-19　HE 染色显示塔里木兔胰腺组织学结构

a. 腺泡（×400）；b. 导管（×200）；c. 导管（×400）；d. 胰岛（×200）

Ac. 腺泡（acinar cell）；Bc. 血细胞（blood cell）；D. 导管（duct）；Pi. 胰岛（pancreatic islet）

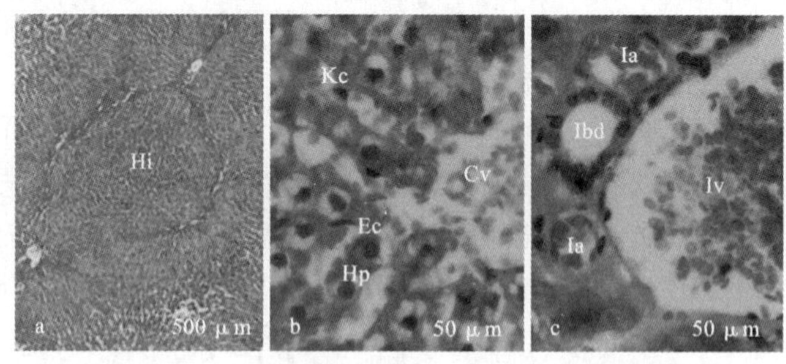

图 1-20　HE 染色显示塔里木兔肝脏组织学结构

a. 肝光镜低倍像(×40)；b. 肝小叶局部高倍像(×400)；c. 门管区(×400)

Hi. 肝小叶；Cv. 中央静脉；Hp. 肝板；Kc. 枯否细胞；Ec. 内皮细胞；Iv. 小叶间静脉；Ia. 小叶间动脉；Ibd. 小叶间胆管

七、作业与思考题

(1) 在切片制作过程中，取材应注意什么？

(2) 固定剂有哪些作用？切片材料在固定时要注意什么？

(3) 为什么说石蜡的优劣与切片的成败密切相关？恒温在透蜡过程中有何作用？

（张建萍、刘忠虎）

1.2　电子显微镜技术

电子显微镜技术包括电子显微镜(electron microscope，EM)的操作应用和相关样品的制备。电子显微镜技术的发展有力地促进了细胞学研究的发展，使细胞结构研究由微观结构水平发展到了超微结构水平和分子结构水平，它是细胞生物学学科建立的主要基础。

在光学显微镜技术发展到一定程度后，由于客观条件的限制，人们对细胞小于 0.2 μm 以下的更微细结构的观察和辨识的追求已不能得到满足，正如前一章光学显微镜原理中所提到的，要想看清这些结构，就必须选择波长更短的光源，以提高显微镜的分辨率。于是，1932 年德国柏林大学的 E. Ruska 等制造出了以电子束为光源的第一台具有实用性的电子显微镜，之后，人们又逐渐发展并制造出了适用于不同研究目的的多种高性能电子显微镜。

电子显微镜是利用电子与物质作用后，所产生的电子散射信号来显示细胞内部和表面微细结构、晶体结构、微细组织、化学成分和电子分布情况的电子光学装置。它以电子波作为光源，电磁场作为透镜，用荧光屏将肉眼不可见的电子束成像在人们眼前。

根据电镜的电子束照射样品的方式不同、利用电子散射信号方式不同和对电子束加压的不同，可以将电子显微镜分为多种类型，细胞生物学常用的有透射电子显微镜(transmission electron microscope，TEM)和扫描电子显微镜(scanning electron microscope，TEM)。

1.2.1　透射电子显微镜

一、实验目的

(1) 了解透射电子显微镜的工作原理，熟悉透射电子显微镜的主要结构。

（2）了解透射电子显微镜的使用技术。

二、实验原理

电子显微镜的基本工作原理与光学显微镜的相似，光学显微镜是以可见光作为光源，以玻璃质透镜调节光束方向。而电子显微镜是以高压加速电子束为光源，以轴对称电磁场（称为电磁透镜）调节电子束方向。两者成像原理相同，即都是依赖透镜放大成像，但由于光源不同，其成像的机理也不同。光学显微镜的像是靠经过样品吸收和反射后可见光照明光源“剩余”的光线形成的。电子显微镜则是在真空系统中，高速电子照射样品时，一部分入射电子与样品物质中的原子核外电子发生碰撞，引起入射电子方向和能量发生改变，形成所谓的散射现象，样品中不同结构和区域电子的致密程度不同，引起的散射程度也不同，所以穿过样品的出射电子束是不均匀的，束内电子密度各处互有差异，当其投射到荧光屏上形成可见光图像时，该图像就会显示出样品的结构信息。

磁场可以使运动的电子改变方向，电子运动方向偏转角度的大小与磁场强度有关。电子显微镜的磁场是由通电线圈产生的，因此通过调控通过线圈的电流就可以调控磁场强度，可以改变电子偏转角度大小，即改变电子束聚焦的焦点，因此电镜改变放大倍数是利用调节通过磁透镜电流大小来实现的，不需要像光镜那样要更换不同倍数的镜头。

电子显微镜的轴对称电磁场是特殊设计构成的，它对电子束的偏转作用完全等同于玻璃透镜对可见光的作用，具有聚焦和放大成像功能。因此透射电镜和光学显微镜在几何光学成像方面具有类似性。透射电镜中，照明光源为电子枪灯丝发射的电子束，电子束经过加速、聚光镜会聚照射到样品上，穿透样品的出射电子由物镜成像，该像再由中间镜、投影镜放大形成终像。

三、实验材料、仪器与试剂

透射电子显微镜、生物样品的超薄切片等。

四、实验方法与步骤

1. 透射电子显微镜的结构识别

透射电子显微镜主要由照明系统、样品调节系统、成像系统、观察与照相系统、真空系统和电子学线路系统等组成。

（1）照明系统：位于透射电子显微镜镜腔的最顶端，包括电子枪和聚光镜。电子枪由发射电子的阴极、加速阳极和控制栅极组成。阴极由钨丝构成，加热后可以发射电子。阳极与阴极之间的电压使阴极发射的电子加速。栅极相对于阴极是负压，根据同性相斥的原理，它可以使阴极发射的电子束在射向阳极的过程中进行会聚，在阳极附近会聚成一点，该点称为交叉点，其直径可视为照明光源的直径尺寸（相当于光镜的视场光阑直径）。

聚光镜用于对经交叉点发射出的电子束进行有效的会聚，将电子束会聚成极细的电子束，照射到样品上。通过调节通过聚光镜的电流，可以调节光束的直径和亮度。

（2）样品调节系统：包括用于移动样品选择视野的机械装置和控制样品切面与电子束间倾斜角的测角台。

（3）成像系统：包括物镜、中间镜和投影镜。通过改变这些磁透镜的电流，可以对样品进行调焦和改变放大倍数，透射电子显微镜的放大倍数等于各个磁透镜放大倍数的乘积。

（4）观察与照相系统：在透射电子显微镜镜腔的最下方为观察照相室，照相室内的荧光屏用来显示经投影镜放大的样品最终放大的像，通过对荧光屏上图像的观察选择需要照相记录的目标结构，安装在照相室内的照相装置可将图像信息传递到计算机终端显示器，利用相关软件可轻松完成图像储存过程。

(5) 真空系统：在透射电子显微镜成像过程中，为了避免环境中空气分子与成像电子束之间发生碰撞，干扰图像信息，电子显微镜的样品室、照明系统、成像系统和观察与照相系统是被设计放置在密闭的腔体(镜腔)中的，该腔体在工作过程中尽量维持在接近真空状态，常规电镜的真空度为 10^{-3} Pa。

真空系统由机械真空泵和油扩散泵来维持。

2. 透射电子显微镜的基本性能指标

(1) 分辨率与放大倍数：分辨率是衡量电子显微镜性能的主要指标，显微镜分辨率是指样品上可以通过显微镜分辨清楚的最小细节，常用样品上两个点之间的距离表示，其数值越小表示显微镜分辨能力越强，常规透射电子显微镜的分辨率可达 0.2 nm。透射电子显微镜的分辨率由衍射差、物镜球差以及色差等因素决定。

正常人眼的分辨率为 0.2 mm，要辨识比这个距离更小的细节，需要借助显微镜放大到这个距离眼睛才能辨识，透射电子显微镜的分辨率为 0.2 nm，也即通过透射电子显微镜使人们眼睛辨识样品细节的能力提高至 10^6 倍(0.2 mm/0.2 nm)，因此，透射电子显微镜的放大倍数应为 10^6 倍。如果使用更大的放大倍数，由于电镜分辨率的限制，小于 0.2 nm 距离的两点之间仍然是无法清楚显示，眼睛也就无法分辨，所以普通透射电子显微镜的放大倍数范围在几十万倍到几百万倍之间。

(2) 加速电压与相差：透射电子显微镜的加速电压与电子的自由行程有关，加速电压越大其行程就越长。常规透射电子显微镜的加速电压为 60～100 kV，电子枪发射的电子在加速后其自由行程约为 100 nm，足以透过厚度为 50～70 nm 的生物超薄切片，但如果切片厚度超过 100 nm，很少有电子可以透过样品，则像的反差就会降低，从而分辨不清样品的细节。观察较厚的切片，目前有中压透射电子显微镜(其加速电压为 300～400 kV)和高压透射电子显微镜(其加速电压为 1000 kV)。

电子束的波长与发射电子束的电压平方根成反比，也就是说电压越高，波长越短，分辨率越高。

透射电子显微镜成像的反差效果除了与加速电压有关外，还与样品物质成分、染色处理质量有关。

3. 实验程序

(1) 开机：首先打开总电源开关，然后打开不间断电源 UPS 开关，待初始化完成后按"ON"键；打开循环水装置开关至"ON"，并设定冷却温度为 20 ℃。插入主机开关钥匙，顺时针旋转至"EVAC ON"，待真空系统机械泵启动后，再将钥匙顺时针方向转至"COL ON"，启动计算机，根据显示屏提示，输入密码，确认后打开计算机。

(2) 安装样品：将样品装到样品杆上，确保样品已安装牢固，以免操作过程中样品掉进镜筒。然后将样品杆水平插入样品室，待样品外室控制开关指示灯亮时，将开关转向"ON"的位置，进行样品隔离室预抽真空，待 2～3 min 后指示灯变绿色时，按顺时针方向旋转样品杆，轻轻向前推送样品杆，遇到阻力时再按顺时针方向旋转样品杆，最后缓慢将其送入样品室观察位置。

(3) 加高压：等主机启动后约 30 min，"EVAC"指示灯停止闪烁，变绿并持续 10 min 后，表明电镜已经达到稳定高真空状态。然后按"HV"按钮，选择需要的加速电压(一般为 60～80

kV)，待高压稳定后，打开灯丝运行对话框，按“ON”接通灯丝电流，灯丝电流自动达到饱和，荧光屏出现图像。然后用控制面板上的放大倍率旋钮调节放大倍数，用聚焦旋钮聚焦图像。

(4) 镜筒合轴调节：按照合轴调节标准程序进行调节，高倍镜下调整电压中心，选择 5 万倍以上进行物镜消像散操作。

(5) 视野调节：将亮度调暗，“LOW/MAG”放大倍数调到 700 倍率，同时按“IN/OUT”退出物镜可动光阑，在荧光屏上可以看到铜网像，用左右“STAGE”旋钮移动样品，将所要观察的切片移到视野中心，按“IN/OUT”将物镜可动光阑退回，按“ZOOM 1”进入样品观察状态。

(6) 观察操作：在电子显微镜观察过程中要注意左右手的配合，同时将放大倍数、亮度、样品台移动、调焦等一系列动作密切协调，以达到最佳的观察效果；为了精确调整图像的清晰度，可以使用“SPOT”荧光屏配合光学显微镜进行精确调焦。

(7) 拍照：选定所要拍照的区域，经过精确调焦后，将亮度调到“PHOTO”按钮下边的指示灯绿灯亮时，按“PHOTO”钮进行拍照。

(8) 取出样品：关闭灯丝电流，将样品杆水平向外拉出，碰到阻止时稍向逆时针方向旋转，接着水平向外拉，直到碰到再次阻止，再逆时针旋转，样品外室控制开关指示灯亮，变红色，按下开关至“OFF”，关闭抽气开关，待指示灯灭后，水平拔出样品杆。

(9) 关机：首先将灯丝电流关闭，再将高压关闭，放大倍数复位(700 倍)，接着将主机电源钥匙按逆时针方向转一格，先关闭计算机，等计算机关闭后，继续逆时针方向转一格，关闭主机电源，约等 30 min 后机械泵完全停止工作，最后关闭循环水装置，切断总电源。

五、实验注意事项

(1) 透射电子显微镜及其附属设备中有高压电、低温、高压气流、电离辐射等危险因素，因此不正确的使用有可能造成仪器损坏，甚至造成人身伤害。

(2) 请勿用透射电子显微镜观察磁性样品，磁性样品有可能对电子显微镜造成严重伤害。

(3) 严禁用手直接触摸样品杆把手以外的部分，尤其是样品杆顶端的任何部位。

(4) 电子显微镜样品台红灯亮时不要插入或拔出样品杆，样品台回零之前不要插入或拔出样品杆。

(5) 任何机械操作都不要太用力(包括装卸样品，插拔样品杆，操作旋钮、按钮等)。

(6) 使用 CCD 相机拍照时，电子束一定要散开(至少与荧光屏一样大)。

六、作业与思考题

(1) 试列举透射电子显微镜与光学显微镜的四点主要区别。

(2) 说明透射电子显微镜为什么比光学显微镜分辨本领强。

(3) 透射电子显微镜成像反差与加速电压和切片厚度的关系如何？

(刘忠虎)

1.2.2　透射电子显微镜样品制备

一、实验目的

(1) 了解制备超薄切片的基本原理。

(2) 熟悉制备超薄切片的具体操作方法。

二、实验原理

透射电子显微镜样品制备主要是超薄切片(ultrathin sectioning)和染色技术。

生物切片根据切片厚度不同可以分为厚切片、普通切片、半薄切片和超薄切片。厚切片常用于光学显微镜下对脑组织神经元突起分布和肺组织结构等观察,普通切片用于一般组织细胞光学显微镜观察,半薄切片(1 μm)常用于树脂包埋电子显微镜样品的定位。而利用透射电子显微镜对样品进行观察时,要求样品必须切得更薄,一般在50～80 nm,此即超薄切片,这是因为透射电子显微镜作为照明光源的高速电子穿透能力十分有限(100 nm左右),如果切片过厚则无法成像。另外,透射电子显微镜一般是对细胞膜、细胞器结构、细胞骨架形态以及核糖体等细胞成分的观察,如果切片过厚,可能因这些成分上下重叠干扰微细结构观察。

超薄切片与常规石蜡切片制作原理相似,即先使用固定剂将组织和细胞固定,使其尽量保持原来生活状态的结构,然后经过脱水、浸透、聚合、包埋和切片制成超薄切片,但两种切片所用固定剂和包埋剂等有所不同。由于石蜡作为支撑介质包埋的组织和细胞硬度有限,不能切出超薄切片,所以常用树脂作为包埋剂,相应的媒浸剂也改为丙酮。包埋剂树脂固化过程也与石蜡凝固过程不同,需要添加固化剂和助剂等成分,在加温条件下由单体聚合形成聚合物。由于树脂包埋剂较硬,一般石蜡切片所用钢刀也相应更换为玻璃刀或金刚刀。切片机也要使用更加精密的超薄切片机。

透射电子显微镜成像的反差主要和透过超薄切片样品的出射电子束等因素有关,当电子束照射到超薄切片样品时,一部分电子直接透过样品,照射到荧光屏上,使荧光屏上形成发亮区域,另一部分电子则与样品中的电子等发生碰撞形成散射电子,该区域在荧光屏上就是相应发暗的区域。因此,样品不同区域和微细结构所含物质成分尤其是原子序数高的成分(原子核外电子数量多)是影响图像反差的主要因素。因此,为了增加图像的反差效果,常常利用细胞微细结构和成分对重金属盐的结合及吸附特性不同,对透射电子显微镜样品进行染色处理,即所谓的电子染色。

三、实验材料、仪器与试剂

1. 材料

动物组织或其他生物组织。

2. 仪器

超薄切片机、制刀机、玻璃切割器、控温烤箱、冰箱、光学显微镜、电子天平、酸度计、手术剪刀、眼科镊子、眉笔、铜网、标本夹持器、单面刀片、双面刀片、修块台夹、优质玻璃条、烧杯、量筒、培养皿、吸管、载玻片、酒精灯、包埋模板等。

3. 试剂

1%锇酸固定液、2.5%戊二醛固定液、0.2 mol/L PBS缓冲液、无水乙醇、95%乙醇、丙酮、环氧树脂Epon812、DDSA(十二烷基琥珀酸酐)、MNA(甲基内次甲基四氢邻二甲酸酐)、DMP-30(2,4,6-三(二甲氨基甲基)苯酚)、聚乙烯醇缩甲醛(formvar)、氯仿、乙酸铀染液、柠檬酸铅染液、氢氧化钠、氨水、浓硫酸、甲苯胺蓝等。

试剂配制:

(1) 0.2 mol/L PBS缓冲液:首先配制A、B母液。

A液(0.2 mol/L磷酸氢二钠水溶液):称取$Na_2HPO_4 \cdot 2H_2O$ 35.61 g,用双蒸水溶解至1000 mL。

B 液（0.2 mol/L 磷酸二氢钠水溶液）：称取 $NaH_2PO_4 \cdot 2H_2O$ 31.21 g，用双蒸水溶解至 1000 mL。

按表 1-1 所列数据取 A 液和 B 液混合后，即得所需的 0.2 mol/L 磷酸盐缓冲液。混合后测 pH 值，常用缓冲液的 pH 值在 7.2～7.4，稀释 2 倍则成 0.1 mol/L 磷酸盐缓冲液。

表 1-1　不同 pH 值磷酸盐缓冲液的配制比例（25 ℃）

A 液/mL	9.25	18.75	24.5	30.5	36.0	40.5	43.5
B 液/mL	40.75	31.25	25.5	19.5	14.0	9.5	6.5
pH	6.2	6.6	6.8	7.0	7.2	7.4	7.6

（2）2.5％戊二醛固定液：取 25％戊二醛 10 mL，0.2 mol/L PBS 缓冲液 50 mL，加双蒸水 40 mL。

（3）1％锇酸（四氧化锇，OsO_4）固定液：锇酸固定液一般是配成 2％的水溶液保存，临用时加等量的缓冲液稀释，使最终固定液的浓度为 1％。

2％锇酸储存液：先将 1 只装有锇酸（0.5 g）的安瓿瓶用肥皂水洗净，再用清洁液浸泡过夜，自来水冲洗干净后，用玻璃切割器在上面刻痕，再用蒸馏水冲洗几次，放入洁净棕色广口玻璃瓶内，加入 100 mL 双蒸水，用洁净玻璃棒捣破安瓿瓶，或用力摇破。贴上标签，4 ℃避光保存备用。

1％锇酸固定液：等量的 0.2 mol/L 磷酸盐缓冲液（pH 7.2）与 2％锇酸储存液混合，临用时现配。

（4）梯度浓度乙醇溶液：用无水乙醇或 95％乙醇加双蒸水配制成浓度为 90％、80％、70％、60％、50％的乙醇溶液。

（5）90％丙酮溶液：用纯丙酮溶液加双蒸水配制。

（6）环氧树脂 Epon812 包埋剂：分别取 13 mL 环氧树脂 Epon812、8 mL DDSA、7 mL MNA，加入洁净干燥的烧杯中混合均匀，然后逐滴加入 DMP-30，边滴加边搅拌，添加量为总体积的 1.5％，一般胶头滴管大概为 10～12 滴。充分搅拌 30 min 后备用。

（7）乙酸铀染液：将一定量乙酸双氧铀 $UO_2(C_2H_3O_2)_2 \cdot 2H_2O$ 置于 60％乙醇溶液中，溶解 1～2 天形成饱和溶液，静置，取上清液（浓度在 0.5％～5％）备用，避光保存。

（8）柠檬酸铅染液：取高纯硝酸铅（$Pb(NO_3)_2$）1.33 g、柠檬酸钠（$Na_3C_6H_5O_7 \cdot 2H_2O$）1.76 g、双蒸水（临用前煮沸冷却）30 mL，放入容量瓶中充分摇荡 30 min，混匀，溶液呈白色混悬液。加 1 mol/L NaOH 8 mL，可见混悬液逐渐变澄清，再加双蒸水至 50 mL，容量瓶口应密封，防止空气中的二氧化碳与铅染液接触，否则会形成不溶性碳酸铅沉淀。

四、实验方法与步骤

1. 取材

根据实验需要选取动物或植物等生物个体或者培养细胞。选取动物为实验材料时应根据动物福利和管理规定进行麻醉。动物麻醉后应尽快将所需要的器官或组织从动物机体切下，然后用双面刀片将选取材料切成小块，体积在 0.5～1 mm^3 范围，或者厚度要小于 1 mm。取材时动作要轻巧，刀片要锋利，绝不能挤压牵拉组织，避免人为造成组织损伤。

2. 固定

电镜样品固定有浸泡固定法、组织在体原位滴加固定液固定法和灌注固定法。这些固定法一般均采用戊二醛和锇酸先后两次固定（双重固定法）。常用浸泡固定法。

戊二醛固定：取材后的组织应尽快投入到预冷的2.5%戊二醛固定液中，4 ℃固定1～3 h即可进行下一步固定。

有时为了收集实验材料，常常会在此阶段将组织进行保存。戊二醛对细胞中蛋白质、核酸和多糖固定效果均较好，但其对脂类、膜相结构固定效果较差，因此经戊二醛单一固定液前固定的细胞不宜长期保存，一般在1周内为宜。

锇酸固定：锇酸固定在戊二醛固定之后，故又称之为后固定。因为醛会和锇酸起反应，产生细密的颗粒沉淀，造成样品污染，因此在进行锇酸固定之前，材料要先用0.1 mol/L磷酸盐缓冲液漂洗3～4次，每次1 h。

再用1%锇酸固定液4 ℃固定1 h。锇酸固定蛋白质和不饱和脂肪酸效果较好，但对核酸和糖原固定效果较差。Os是原子序数较高的元素，具有电子染色作用。

由于锇酸亦能和乙醇作用，产生沉淀，因而用锇酸固定后，也应把多余的锇酸固定液漂洗掉。用0.1 mol/L磷酸盐缓冲液漂洗2～3次，每次30 min。

3. 脱水

弃去0.1 mol/L磷酸盐缓冲液，依次将材料放入50%、60%、70%、80%、90%梯度浓度乙醇溶液，4 ℃，每个乙醇液停留20 min。然后让材料依次经过90%乙醇与90%丙酮等体积混合液、2次纯丙酮溶液，每次20 min。

4. 浸透

材料脱水后用包埋剂将丙酮替代的过程就是浸透。材料依次经过丙酮与包埋剂(2∶1)混合溶液、丙酮与包埋剂(1∶1)混合溶液、丙酮与包埋剂(1∶2)混合溶液，每步在干燥室温条件下停留2～4 h，然后将材料置入纯包埋剂中浸透1～2天。

5. 包埋

将包埋用的牙签、包埋塑料模具板等烘干。向模具槽中滴加少许包埋剂，用牙签将浸透好的材料转移到包埋模具槽中，调整材料到槽的端部，并选择好切面方向。用滴管吸取包埋剂将模具槽加满。此时应对材料内容和模具编号做好记录。

将装好材料的包埋模具放入电烤箱中进行聚合。聚合过程为：35 ℃、45 ℃、60 ℃各24 h。取出聚合好的包埋块，装袋收存在干燥器中备用。

6. 聚乙烯醇缩甲醛支持膜的制备

首先配制0.25%～0.35%聚乙烯醇缩甲醛氯仿溶液，然后将洁净的载玻片浸入盛装在表面皿中的聚乙烯醇缩甲醛氯仿溶液中，稍待片刻将载玻片平稳取出，空气中干燥，此时载玻片上已经形成一层薄膜。

用刀片在膜的四周将膜划破，将玻片一段轻轻浸入盛装蒸馏水的玻璃鱼缸内，玻片上的聚乙烯醇缩甲醛膜就会浮在水面上，且随着载玻片向水下插入而逐渐与玻片分离。取出玻片，将铜网轻轻放置在聚乙烯醇缩甲醛膜上，再用一张滤纸覆盖在铜网和聚乙烯醇缩甲醛膜上，待滤纸吸水并与聚乙烯醇缩甲醛膜贴附在一起后，用镊子将滤纸和聚乙烯醇缩甲醛膜一起捞出水面，将滤纸的铜网和聚乙烯醇缩甲醛膜附着面朝上，放置于培养皿内，置于干燥器中备用。

7. 玻璃刀制备

玻璃刀是选用厚度5～6 mm的优质玻璃在专门制刀机上制备的，制备好的玻璃刀还要在紧邻刀刃的斜面上用铝箔带制作一个半圆形小水槽，小水槽的铝箔带用指甲油或石蜡粘贴在玻璃上，可以防止漏水。小水槽位于刀刃斜面上盛水后刚好可以收集切出的树脂切片。

8. 包埋块修整

将包埋块下端(没有材料的一端)裹上胶布，然后将下端插入到标本夹持器中央，并拧紧其侧面的内六方螺帽，夹紧包埋块，然后将标本夹持器插入支持底座中央。

在体视显微镜下，用刀片先小心地切去包埋块顶端的包埋介质，暴露出组织，再把样品四周修成上小下大的锥形，组织块顶面修成长方形或梯形。

9. 切片

半薄切片和定位：将修好的组织块安装在超薄切片机上进行切片，切片厚度为 1 μm，此即为半薄切片。由于玻璃刀能切的切面很小，要求组织块切面要修得尽量小，为了使要观察的材料能保留在切面的中央而不被修掉，需要通过观察半薄切片确定应保留的切面位置。

观察半薄切片组织位置要进行染色。在载玻片上滴一滴水，将半薄切片放在水滴上，60～80 ℃下烫平烤干，用 1%甲苯胺蓝染色，在显微镜下观察，找到所需的部位，再将包埋块放在解剖显微镜下借反光寻找出与切片相对应的地方，精修去除四周多余介质，把表面修成梯形或长方形，所需观察的部位应尽量定在梯形或长方形的中间。

超薄切片：超薄切片机的切片厚度是其最重要的指标，一般其切片厚度为 50～70 nm。超薄切片机通过样品臂的受热膨胀或样品臂机械推动来控制切片厚度，样品臂是其核心部分，除此之外，其切片原理与石蜡切片机相同。

切片时，首先开启总电源和稳压器开关，打开照明灯。

打开样品杆锁，并将其调至适当位置。将标本块和玻璃刀安装在切片机上，旋转标本夹持器方向使标本两个水平边与刀刃平行。刀槽内加水使液面达到刀刃，槽内液面不凸不凹，近似水平面。刀槽液面控制在日光灯下能呈现出银白色，借此银白色背景，可以看到随切片厚度不同形成的不同的干涉颜色。

将刀刃与标本切面位置调节至刚好接近，选择好刀口，将操作开关调至自动位置，样品杆开始上下移动，手动调节粗调和细调旋钮至有切片出现。

拨动供料开关，开始自动切片，2～3 min 后，关闭供料开关，停止切片。打开冷风机，冷却标本杆。

此时切片刀小水槽中可看到不同颜色的切片。用树脂包埋的切片，其干涉色与厚度的关系如下：灰色的厚度为 40～50 nm；银白色的厚度为 50～70 nm；金黄色的厚度为 70～90 nm；紫色的厚度为 90 nm 以上。灰色和银白色切片较薄，可在一般透射电镜下观察，分辨率较高，但反差小。金黄色切片较厚，分辨率低，但反差好，故有时亦可用于电镜观察。紫色切片很厚，一般不用于电镜观察。

用睫毛笔将漂浮在槽液上的灰色、银白色和金黄色的切片收集到一起，然后用镊子夹取带聚乙烯醇缩甲醛支持膜的铜网，将铜网上有支持膜的一面朝下，从上向下对准切片带轻轻压下去，一接触到切片就提起，借助水面张力使切片贴附到铜网上。也可以将铜网伸向液面下方，对准聚集在一起的切片由下至上快速提起，使切片漂在载网中央。将附着有切片的铜网用滤纸小心吸干水分，放置于带有滤纸的表面皿中准备染色。

10. 染色

将 1 片洁净的蜡纸放在表面皿中，滴 1 滴过滤的乙酸铀染液到其上，再将带有切片的铜网覆盖在染液上，使有切片的一面与染液接触，染色时间为 30 min，染好后用蒸馏水将切片洗净吸干。再将乙酸铀染过的切片覆盖在用同样方法滴在另一蜡纸上铅染液上，有切片的一面与染液接触。铅染色时应严格控制染色时间，5～7 min 即可，防止过染。染好后用蒸馏水将切片洗净吸干。

染色后的铜网应保存在表面皿中，尽量减少暴露在空气中的时间，以免铅染液与空气中的二氧化碳形成沉淀，污染切片。

五、实验注意事项

(1) 取材过程是做好整个实验的基础，而且有些实验材料需要经过较长的前期处理，本身十分珍贵，取材过程处理不好将会严重影响对结果的分析判断，因此要做好取材过程。取材的基本要求有如下几点。

① 取材越快越好，要求组织离体后迅速进入固定液进行固定，以使细胞内的微细结构尽量保存在生活状态下的位置和形态。

② 尽量保持低温下操作(0～4 ℃)，以降低酶的活性，减少对微细结构的影响。

③ 所取组织块体积要小，应在 0.5～1 mm^3，因为固定液渗透能力弱，组织块太大，块的内部将不能得到良好的固定。

④ 取材时动作要轻巧，刀片要锋利，绝不能挤压牵拉组织，避免人为造成组织损伤。

⑤ 尽量少带血液或组织液进入固定剂，可用缓冲液把表面血液或组织液冲掉，千万不要用水冲洗组织。

(2) 在进行组织固定时，应该根据组织块体积添加足够量的固定液，一般固定液的体积应为组织体积的 15～25 倍，不能因为锇酸等试剂的价格因素而减少其使用量。另外，锇酸具有毒性，且容易挥发，对眼角膜、鼻腔和口腔黏膜极为有害，固定组织时应在通风橱中进行。

(3) 脱水时应根据材料的性质不同选择不同的脱水持续时间，如培养的细胞和血细胞等材料每步脱水时间为 5～10 min，但有些致密组织、植物组织等每步脱水时间应持续到 20～30 min，如果脱水不彻底，包埋剂就会在有水的区域渗透不进去，将来切片观察在电镜图像上会形成空白区，干扰结果观察。此结果与石蜡切片不同，图像上空白区形成原因还有待探讨。

(4) 包埋时，应注意环境因素如高温、高湿对包埋结果的影响。环氧树脂 Epon812 对包埋的条件要求高，对湿度要求严格，操作时可在工作环境四周点上 2 个电炉降低环境湿度，也可在干燥箱内进行。配制时应充分搅拌，否则包埋剂硬度不均匀，切片上易出现震颤损伤，即出现搓板样的平行条纹。另外，包埋剂单体及聚合物均宜储存于干燥处，防止组织块受潮，影响切片质量。在环境温度不同时应对包埋剂的配制比例进行适当调整，使包埋块硬度适中，如在温度较高的季节或温度较高地区，包埋剂中 DDSA 应适当减少，而 MNA 比例则应相应提高。

六、实验结果

蟾蜍(*Bufo raddei* Strauch)视网膜电镜下超微结构如图 1-21 所示。

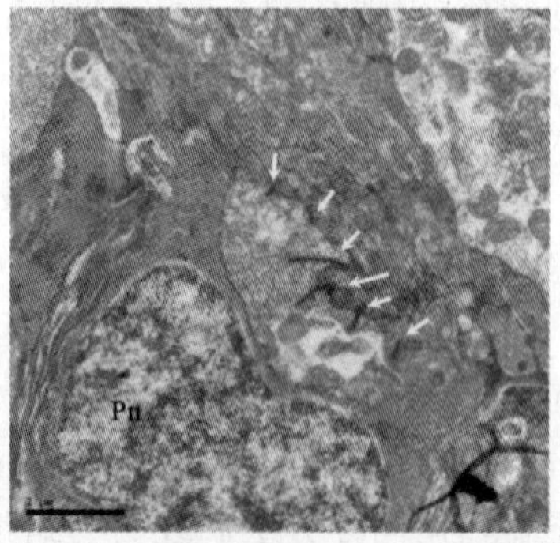

图 1-21　蟾蜍(*Bufo raddei* Strauch)视网膜电镜下超微结构

注：Pn，光感受器细胞核；箭头示光感受器细胞内突部的带状突触形成部，Bar=5 μm。

七、作业与思考题

(1) 透射电子显微镜样品制备的取材过程有哪些注意事项?

(2) 简述超薄切片制备技术中用戊二醛、锇酸进行双固定的意义。

(3) 为防止染色过程中发生样品污染现象应采取哪些措施?

(4) 比较石蜡切片与超薄切片的异同。

(刘忠虎)

1.2.3　扫描电子显微镜

一、实验目的

了解扫描电子显微镜的工作原理、基本结构、性能和应用。

二、实验原理

1925 年德国科学家德布罗意提出微观粒子的波动理论后,使电子聚焦成像的学科即电子光学得到了不断发展。1935 年克诺尔(M. Knoll)试制成功反映扫描电子显微镜(scanning electron microscope,SEM)设计理论的最简单扫描电子显微镜,其分辨率还不如光学显微镜,分辨率达 100 μm,1938 年由冯·阿登纳(Von. Ardenne)研制出了第一台扫描电镜,1942 年经过兹威礼金(Zworykin)、希利尔(Hillier)等的改进,扫描电镜的分辨率达到了 50 nm,而后扫描电镜又进行了不断改进和完善,1966 年英国剑桥仪器公司生产了第一批商业化扫描电镜,目前已成为生物科学、医学和材料科学等其他相关学科研究的有力工具。

扫描电子显微镜与透射电子显微镜相同的是都采用电子束作为光源。扫描电子显微镜是用聚焦电子束在样品表面逐点扫描成像。成像信号可以是二次电子、背散射电子或吸收电子。其中二次电子是最主要的成像信号。扫描电子显微镜成像并非来自光源电子束本身,此方面类似激光扫描共聚焦荧光显微镜,成像来自荧光,而非光源的激发光。

由电子枪发射的电子,以其交叉斑作为电子源,经二级聚光镜及物镜的缩小形成具有一定能量、一定束流强度和束斑直径的微细电子束,电子束直径可达 3～10 nm 甚至更细,故有电子"探针"之称。在扫描线圈驱动下,"探针" 按一定时间及空间顺序逐点逐行地对样品表面进行扫描,由于高能电子束与样品成分的原子核和电子发生碰撞,使样品表面产生二次电子、背散射电子、吸收电子、特征 X 射线、俄歇电子、阴极发光等物理信号(图 1-22),二次电子发射量是被选用作成像的信号,二次电子发射量随样品表面形貌而变化,包含着此时刻光源电子束照射样品表面此点的形貌信息。二次电子信号被探测器收集转换成电讯号,经视频放大后输入到显像管栅极,调制与入射电子束同步扫描的显像管亮度,得到反映样品表面形貌的图像(图 1-23)。

扫描电子显微镜主要是对组织和细胞表面形貌特征以及细胞器表面超微结构进行观察,所形成的图像具有很强的立体感,可以很好地显示细胞及细胞超微结构的三维空间结构。此外,扫描电子显微镜与 X 射线分析系统(能谱仪、波谱仪)结合,可用于样品微区元素的定性和定量分析,还可与背散射系统(结晶学分析系统)结合,用于晶体和矿物结构的分析等。

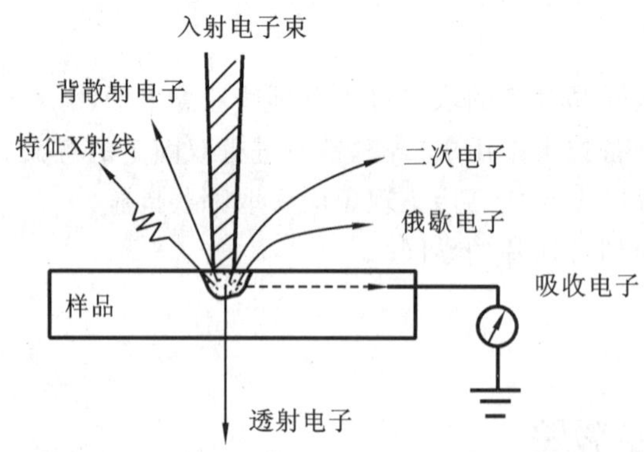

图 1-22　电子束与固体样品作用时产生的信号

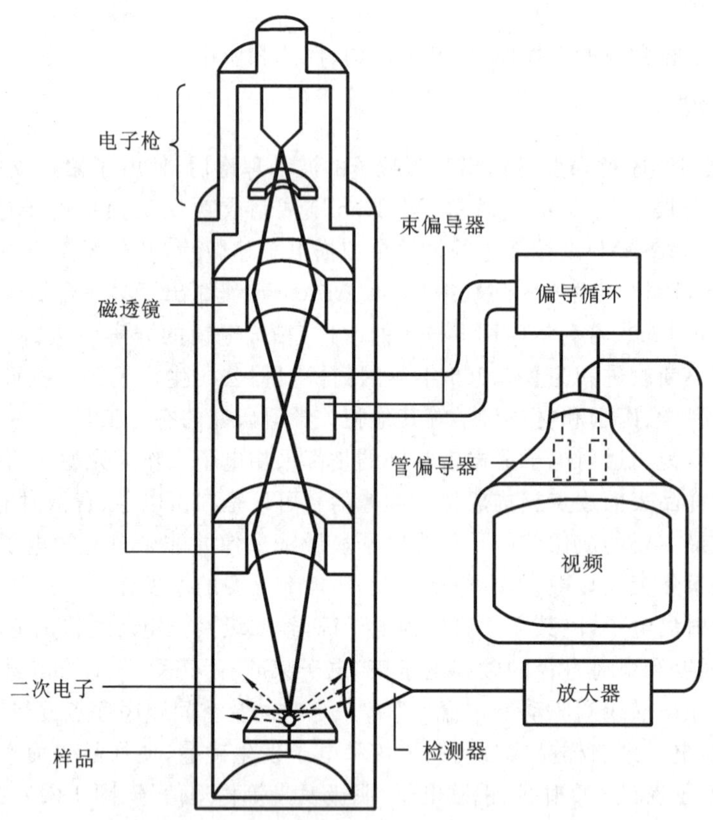

图 1-23　扫描电子显微镜的结构原理图

三、实验材料、仪器与试剂

扫描电子显微镜 JSM-5610 LV、组织与细胞样品、样品托等。

四、实验方法与步骤

1. 扫描电子显微镜的结构识别

扫描电子显微镜主要包括电子光学系统、信号检测系统、显示系统、真空系统和供电系统几部分。

(1) 电子光学系统：位于镜筒中，其作用是负责电子发射、电子束会聚、电子束偏转扫描调节，以及放置样品。由电子枪、电磁透镜、扫描装置和样品室等部分组成。

电子枪构造与透射电子显微镜相似，由阴极钨丝、栅极和阳极组成。高等级扫描电子显微镜采用六硼化镧(LaB_6)或场发射电子枪。

电磁透镜包括聚光电磁透镜和物镜，聚光电磁透镜包括第一聚光镜和第二聚光镜，起聚集电子束作用，位于扫描线圈上部，物镜位于扫描线圈下部，样品上部。

扫描装置由 3 个偏转线圈组成，位于镜筒中的 1 个偏转线圈用于引起电子束偏转，进行在样品表面的扫描，另外 2 个偏转线圈在镜筒外，用于控制观察屏和照相屏显像管的电子束，三者受同步发生器控制，进行同步偏转和扫描。

样品室设置样品台和空气闭锁装置，样品台用于固定样品托，样品台能进行三维空间的移动，还能倾斜和转动。空气闭锁装置用于更换样品室保持镜筒上部的真空状态。

(2) 信号检测系统：包括二次电子信号的检测、信号转换和传送结构，检测器位于镜筒内，其闪烁片可捕获二次电子并将二次电子发射量信号转换成光信号，由光导棒传送到样品室外的光电倍增管中，在那里光信号被高倍放大并转换成为电流信号，再将信号转换为电压信号输送到显像管的栅极，去调制显像管的电子束强度。

(3) 显示系统：包括信号的收集、放大、处理、显示与记录部分。显示和记录部分包括两个显像管和照相机。一个显像管是长余辉的，用于观察；另一个显像管是高分辨率的、短余辉的，用于照相。由于控制镜筒入射电子束的扫描线圈的电路同时也控制显像管的电子束在屏上的扫描，因此，两者是严格同步的，并且样品上被扫描的区域与显像管的屏是点点对应的。在样品上任何一点上的二次电子发射的强度的任何变化将表现为在屏上对应点的亮度的变化，不同点亮度不同就组成了有明暗反差的像。

(4) 真空系统与供电系统：真空系统的作用是为保证电子光学系统正常工作，防止样品污染，提供高的真空度，扫描电子显微镜的真空系统也与透射电子显微镜的真空系统相似，由机械泵、扩散泵、检测系统等组成，可使镜筒内形成 $10^{-5}\sim10^{-4}$ mmHg(1 mmHg＝1.33 kPa)的真空度。电源系统由稳压、稳流及相应的安全保护电路所组成，其作用是提供扫描电子显微镜各部分所需的电源。

2. 扫描电子显微镜的基本性能指标

(1) 分辨率：电子显微镜的分辨率是指能够辨识清楚两个点之间的最小距离，扫描电子显微镜的分辨率是指通过二次电子信号形成图像的分辨率，图像中的两个点来自于光源电子束照射在样品上的两个光斑点，这两个点之间的距离越小，形成的对应图像上的两个点之间的距离也越小，即分辨率越高，样品上的两个光斑的距离与光源电子束直径直接相关，分辨率一般等于相邻两个光斑的半径，也就是电子束的直径。如前面所述电子束的直径由电子枪和聚光镜决定，配置普通电子枪的扫描电子显微镜的分辨率为 6 nm，场发射电子枪的扫描电子显微镜的分辨率可达 1～2 nm。

(2) 放大倍数(M)：扫描电子显微镜二次电子像的放大倍率(M)由屏上图像的大小与电子束在样品上扫描区域的大小的比例决定。M＝像的大小/扫描区域的大小。通常显像管屏的大小是固定的，而电子束扫描区域大小很容易通过改变偏转线圈的交变电流的大小来控制。因此，扫描电子显微镜的放大倍数很容易从几倍一直达到几十万倍，而且可以连续、迅速地改变。

(3) 像的反差：通过扫描电子显微镜观察到的样品表面形貌特征的图像，是由二次电子发射量的信号转化形成的，样品某点发射量大，图像上对应的点就明亮。反之图像上对应的点就暗。而二次电子发射量取决于光源电子束入射样品的角度，由于样品表面凹凸不平，光源电子束入射样品的角度就跟着发生相应的变化，二次电子的产率也就不同，因此二次电子像的反差由样品表面形貌所决定。

3. 实验操作

(1) 开机：打开配电盘主电源开关。开冷却循环水，检查确认循环水系统在正常范围。检查确认不间断电源为正常。打开主电源开关。在主机上插入钥匙，旋至"Start"位置。松手后钥匙自动回到"on"的位置，真空系统开始工作。等待 10 s，计算机开启，点击计算机桌面的开始程序，选择点击"JEOL · SEM"及"JSM-5000 主菜单"，进入扫描电子显微镜操作界面。约 20 min 仪器自动抽高真空，真空度达到后，电子枪自动加高压，进入工作状态。通过计算机可以进行样品台的移动，改变放大倍数、聚焦、像散的调整，直到获得满意的图像。对于满意的图像可以进行拍照、存盘。

(2) 更换样品：点击"HT on"，出现"HT Ready"。点击"Sample"，再点击"Vent"。50 s 后拉出样品台，从样品台架上取出样品台。更换样品后，关上样品室门，再点击"EVAC"，真空系统开始工作，真空度达到后，电子枪自动加高压，重新进入工作状态。观察结束，关掉高压。

(3) 关机：点击"EXIT"，再点击"OK"，扫描电子显微镜窗口关闭，回到视窗桌面上。点击桌面上的"Start"。退出视窗，关闭计算机。关闭控制面板上的电源开关。等待 25 min 后关掉循环水。关掉总电源。

五、实验注意事项

(1) 扫描电子显微镜观测的生物样品，必须彻底干燥，无挥发性，样品处理时要考虑到将来能与样品台牢固黏结，如块状样品的下底部需平整，以利于黏结。

(2) 样品室中除了样品台外，还暴露着镜头极靴、二次电子探头、低压背散射电子探头、能谱探头等电子显微镜的核心部件，操作过程中一定注意样品和设备探头的工作距离，以防碰到探头。

(3) 样品要固定牢固，防止掉到镜筒里去。样品高度要合适，Z 轴移动样品或手动倾斜样品前，用 CCD 图像检查样品位置等。

(4) 换样品前必须先检查加速电压是否已经关闭，若条件符合，可按放气键("VENT")。

(5) 更换样品台操作必须戴干净手套。固定好样品台后，必须用专用卡尺测量样品高度，不允许超过规定高度。

(6) 长时间不使用电子显微镜时，每周至少保持抽真空两次，保持机器内真空度。

六、实验结果

红细胞扫描电子显微镜镜下图见图 1-24(彩图 4)。

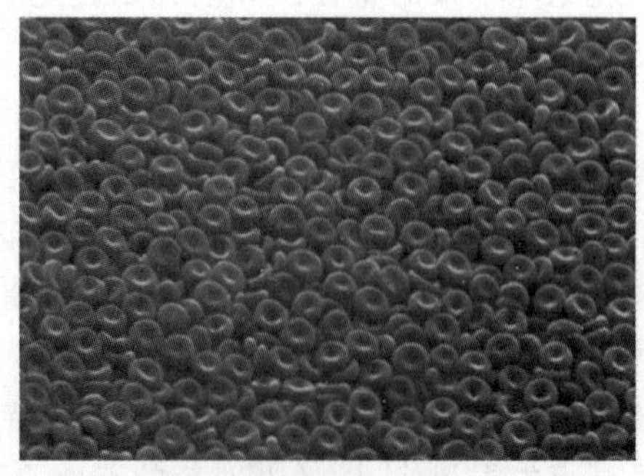

图 1-24　红细胞扫描电子显微镜镜下图

七、作业与思考题

（1）扫描电子显微镜成像的原理是什么？

（2）扫描电子显微镜包括哪些主要构造？

（刘忠虎）

1.2.4　扫描电子显微镜样品制备

一、实验目的

（1）了解扫描电子显微镜生物样品制备的基本要求。

（2）了解扫描电子显微镜生物样品制备过程及原理。

二、实验原理

利用扫描电子显微镜对组织和细胞等生物材料样品进行观察，主要是为了观察其表面形貌特征，因此在样品制作过程中，要尽量保持其“本来面貌”，不能因制样过程导致其变形和污染；另外，要进行扫描电子显微镜观察，生物样品还必须满足电子显微镜的观察条件要求才能进行观察。首先，样品不能有挥发性，必须干燥，否则会造成镜筒内污染，干扰电子信号。其次，样品要具有导电性，以利于在样品与检测器闪烁片之间形成电压，吸引捕获二次电子，生物样品经过脱水、干燥处理后，其表面不带电，导电性能也差。用扫描电子显微镜观察时，当入射电子束打到样品上，会在样品表面产生电荷的积累，形成充电和放电效应，影响对图像的观察和拍照记录。样品表面还要求喷镀一层均匀的重金属导电材料，使样品表面二次电子的溢出率仅与样品的形貌有关，而与样品成分无关，镀层厚度既要大于等于入射电子进入样品的扩散深度，又不能掩盖样品本身的凸凹形貌结构。

要满足上述制样要求，首先要对样品进行固定，固定利用的是和透射电子显微镜类似的固定液。

干燥样品，一般采用空气干燥法、冷冻干燥法和临界点干燥法。空气干燥法就是将样品先用乙醇、丙酮等脱水，然后将样品放置在空气中，待脱水剂挥发后样品即自然干燥。空气干燥法的主要缺点是在干燥过程中，组织会由于脱水剂挥发时表面张力的作用而产生收缩变形。正像游泳时头部从水中探出到空气中时，头发会贴附在头皮上一样，发型被完全改变了。因此，该方法一般只适用于表面较为坚硬的样品。冷冻干燥法是将经过冷冻的样品置于高真空中，通过升华除去样品中的水分或脱水剂的过程。冷冻干燥的基础是冰从样品中升华，即水分从固态直接转化为气态，不经过中间的液态，不存在气相和液相之间的表面张力对样品的作用，从而减轻了在干燥过程中对样品的损伤。冷冻干燥法有两种，即含水样品直接冷冻干燥和样品脱水后冷冻干燥。临界点干燥法的原理是，任何一种物质都有固态、气态和液态三种状态，都遵循在一定条件下气态经过液态变为固态，或者固态经过液态再转化为气态的自然规律。当温度和压力达到一定的数值时，气体的密度与液体的密度相等，此时气相和液相之间的界面消失，表面张力也随之消失，这时的状态就是临界点状态。把干燥的样品浸入到某种液体中，升高温度和压力达到液体的临界温度和压力时，样品内外被蒸气充满，之后，在保持温度不变的情况下，抽取蒸气，样品即可以保持原貌而得以干燥。因 CO_2 临界温度和压力较低，且无害，故在临界点干燥处理样品时常用的是液态 CO_2。样品脱水时常用乙醇或丙酮，由于 CO_2 与乙醇和丙酮不能混溶，因此还要用与 CO_2 和乙醇、丙酮都能很好地互溶的乙酸异戊酯作为中间液。此法操作较为方便，所用的时间也不算长，一般 2～3 h 即可完成，所以是最为常用的干燥方法，但采用此法，需要特殊的仪器设备。

提高生物样品导电性常用的方法有金属镀膜法和组织导电法。金属镀膜法又分为真空镀膜法和离子溅射镀膜法。真空镀膜法是利用真空镀膜仪进行的，其原理是在高真空状态下把所要喷镀的金属加热，当加热到熔点以上时，会蒸发成极细小的颗粒喷射到样品上，在样品表面形成一层金属膜，使样品导电。离子溅射镀膜法是在低真空状态下，在阳极与阴极两个电极之间加上几百至上千伏的直流电压时，电极之间会产生辉光放电。在放电的过程中，气体分子被电离成带正电的阳离子和带负电的电子，在电场的作用下，阳离子被加速跑向阴极，而电子被加速跑向阳极。如果阴极用金属作为电极（常称靶极），那么在阳离子冲击其表面时，就会将其表面的金属粒子打出，这种现象称为溅射。此时被溅射的金属粒子为中性，即不受电场的作用，而靠重力作用下落。如果将样品置于下面，被溅射的金属粒子就会落到样品表面，形成一层金属膜，用这种方法给样品表面镀膜，称为离子溅射镀膜法。离子溅射镀膜法具有许多优点，是目前金属镀膜常用的方法。组织导电法是利用某些金属盐溶液对生物样品中的蛋白质、脂类和糖类等成分的结合作用，使样品表面离子化或产生导电性能好的金属盐类化合物，从而提高样品耐受电子束轰击的能力和导电率。此法的基本处理过程是将经过固定、清洗的样品，用特殊的试剂处理后即可观察。

三、实验材料、仪器与试剂

1. 材料

动物器官（如消化道）组织或细胞、植物材料等生物样品。

2. 仪器

英国 Quorum K850 临界点干燥仪（图 1-25）、E1010 离子镀膜机、解剖刀、手术剪、眼科镊子、刀片、吸管、试剂瓶、培养皿、牙签等。

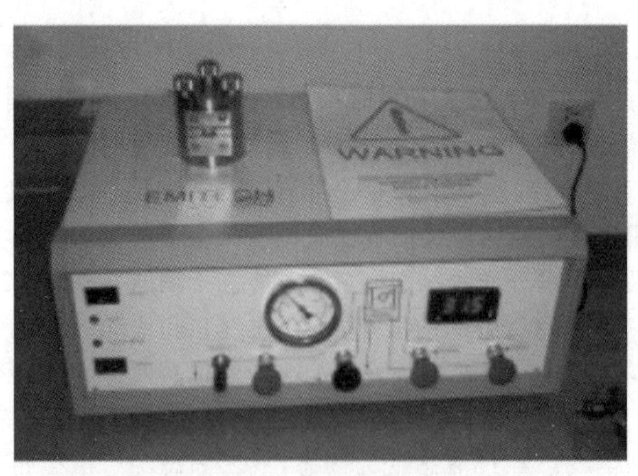

图 1-25 英国 Quorum K850 临界点干燥仪

3. 试剂

2%戊二醛固定液、梯度浓度乙醇溶液、丙酮、1%锇酸固定液、乙酸异戊酯、导电胶、0.1

mol/L 磷酸缓冲液等。

四、实验方法与步骤

1. 取材

选取欲观察的组织，体积可为 1 mm×1 mm×5 mm。对于生物样品，由于扫描电子显微镜以观察样品表面形貌为主，取材可适当大一些，只要组织表面能够固定好即可。对于消化道、血管等易卷曲的样品，如欲观察管腔结构，应充分暴露待观察的组织表面。

2. 清洗

样品清洗对扫描电子显微镜制样非常重要，因为样品取自活体组织，其表面常有血液、组织液或黏液附着，这样会遮盖样品的表面结构，影响观察。清洗的方法有多种，对一般器官可用生理盐水或缓冲液清洗，或用 5% 的苏打水清洗。对一些表面黏附物较多的组织可用超声振荡或酶消化的方法进行处理，例如清洗肠黏膜表面的黏液，可在清洗液（生理盐水）中添加少许透明质酸酶或糜蛋白酶，边浸泡边振荡进行清洗。

3. 固定

固定样品的常用试剂为戊二醛及锇酸固定液（双固定）。用含 2% 戊二醛固定液的 0.1 mol/L 磷酸盐缓冲液（pH 7.2），4 ℃，前固定 1～2 h，由于样品体积较大，固定时间应适当延长。用磷酸盐缓冲液漂洗 3 次，每次 20 min。用含 1% 锇酸固定液的 0.1 mol/L 磷酸盐缓冲液（pH 7.2），4 ℃，后固定 1 h。用磷酸盐缓冲液漂洗 3 次，每次 20 min。

4. 脱水

固定样品经漂洗后，依次用浓度为 50%、60%、70%、80%、90%、100%（2 次）的乙醇溶液脱水，每步脱水持续 20～30 min，纯丙酮置换 15～20 min，然后置入乙酸异戊酯中间液，时间为 30 min。

5. 干燥

将样品从乙酸异戊酯中取出，放入样品盒，然后移至临界点干燥仪的样品室内，盖上盖并拧紧以防漏气。CO_2气瓶连通样品室，在达到临界状态（31 ℃，72.8 atm）后，将温度再升高 10 ℃，使液体 CO_2 汽化，然后打开放气阀门，逐渐排出气体，样品即完全干燥。具体操作规程见本实验后补充内容“英国 Quorum K850 临界点干燥仪操作规程”。

6. 样品粘贴

在体视显微镜下，在样品台上预先贴附上导电双面胶带，然后用眼科镊子轻轻地夹住干燥后样品边缘，调整好样品的观察面（向上），将样品的底面粘贴在导电胶带上。

7. 离子溅射镀膜

打开离子镀膜机电源，将“MAIN VALVA”设定为“OPEN”，打开样品室盖，将样品放入，盖上样品室盖，“READY”指示灯点亮。“VACUM ADJUST”设定真空值至 7 Pa，设定溅射时间 2 min。启动真空泵抽真空，当真空值达到 7 Pa 时，按下“DISCHARGE”键，完成溅射过程，电流自动回到“0”。关闭主机电源，打开样品室盖，取出样品。盖上样品室盖，打开“POWER”键，将“VACUM ADJUST”设定为“HIGH”，待真空值变为 10～13 Pa 时，将“MAIN VALVA”设定为“CLOSE”，将“POWER”键调为“OFF”。关闭总电源。

五、实验注意事项

(1) 固定样品时要注意避免将观察面沉到青霉素瓶底，否则固定后观察面有可能变成平面。

(2) 样品室空间有限，粘贴样品时应根据样品大小选择合适样品台。取材时样品厚度不能太厚，粘贴时样品的高度也有一定的限制，一般在 5～10 mm。

(3)临界点干燥样品时，首先要对进液管道和样品室进行预冷，避免液体 CO_2 因吸热过早汽化而影响干燥效果。

(4) 真空喷镀过程完成后不宜很快放气，以免炙热的金属镀膜遇空气氧化，造成镀膜爆裂，一般镀膜后需等待 10 min 才能放气。

六、实验结果

扫描电子显微镜下鸵鸟小肠肠绒毛断面扫描结构见图 1-26。

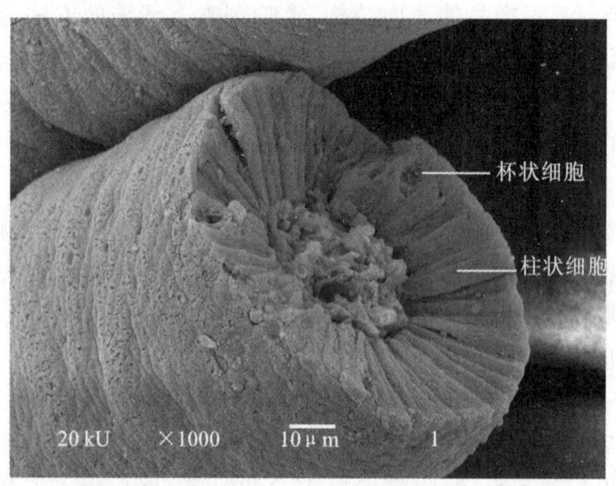

图 1-26　鸵鸟小肠肠绒毛断面扫描电子显微镜图

七、作业与思考题

(1) 扫描电子显微镜生物样品制备的基本要求有哪些？

(2) 扫描电子显微镜生物样品制备的主要步骤有哪些？

补充内容：英国 Quorum K850 临界点干燥仪操作规程

(1) 打开电源。

(2) 确认绿色进气阀、黑色排气阀和红色放气阀均为关闭状态。

(3) 预冷腔室：①打开液体 CO_2 钢瓶阀门；②缓慢打开蓝色冷却阀冷却腔室；③观察面板上的温度显示，当相对于环境温度有 10 ℃左右的温差时，关闭蓝色冷却阀。注：当流量过大时，液体 CO_2 将大量汽化吸热，造成部分液体 CO_2 转变成固体干冰，同时出现因阀门和管路冻结堵塞引起的“喷射”现象；可减小流量并稍等片刻再充。

(4) 装样品：确认腔室压力为 0，打开腔室迅速将样品装入腔室，盖上顶盖并确保三颗紧固螺栓已被拧紧。注：装入的样品最多应仅占腔室的三分之二。

(5) 注液浸泡：缓慢打开绿色进气阀，通过观察窗观察 CO_2 液面线上升到正确的位置(两条红线之间，切勿超出上限)，关闭绿色进气阀，将样品浸泡大约 5 min，对较大样品应该用两倍或更长的浸泡时间，目的是实现充分的溶解置换。注：①在灌注过程中，腔室温度可能会升高导致充入困难，这时可缓慢打开蓝色冷却阀待腔室再次被冷却至合适的温度后关闭；②不要使腔室注入过多 CO_2，当液面线超过上限后将导致后续加热时腔室压力过大，安全保护减压阀被启动，对样品造成破坏。

(6) 磁力搅拌：为提高置换速度，可打开磁力搅拌器。注：易损样品不宜搅拌。

(7) 净化处理：缓慢打开黑色排气阀，CO_2 液面线将随之下降，溶解交换出来的比重较大的丙酮和乙醇等从腔室底部排出；此时可缓慢打开绿色进气阀以便“新鲜”的 CO_2 从顶部补充进腔室，使得排气和进气实现补偿或动态平衡。净化处理时间约 1 min。注：做净化处理时应关闭磁力搅拌器。

(8) 效果检查：从排气口移除塑料管，用一小片滤纸放置到气流中，滤纸的干湿状态可显示溶解置换是否充分完成。如需要，重复一个浸泡和净化步骤。

(9) 升温准备：在充分完成置换后，后续的加热升温前，需确保 CO_2 液面线在观察窗两条红线之中心位置，关闭所有阀门。基于安全，也要关闭 CO_2 钢瓶阀门。

(10) 加热升温：打开加热开关，使腔室内的 CO_2 升温至大约 35 ℃和 1250 psi(145 psi＝1 MPa)的稳定状态，这个过程大约需要 15 min。

(11) 放气减压：关闭加热开关并进行放气减压。①快速减压方式：打开黑色排气阀，排气速率在 100 psi/min，减压至大气的持续时间大约为 10 min。②慢速减压方式：特别是对易损样品，应使用红色放气阀，缓慢调节排气速率在 1000 cm^3/min 或更慢，减压至大气的持续时间为 20 min 或更长。注：两种方式选其一。

(12) 取出样品：确认腔室压力为 0，拧开三颗紧固螺栓，从腔室内移出样品并进行后续处理。样品取出后应保持干燥状态。

(13) 再次使用。

(14) 关闭仪器：①关闭液体 CO_2 钢瓶总阀；②打开黑色排气阀；③打开蓝色冷却阀；④关闭主电源。

（刘忠虎）

第2部分 细胞亚显微结构的分离和观察

2.1 细胞形态结构及显微测量

一、实验目的

在普通光学显微镜下识别细胞和细胞器的形态结构，掌握生物绘图的方法。

二、实验原理

细胞在形态上是多种多样的，有球形、椭圆形、扁平形、立方形、梭形、星形等。虽然细胞的形状各异，但是它们却有着共同的基本结构特点，即都由细胞膜（动物）、细胞壁（植物）、细胞质和细胞核组成。细胞中的各种细胞器，如线粒体、高尔基体、中心体、核仁、染色体等，一般经过一定固定染色处理后，大多数在光学显微镜下是可以看见的。细胞器的形态结构在普通光学显微镜下与电子显微镜下所看到的结构有很大的区别。

三、实验材料、仪器与试剂

1. 材料

洋葱根尖切片、小白鼠肝切片、兔神经节切片、马蛔虫受精卵切片。

2. 仪器

复式显微镜、擦镜纸等。

3. 试剂

香柏油或石蜡油、二甲苯等。

四、实验方法与步骤

1. 洋葱根尖细胞切片的观察

先用低倍镜观察根尖的纵切面，注意分生区、伸长区、成熟区细胞的异同，再仔细观察细胞的形态结构，特别注意细胞的形状、大小，以及细胞壁、细胞核、核仁、细胞质、液泡的形态结构。

2. 兔神经节细胞切片高尔基体的观察

先在低倍镜下找到兔神经节细胞，然后转用高倍镜观察，可看到细胞内淡黄色的背景上有黄褐色的细胞核。

3. 小白鼠肝细胞切片线粒体的观察

先用低倍镜后用高倍镜观察，可见到许多肝小叶，每小叶有许多紧密排列成索状的多角形肝细胞，细胞中央有大而圆的细胞核，再转用油镜观察。

4. 马蛔虫受精卵切片中心体的观察

取马蛔虫受精卵切片，在显微镜下找到充满子宫腔的受精卵，每个马蛔虫受精卵外围有一层较厚的卵膜，膜内有宽大的围卵腔，各围卵腔内有处在不同分裂期的卵细胞。找到分裂中期的细胞，在细胞中央被染成蓝色条状或棒状的结构，这就是染色体。

五、实验注意事项

(1) 显微镜使用油镜后，必须用擦镜纸、擦镜液擦拭干净，放回原处。

(2) 观察中除了对细胞基本形态结构的观察外，还要注重这些新鲜材料的制作标本的各自不同特点。

(3) 样品制备时，应防止产生气泡。

六、实验结果

(1) 兔神经节细胞核的周围分布着许多深褐色的(硝酸银镀染)高尔基体，呈弯曲的线状、颗粒状，少量分散在细胞质中。

(2) 小白鼠肝细胞质内分布着许多被苏木精染成深紫色的线粒体，呈颗粒状和线状。

(3) 马蛔虫受精卵染色体两侧可见各有一个较小的，亦被染成蓝色的小粒，即中心粒，在中心粒的周围可见呈放射状的星丝。

七、作业与思考题

(1) 画出洋葱根尖细胞图，并标示出细胞的各部分。

(2) 画出兔神经节细胞高尔基体图，并标示出细胞的各部分。

(3) 画出小白鼠肝细胞线粒体图，并标示出细胞的各部分。

(4) 画出马蛔虫受精卵细胞中心粒图，并标示出细胞的各部分。

(余晓丽)

2.2　线粒体和液泡系的活体染色

一、实验目的

(1) 观察动植物活细胞内线粒体的形态、数量与分布。

(2) 学习一些细胞器的超活染色技术。

二、实验原理

线粒体是细胞内一种重要细胞器，是细胞进行呼吸作用的场所。细胞的各项活动所需要的能量，主要是通过线粒体呼吸作用来提供的。活体染色是应用无毒或毒性较小的染色剂对生活有机体的细胞或组织能着色的一种染色方法。目的在于显示生活细胞内的某些天然结构，而不影响活动细胞生命活动和引起细胞死亡。应用活体染色技术可研究生活状态下细胞的结构和生理、病理状态。

在动物细胞内，除线粒体外凡是由膜所包围的小泡和液泡都属于液泡系，包括高尔基体、溶酶体、微体、消化泡、自噬小体、残体、胞饮液泡和吞噬泡，它们都是由一层单位膜包围而成的。软骨细胞内含有较多的粗面内质网和发达的高尔基体，能合成与分泌软骨黏蛋白及胶原纤维等，因而液泡系发达。

詹纳斯绿 B 染液是线粒体的专一性活体染色剂，是毒性最小的碱性染料。由于线粒体中细胞色素氧化酶系的作用，使染料始终保持氧化状态，呈蓝绿色，而在周围的细胞质中染料被还原为无色状态。

中性红是液泡系特殊的活体染色剂，只将液泡系染成红色，在细胞处于生活状态时，细胞质及细胞核不被染色，中性红染色可能与液泡中的蛋白质有关。

三、实验材料、仪器与试剂

1. 材料

洋葱鳞茎、小鼠或蟾蜍肝细胞、人口腔上皮细胞、蟾蜍胸骨剑突软骨细胞、洋葱。

2. 仪器

显微镜、解剖盘、剪刀、镊子、解剖刀、吸管、载玻片、盖玻片、擦镜纸、吸水纸等。

3. 试剂

1% Ringer 液、1/3000 中性红染液、1/5000 詹纳斯绿 B 染液等。

四、实验方法与步骤

1. 动物细胞线粒体的活体染色观察

(1) 处死蟾蜍，置于解剖盘中，剪开腹腔，取出肝脏，放入培养皿中，用吸管吸取 1% Ringer 液，反复冲洗肝脏，洗去血液。

(2) 将肝脏的一个新鲜切面在一块洁净的载玻片上印片，滴 1～2 滴 1/5000 詹纳斯绿 B 染液，加盖玻片，染色 10 min 后观察。

2. 植物细胞线粒体的活体染色观察

(1) 用吸管吸取 1/5000 詹纳斯绿 B 染液，滴在干净的载玻片上，用镊子撕取一小块洋葱鳞茎内表皮(也可用牙签刮取口腔上皮细胞)，置于染液中，染色 10～15 min。

(2) 吸去染液，加一滴 1% Ringer 液，盖上盖玻片，镜检。

3. 蟾蜍胸骨剑突软骨细胞的液泡系的活体染色观察

(1) 将蟾蜍处死，剪取胸骨剑突最薄的部分一小块，放入载玻片上 1/3000 中性红染液滴中，染色 5～10 min。

(2) 用吸管吸去染液，滴加 1% Ringer 液，盖上盖玻片进行观察。

4. 植物细胞液泡的活体染色观察

(1) 撕取洋葱鳞茎内表皮，放入载玻片上 1/3000 中性红染液滴中，染色 5～10 min。

(2) 用吸管吸去染液，滴加 1% Ringer 液，盖上盖玻片进行观察。

五、实验注意事项

(1) 詹纳斯绿 B 染液现用现配，以保持它的充分氧化能力。

(2) 实验中速度要快，以免组织细胞死亡。

六、实验结果

(1) 动物细胞线粒体的活体染色观察：肝细胞中的线粒体被染成蓝绿色，呈颗粒状或线条状，在细胞核周围分布特别多。

(2) 植物细胞线粒体的活体染色观察：表皮细胞中央被一大液泡占据，细胞核被挤至旁边，线粒体被染成蓝绿色，呈颗粒状或线条状(图 2-1、彩图 5)。

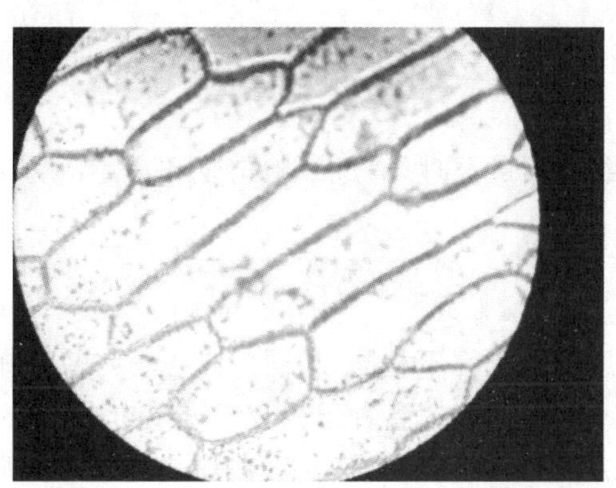

图 2-1　洋葱鳞茎内表皮示线粒体(40×10)

(3) 蟾蜍胸骨剑突软骨细胞的液泡系的活体染色观察：在高倍镜下可见软骨细胞为椭圆形，细胞核及核仁清楚可见，在细胞核上方的细胞质中有许多被染成玫瑰红色、大小不一的泡状体，这一特定区域称为"高尔基区"，即液泡系。

(4) 植物细胞液泡的活体染色观察：显微镜下观察，可见到被染成砖红色的中央大液泡，软骨细胞为椭圆形，细胞核周围有许多被染成玫瑰红色、大小不一的小泡，即软骨细胞液泡系(图 2-2、彩图 6)。

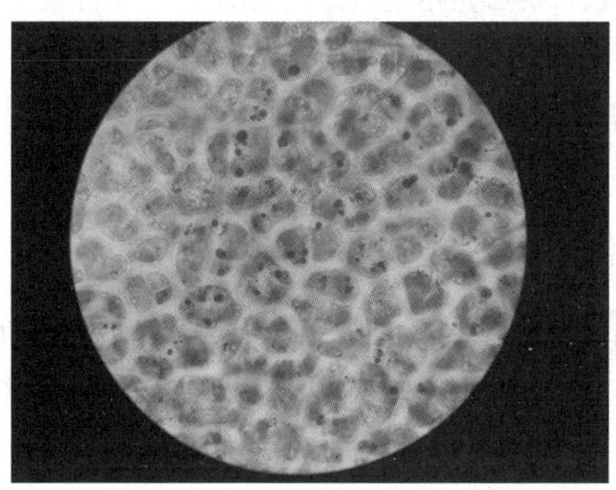

图 2-2　液泡系中性红活体染色

七、作业与思考题

(1) 简述线粒体詹纳斯绿 B 染液活体染色的原理。

(2) 绘制洋葱鳞茎内表皮或口腔上皮细胞中线粒体的形态结构与分布。

(3) 绘制光学显微镜下软骨细胞液泡系。

(余晓丽)

2.3 细胞器的分级分离

一、实验目的

了解差速离心法分离细胞器的原理，通过细胞匀浆和离心的方法分级分离动物细胞的细胞核与线粒体。

二、实验原理

细胞内不同结构的密度和大小都不相同，在同一离心场内的沉降速度也不相同，根据这一原理，常用不同转速的离心法，将细胞内各种组分分级分离出来。

分离细胞器最常用的方法是将组织制成匀浆，在均匀的悬浮介质中用差速离心法进行分离，其过程包括组织细胞匀浆、分级分离和分析三步，这种方法已成为研究亚细胞成分的化学组成、理化特性及其功能的主要手段。

(1) 匀浆：在低温条件下(4 ℃)，将组织放在匀浆器中，加入等渗匀浆介质(即 0.25 mol/L 蔗糖-0.003 mol/L $CaCl_2$)破碎细胞，使之成为各种细胞器及其包含物的匀浆。

(2) 分级分离：由低速到高速逐级离心，使颗粒逐渐沉降。先用低速使较大的颗粒沉淀，再用较高的转速，将浮在上清液中的颗粒沉淀下来，从而使各种细胞结构，如细胞核、线粒体等得以分离。由于样品中各种大小和密度不同的颗粒在离心开始时均匀分布在整个离心管中，所以每级离心得到的第一次沉淀必然不是纯的最重的颗粒，须经反复悬浮和离心加以纯化。

(3) 分析：分级分离得到的组分，可用细胞化学和生化方法进行形态和功能鉴定。

三、实验材料、仪器与试剂

1. 材料

小白鼠、冰块等。

2. 仪器

玻璃匀浆器、高速离心管、高速冷冻离心机、普通天平、光学显微镜、载玻片、盖玻片、刻度离心管、滴管、10 mL 量筒、25 mL 烧杯、玻璃漏斗、解剖剪、镊子、吸水纸、200 目尼龙布、蜡盘、平皿、牙签等。

3. 试剂

匀浆液(0.25 mol/L 蔗糖-0.003 mol/L $CaCl_2$)、1%甲苯胺蓝染液、0.02%詹纳斯绿 B 染液、0.9% NaCl 溶液等。

四、实验方法与步骤

1. 细胞核的分离提取

(1) 小白鼠空腹 12 h，处死后，迅速剖开腹部取出肝脏，在冰浴的小烧杯中剪成小块(去除结缔组织)，尽快置于冰冷的生理盐水中反复洗涤，尽量除去血污，用滤纸吸去表面的液体。

(2) 将剪碎的肝组织倒入匀浆管中，加入适量匀浆液，进行匀浆(使匀浆器下端浸入盛有冰块的器皿中，左手持之，右手将匀浆捣杆垂直插入管中，上下转动研磨 5～10 次)，用匀浆液预湿的尼龙布过滤于离心管中。

(3) 将装有滤液的离心管配平后，以 2500 r/min，4 ℃离心 15 min；缓缓取上清液，移入高速离心管中，保存于冰浴中，待分离线粒体用。

(4) 收集的沉淀加少量匀浆液，用吸管吹打成悬液，以 2500 r/min 离心 15 min，弃上清液。

(5) 洗涤过的沉淀以少量溶液重新悬浮，制备成细胞核悬液，滴一滴于干净的载玻片上，制成涂片，自然干燥。

(6) 涂片用 1%甲苯胺蓝染液染色，在光学显微镜下观察。

2. 差速离心分离提取线粒体

(1) 将装有上清液的高速离心管配平后，以 17000 r/min，4 ℃离心 20 min，弃上清液，收集沉淀物。

(2) 加入匀浆液 1 mL，用吸管吹打成悬液，以 17000 r/min，4 ℃离心 20 min，将上清液吸入另一试管中，沉淀物加入 0.1 mL 匀浆液混匀成悬液(可用牙签混匀)。

(3) 取上清液和沉淀物悬液，分别滴一滴于干净载玻片上，各滴一滴 0.02%詹纳斯绿 B 染液，染色 20 min，镜检(为利于线粒体的有氧呼吸，不必加盖玻片)。

五、实验注意事项

(1) 动物材料实验前可空腹过夜，以降低肝脏组织中的脂肪含量，便于实验操作。

(2) 实验中必须注意保持细胞器的完整性，避免过于剧烈的机械操作。

(3) 由于实验采用活性染色法进行检测，所以样品制备好后应尽快染色，不要过久。

(4) 整个操作应注意使样品保持在 4 ℃。

六、实验结果

可见有活性的线粒体进行活跃的运动，呈颗粒状，被染成蓝绿色。

七、作业与思考题

(1) 简要说明分级分离细胞的原理及意义。

(2) 观察制备的细胞核与线粒体样本。

(余晓丽)

2.4 细胞器的连续密度梯度离心制备与观察

一、实验目的

(1) 了解并掌握连续密度梯度离心法的原理与应用。

(2) 掌握用连续蔗糖梯度液制备大鼠各细胞器组分的方法。

二、实验原理

细胞器不同的物理特性决定了其在细胞组分分离过程中的分离情况，这些特征包括大小及形状、表面的电荷密度以及浮力密度。根据这些特性，发展出多种用于细胞亚组分分离的技术，如凝胶过滤分离(以组分大小为基础)、电泳技术(以组分表面电荷为基础)、离心技术(以组分的大小和密度为基础)。离心技术是目前应用最为广泛的技术,主要包括差速离心法(differential centrifugation)和密度梯度离心法(density gradient centrifugation)。差速离心法是指在密度均一的介质中由低速到高速逐级离心,用于分离不同大小的细胞和细胞器。在差速离心中细胞器沉降的顺序依次为:细胞核、线粒体、溶酶体与过氧化物酶体、内质网与高尔基体,最后为核糖体。由于各种细胞器在大小和密度上相互重叠,一般重复2~3次效果会好一些。通过差速离心可将细胞器初步分离,但常需进一步通过密度梯度离心再行分离纯化。密度梯度离心法是指用一定的介质在离心管内形成一连续或不连续的密度梯度,将细胞混悬液或匀浆置于介质的顶部,通过重力或离心力场的作用使细胞分层、分离。若含有沉降系数不同的许多成分,就会出现许多层。常用的介质为氯化铯、蔗糖和多聚蔗糖。这类分离又可分为速度沉降和等密度沉降两种。①速度沉降(velocity sedimentation):主要用于分离密度相近而大小不等的细胞或细胞器。这种方法所采用的介质密度较低,介质的最大密度应小于被分离生物颗粒的最小密度。生物颗粒(细胞或细器)在十分平缓的密度梯度介质中按各自的沉降系数以不同的速度沉降而得到分离。②等密度沉降(isopycnic sedimentation):适用于分离密度不等的颗粒。细胞或细胞器在连续梯度的介质中经足够大离心力和足够长时间则沉降或漂浮到与自身密度相等的介质处,并停留在那里达到平衡,从而将不同密度的细胞或细胞器分离。等密度沉降通常在较高密度的介质中进行。介质的最高密度应大于被分离组分的最大密度。

分离细胞中的各细胞器,就可以综合运用差速离心法和密度梯度离心法。表2-1展示了大鼠肝脏细胞中各细胞器的大小以及在蔗糖介质中的密度情况。常用的分析方法包括形态和功能鉴定。形态学主要运用光学显微镜通过染料染色后或用电子显微镜直接进行观察;随着各种荧光染料的开发使用,借助荧光显微镜和激光扫描共聚焦显微镜,使得利用荧光染料标记各细胞器中的标志物来观察、鉴定细胞器成为一种灵敏、快速、简便的常规技术。表2-2为用于鉴定哺乳动物不同细胞器常用的标志物以及对应的染料。

表2-1　大鼠肝脏细胞中各细胞器的大小以及在蔗糖介质中的密度

细　胞　器	大小/μm	密度/(g/mL)
细胞核	4~12	>1.32
高尔基体	1~2	1.05~1.12
线粒体	0.4~2.5	1.17~1.21
溶酶体	0.4~0.8	1.19~1.21
过氧化物酶体	0.4~0.8	1.19~1.23

表2-2　鉴别哺乳动物不同细胞器的主要标志物及对应的染料

细　胞　器	标　记　物	染　　料
线粒体	细胞色素C氧化酶	詹纳斯绿B、罗丹明123、Mito Tracker等
溶酶体	酸性磷酸酶	Lyso Tracker
高尔基体	半乳糖基转移酶	BODIPY-FL-神经酰胺
内质网	NADPH、NADH	ER-Tracker
细胞核	DNA	甲基绿-派洛宁、DAPI、PI等

三、实验材料、仪器与试剂

1. 材料

大鼠。

2. 仪器

梯度制备仪(双室或 Gradient Master)、玻璃匀浆器、低速离心机、高速离心机(配有水平型砖头及相配套的离心管)、超速离心机(配有水平型砖头及相配套的离心管)、刻度离心管、高速离心管、光学显微镜、载玻片、盖玻片、刻度离心管、高速离心管、滴管、10 mL 量筒、25 mL 烧杯、玻璃漏斗、解剖剪、镊子、吸水纸、纱布、蜡盘、平皿、牙签等。

3. 试剂

常规使用的匀浆培养基:在 100 mL 水中加入 17.1 g 蔗糖,2.0 mL 100 mmol/L Na_2EDTA,2.0 mL 1 mol/L Tris-盐酸,调整 pH 值至 7.4,加水至 200 mL,4 ℃下可储存 1～2 天。

连续蔗糖密度梯度液、蛋白酶抑制物(可选用)等。

四、实验方法与步骤

(1) 制备大鼠肝细胞匀浆悬液。

将大鼠禁食过夜后,用颈椎脱位法处死,迅速打开腹腔,取出肝脏,迅速用 0.91%的生理盐水清洗,然后剪成小块(去除结缔组织),尽快置于盛有约 20 mL 预冷的匀浆培养基的烧杯中,反复洗涤,除去血污,用滤纸吸去表面的液体。

称取 1～2 g 肝组织(湿重)放在小平皿中,用量筒按每克肝组织量取 9 mL 预冷的匀浆培养基,先加少量培养基于平皿中,尽量剪碎肝组织后,再全加入。将剪碎的肝组织倒入预冷的匀浆器中,在冰浴中匀浆 20～30 次,用 8 层纱布(先用匀浆培养基湿润)过滤匀浆于离心管中,并用少量的匀浆培养基冲洗匀浆器内壁,再加入离心管中。

(2) 用低速离心机,于 4 ℃,1000g 离心 10 min,吸取并保留上清液。

(3) 留取沉淀物,加入匀浆培养基 5 mL,用吸管吹打成悬液,在研磨 10 次后,以 1000 r/min离心 10 min,将上清液与前一次得到的上清液合并。

(4) 用双室梯度制备仪制备 10%～64%(质量浓度)的连续蔗糖密度梯度液。不同浓度的蔗糖梯度液所制备的体积如下:55%(5 mL),50%(5 mL),35%(10 mL),30%(10 mL),25%(3 mL),15%(3 mL)。

(5) 在连续蔗糖密度梯度液上加入 3 mL 上清液,以 18000 r/min 离心 2.5 h(4 ℃)。

(6) 收集梯度液,每份取 1～2 mL,用预冷的匀浆培养基加以稀释。

五、实验注意事项

(1) 所有使用的活体动物的方案必须预先得到动物管理与使用委员会(IACUC)的批准,必须执行政府有关实验室动物保护及使用的规定。

(2) 所有的溶液、玻璃器皿、离心管及设备都必须在 0～4 ℃预冷,所有的实验操作也需要在 0～4 ℃下进行。

(3) 收集不同组分的梯度液时,注意更换吸头。

(4) 当前得到的梯度液中所含的组分并不是完全单一的,可以将得到的梯度液再次经过密度梯度离心和差速离心进行纯化。

六、实验结果

高尔基体分布在蔗糖梯度 15%～35%界面之间；内质网分布在蔗糖梯度 28%～33%界面之间；溶酶体分布在蔗糖梯度 33%～38%界面之间；线粒体及过氧化酶体分布在离心瓶(管)近底部蔗糖梯度 45%附近。

七、作业与思考题

将你获得的线粒体组分用詹纳斯绿 B 染色并观察。

(白占涛)

2.5 植物细胞骨架的光学显微镜观察

一、实验目的

了解植物细胞骨架的结构特征及其样品制备技术。

二、实验原理

细胞骨架(cytoskeleton)是真核细胞中由蛋白质组成的复杂网状结构，包括细胞质骨架和细胞核骨架。细胞质骨架按纤维直径、组成成分和组装结构的不同分为微管(microtubule, MT)、微丝(microfilament, MF)、中间纤维(intermediate filament, IF)等。1963 年，Slauterback 采用戊二醛常温固定方法，首先使用电子显微镜在水螅刺细胞中发现了微管，随后微丝和中间纤维相继被发现。微管主要分布在核周围，呈放射状向四周扩散，微丝主要分布于细胞质膜的内侧，而中间纤维则分布在整个细胞中。细胞骨架蛋白的含量占细胞总蛋白含量的 10%～30%。细胞骨架与细胞形态的维持、细胞器的空间定位及位置改变、细胞的运动、细胞内的物质运输、细胞内的信号转导、免疫行为和细胞分裂活动有密切的关系。

微管是由 α-微管蛋白和 β-微管蛋白组装而成的异二聚体。用抗微管蛋白(tubulin)的抗体(一抗)与体外培养细胞一起温育，该抗体与细胞内微管特异性结合，然后用荧光素偶联的抗球蛋白抗体(二抗)一起温育，从而使微管间接标记上荧光素，在紫外线照射下，荧光素发光就能显示出细胞内微管的形态和分布。

鬼笔环肽是从毒蕈(*Amanita phalloides*)中提取的环肽，具有稳定的 F-肌动蛋白，促进聚合。鬼笔环肽对各种细胞的丝状肌动蛋白都具有高亲和力，且只与 F-肌动蛋白结合，而不与 G-肌动蛋白结合。鬼笔环肽可用荧光标记。荧光染料偶合的鬼笔环肽与微丝结合后，在紫外光照射下，可清晰显现微丝结构。一般情况下罗丹明标记更能抵抗光致漂白，故可用作暴露时间较长的精细结构的研究。因此常用罗丹明标记的鬼笔环肽来标记微丝。

三、实验材料、仪器与试剂

1. 材料

百合花粉。

2. 仪器

荧光显微镜、离心机、摇床、50 mL 烧杯、玻璃滴管、放有湿纱布的铝盒、容量瓶、试剂瓶、载玻片、盖玻片、镊子、小剪刀、吸水纸、擦镜纸、玻璃棒等。

3. 试剂

50 mmol/L PIPES 缓冲液(pH6.5)、4%多聚甲醛、1 μmol/L 罗丹明-鬼笔环肽溶液(避光)、2%二甲基亚砜/PBS、1% Triton X-100/PIPES、酶解液(用 50 mmol/L PIPES 缓冲液(pH6.5)配制)、花粉萌发液(用 50 mmol/L PIPES 缓冲液(pH6.5)配制)、兔抗微管蛋白抗体(一抗)和异硫氰酸荧光素(FITC)-羊抗兔抗体(二抗)、甘油-PBS 溶液(1∶1)等。

四、实验方法与步骤

1. 间接免疫荧光法观察植物细胞微管结构

(1) 将百合花粉放到小离心管中,加少量蒸馏水没过,用细玻璃棒搅拌,使花粉的脂类黏附在玻璃棒上被除去,搁置 30 min~1 h,使花粉水合;将水合的花粉放在离心管中,加酶解液处理 5 min。

(2) 用 50 mmol/L PIPES 缓冲液冲洗 3 次,每次 10 min,然后低速离心(约 2000 r/min),弃去上清液。

(3) 用 1%Triton X-100/PIPES 溶液处理 1 h,可抽提掉非骨架蛋白,减少非特异荧光。

(4) 用 50 mmol/L PIPES 缓冲液冲洗 3 次,每次 10 min。

(5) 用含 2%二甲基亚砜/PBS 按 1∶1000 的比例稀释兔抗微管蛋白抗体(一抗)。将一抗与花粉混匀,37 ℃温育 1.5 h。

(6) 用 50 mmol/L PIPES 缓冲液冲洗花粉粒 3 次,每次 20 min 以上。

(7) 用 2%二甲基亚砜/PBS 按 1∶50 的比例稀释二抗,与样品共温 1 min。

(8) 用 50 mmol/L PIPES 缓冲液冲洗 3 次,每次 20 min 以上。

(9) 用甘油-PBS 溶液(1∶1)封片,荧光镜检,蓝光激发。

2. 罗丹明-鬼笔环肽染色法显示植物细胞微丝结构

(1) 收集百合花粉,放入小塑料离心管内,加少量蒸馏水没过,用细玻璃棒搅动,使花粉的脂类黏附在玻璃棒上被除去,4 ℃下静置 30~60 min,使花粉水合。将花粉萌发液置于 26 ℃黑暗条件下摇床培养,转速 60 r/min。

(2) 萌发 1.5 h 后,花粉管长 100~200 μm,在离心管中自发沉降,弃去培养液。

(3) 在 4%多聚甲醛固定液中固定 1 h(25 ℃),固定同时抽气 10 min。

(4) 用 50 mmol/L PIPES 缓冲液洗涤花粉粒 3 次,每次 10 min,以 2000 r/min 离心,弃去上清液。

(5) 将适量 1 μmol/L 罗丹明-鬼笔环肽溶液与花粉混匀,放在摇床上振荡,室温下染色 1~2 h,不加清洗,以甘油-PBS(1∶1)封片。

(6) 用荧光显微镜观察,激发光为绿光。

五、实验结果

荧光显微镜下,微管为细丝状,发黄绿色荧光,微丝束呈明亮的橘红色。

六、作业与思考题

(1) 绘出植物细胞骨架微管、微丝结构图。

(2) 分析和论述显微镜下观察到的细胞骨架的形态特征。

(白占涛、肖辉海)

2.6 动物细胞骨架的间接免疫荧光显示

一、实验目的

(1) 了解并掌握间接免疫荧光显示细胞骨架的原理和方法。

(2) 掌握荧光显微镜的操作方法。

二、实验原理

细胞骨架是细胞内由蛋白纤维交织而成的立体网架结构,它充满整个细胞质空间。狭义的细胞骨架是指细胞质骨架,包括微丝、微管和中间纤维。广义的细胞骨架包括细胞核骨架、细胞质骨架、细胞膜骨架和细胞外基质。细胞骨架具有维持细胞形态结构和内部结构的有序性,参与细胞运动、物质运输、能量转换、信息传递和细胞分裂等重要功能,因此对细胞骨架的研究也是近代细胞生物学中最活跃的领域之一。目前观察细胞骨架的手段主要有电子显微镜、间接免疫荧光技术、酶标、组织化学等。间接免疫荧光技术是用抗微管蛋白的免疫血清(一抗)与体外培养细胞一起温育,该抗体将与胞质中的微管(抗原)特异结合,然后加荧光素标记的抗球蛋白抗体(二抗)共同温育,二抗与一抗结合,从而使微管间接地标记上荧光素。置于荧光显微镜下用一定波长激发光照射,即由荧光所在显示出微管的形态和分布。间接免疫荧光技术具有特异性强、灵敏度高、定位准确和简便快速等优点,广泛应用于生物大分子的结构定位和形态显示。

三、实验材料、仪器与试剂

1. 材料

体外培养的贴壁细胞。

2. 仪器

细胞培养设备、荧光显微镜、冰箱、微量加样器、振荡器、铝盒、常规实验器械等。

3. 试剂

PEM缓冲液(PIPES 80 mmol/L,EGTA 1 mmol/L,$MgCl_2 \cdot 6H_2O$,0.5 mmol/L,定容至1000 mL,用NaOH调pH值至6.9~7.0),0.01 mol/L PBS缓冲液(0.2 mol/L Na_2HPO_4:71.6 g $Na_2HPO_4 \cdot 12H_2O$ 加蒸馏水至1000 mL。0.2 mol/L NaH_2PO_4:35.6 g $NaH_2PO_4 \cdot 2H_2O$ 加蒸馏水至1000 mL。取0.2 mol/L Na_2HPO_4 81.0 mL加0.2 mol/L NaH_2PO_4 19 mL,再加1900 mL H_2O 和17 g NaCl,即为pH7.4的0.01 mol/L PBS缓冲液),PEMP缓冲液(含4%聚乙二醇的PEM溶液),PEMD缓冲液(含1%二甲基亚砜的PEM缓冲液),固定液(3.7%甲醛-PEMD溶液),0.5%Triton X-100/PEMP溶液,1%Triton X-100/PBS溶液,兔抗微管蛋白抗体(一抗),异硫氰酸荧光素(FITC)-羊抗兔抗体(二抗),甘油-PBS溶液(9∶1,pH8.5~9.0)等。

四、实验方法与步骤

(1) 将细胞培养在盖玻片上。实验时,取出盖玻片,用37 ℃预温的PEMP缓冲液小心地洗涤。

(2) 将 0.5% Triton X-100/PEMP 溶液预热到 37 ℃,处理细胞 2 min。

(3) 用 PEMP 缓冲液洗涤样品 2 次。

(4) 用固定液固定细胞 30 min,PBS 洗涤 2 次,每次 5 min,用滤纸吸干残液。

(5) 结合一抗:把盖玻片长有细胞的一面朝上,平置于盛有 PBS 缓冲液湿纱布的铝盒内,小心滴加稀释过的兔抗微管蛋白抗体 40 μL 在细胞层上,密闭,置于 37 ℃恒温箱中温育 1 h。

(6) 取出盖玻片,吸去一抗液,放入直径为 30 mm 的小染色缸内,按 PBS 缓冲液、1% Triton X-100/PBS、PBS 缓冲液顺序洗涤,以除去未结合的一抗。每次洗 5 min,可以放在振荡器上轻轻振荡洗涤。然后取出样品,用滤纸吸去水分,略干燥。

(7) 结合二抗:在细胞上滴加 40 μL 左右经过稀释的 FITC-羊抗兔抗体,同步骤(5)放在 37 ℃恒温箱内温育 1 h。

(8) 取出盖玻片,按步骤(6)洗涤细胞,最后过去离子水两次。

(9) 略干燥后,滴加封片剂甘油-PBS 溶液于洁净载玻片上,反扣封片。

(10) 置于荧光显微镜下观察,蓝光激发,先用低倍镜观察,滴加无荧光镜油,用油镜观察。

五、实验结果

荧光显微镜下,微管呈细丝状,发黄绿色荧光,呈网络状布满整个细胞质。

六、实验注意事项

(1) 每步洗涤要充分,并吸去水分,以免稀释下一步的抗体或试剂,才能得到清晰的荧光图片。

(2) 从孵育二抗开始要避光,通常关闭室内日光灯即可。

(3) 选择合适的抗体稀释度。一抗、二抗在使用前应测试最佳稀释度,以特异性染色反应荧光最强,而非特异性染色阴性为佳。

(4) 孵育时间为 30~60 min,温度常用 37℃,该温度可增强抗原-抗体反应,但应在湿盒中进行,防止标本干燥导致失败。

(5) 标本染色后应立即观察,时间过长荧光会逐渐减弱。

七、作业与思考题

(1) 阐明间接免疫荧光技术显示细胞骨架的原理。

(2) 如果使用的抗体浓度越高,温育时间越长,是否免疫荧光图像会越清晰?

(宋　鹏)

2.7 细胞骨架的考马斯亮蓝法观察

一、实验目的

(1) 掌握细胞骨架的光学显微镜样品制备技术。

(2) 熟悉动植物细胞的细胞骨架在普通光学显微镜下的基本形态特征。

二、实验原理

细胞骨架是指真核细胞的胞质中存在的与保持细胞形态结构和细胞运动密切相关的蛋白纤维网络结构，根据其组成成分和形态结构不同可分为微管、微丝和中间纤维。它所组成的结构体系，与细胞内的遗传系统、生物膜系统并称为真核细胞的三大系统。细胞骨架对细胞形态的维持，细胞的生长、分裂、分化、运动，物质运输，信号传递，能量转换，基因表达等都起着重要作用。广义的细胞骨架还包括细胞核中存在的核骨架-核纤层体系。

观察细胞骨架的方法和途径有多种，可运用普通光学显微镜、荧光显微镜和透射电子显微镜手段结合细胞化学技术和免疫组化技术等方法。利用普通光学显微镜观察细胞骨架，用适当浓度的 Triton X-100 处理细胞，可使膜性结构(脂质)和大部分可溶性蛋白质被抽提掉，但细胞骨架系统的蛋白质不受影响。再经戊二醛固定和蛋白质染料考马斯亮蓝 R250 染色后，可在光学显微镜下观察到网状的细胞骨架结构。

三、实验材料、仪器与试剂

1. 材料

洋葱鳞茎、体外培养的 Hela 细胞。

2. 仪器

光学显微镜、精确天平、0.02 mL 移液枪、50 mL 烧杯、玻璃滴管、容量瓶、试剂瓶、载玻片、盖玻片、镊子等。

3. 试剂

(1) 0.2%考马斯亮蓝 R250 染色液：称取考马斯亮蓝 R250 1 g，溶于 250 mL 无水乙醇中，加冰乙酸 35 mL，再加蒸馏至 500 mL。

(2) M 缓冲液(pH 7.2)：50 mmol/L 咪唑、50 mmol/L 氯化钾、0.5 mmol/L 氯化镁、1 mmol/L EGTA、EDTA 乙二胺四乙酸、1 mmol/L 巯基乙醇，调节 pH 值 7.2。

(3) 磷酸盐缓冲液(pH 6.8)：6.0 mmol/L 磷酸盐缓冲液，调节 pH 值 6.8。

(4) 1%Triton X-100：用 M 缓冲液配制。

(5) 3%戊二醛：用磷酸盐缓冲液配制。

(6) 叔丁醇、正丁醇、二甲苯、中性树胶等。

四、实验方法与步骤

1. 植物细胞骨架的制备与观察

(1) 用镊子撕取洋葱鳞茎内侧的表皮若干片(约 1 cm^2 大小若干片)，置于 50 mL 烧杯中，加入磷酸盐缓冲液(pH 6.8)，使其下沉。

(2) 除去磷酸盐缓冲液，加入 2 mL 1%Triton X-100 处理 20 min。

(3) 除去 Triton X-100，用 M 缓冲液洗 3 次，每次 5 min。

(4) 用 3%戊二醛固定 30 min。

(5) 除去固定剂，用磷酸盐缓冲液(pH 6.8)轻轻清洗 3 次，每次 5 min。

(6) 用 0.2%考马斯亮蓝 R250 染色 10 min。

(7) 用蒸馏水洗 2 次，然后将样品置于载玻片上，加盖玻片，在普通光学显微镜下观察(图 2-3)。

若染色效果好，可依次用 50%乙醇、70%乙醇、95%乙醇、正丁醇、二甲苯处理样品，各

5 min，然后将样品平展于载玻片上，加一滴中性树胶，盖上盖玻片，封片，制成永久切片。

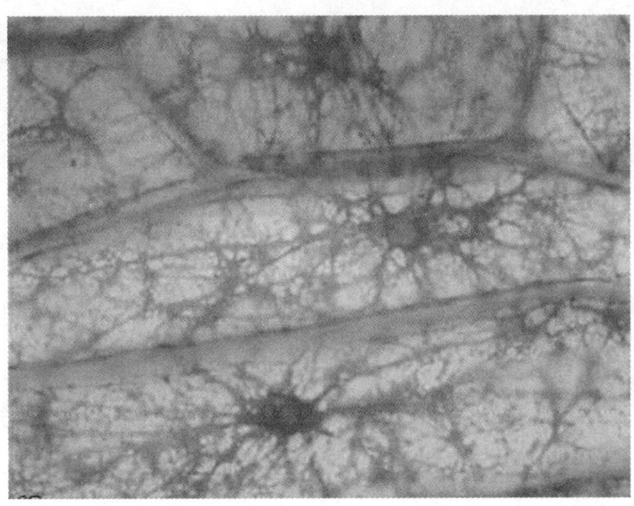

图 2-3　洋葱鳞茎内表皮细胞的细胞骨架

2. 动物细胞骨架的观察

（1）用镊子将长满 Hela 细胞的盖玻片从细胞培养板中取出，使细胞面朝上，放入小皿中，用磷酸盐缓冲液（pH 6.8）漂洗 3 次，每次 1 min。

（2）除去磷酸盐缓冲液，加入 2 mL 1%Triton X-100 处理 25 min。

（3）除去 Triton X-100，用 M 缓冲液洗小心清洗 3 次，每次 3 min。

（4）用 3%戊二醛固定 15 min。

（5）除去固定剂，用磷酸盐缓冲液（pH 6.8）轻轻清洗 3 次，每次 3 min。

（6）在盖玻片上滴加数滴 0.2%考马斯亮蓝 R250 染色 20 min。

（7）用蒸馏水小心清洗，用吸水纸吸去样品边缘水滴，在空气中略干燥，然后在普通光学显微镜下观察。

五、作业与思考题

（1）绘出细胞骨架结构图。

（2）说明 Triton X-100、戊二醛和考马斯亮蓝 R250 三种试剂在实验中的作用。

（宋　鹏）

第3部分 细胞生理学技术

3.1 细胞膜的通透性

一、实验目的

(1) 了解物质相对分子质量、脂溶性，电解质和非电解质溶液对细胞膜通透性的影响。

(2) 了解溶血现象及其发生机制。

二、实验原理

细胞膜是细胞与环境进行物质交换的选择通透性屏障。细胞通过细胞膜与细胞外环境进行有选择的物质交换，而且不同的物质其交换的形式亦有所不同。水分子可以自由通过细胞膜。水分子可以按照物质浓度梯度从渗透压低的一侧通过细胞膜向渗透压高的一侧扩散，这种现象就是渗透。渗透作用是细胞膜的主要功能之一。

当红细胞放在低渗盐溶液中，水分子大量渗到细胞内，可使细胞胀破，血红蛋白释放到介质中，使溶液由不透明的红细胞悬液变为红色透明的血红蛋白溶液，这种现象称为溶血。将红细胞放在某些等渗盐溶液中，由于红细胞膜对各种溶质的通透性不同，膜两侧的渗透压平衡会发生改变，也会发生溶血现象。因此，发生溶血现象所需时间长短可作为测量物质进入红细胞速度的一种指标。

脂溶性物质如乙二醇、丙三醇(甘油)等分子容易透过细胞膜。当这些分子进入红细胞时，会使细胞内的渗透性活性分子的浓度增加，继而导致细胞吸水，使细胞膨胀，细胞膜破裂，发生溶血。溶血现象发生的快慢与进入细胞的物质的相对分子质量大小、脂溶性大小等有关。相对分子质量小、脂溶性高的物质可以快速扩散进入细胞，发生溶血所需的时间相对较短。

各种非电解质溶液，只要单位体积中所含的分子数相同，就具有相同的渗透压。电解质溶液，如 NaCl 与葡萄糖分子数相等时，NaCl 产生的渗透压要大得多。

三、实验材料、仪器与试剂

1. 材料

含适量肝素钠的兔血或鸡血。

2. 仪器

普通显微镜、普通离心机、烧杯、试管、离心管、试管架、注射器(无需针头)、秒表等。

3. 试剂

1 mol/L 乙二醇溶液，1 mol/L 丙三醇溶液，1 mol/L 葡萄糖溶液，3 mol/L 甲醇，3 mol/L

乙醇，3 mol/L 丙醇，1/8、1/9、1/10、1/12、1/14 葡萄糖溶液，1/8、1/9、1/10、1/12、1/14 氯化钠溶液等。

四、实验方法与步骤

（1）血红细胞悬液制备：取兔血 2～3 mL，加入 0.85%生理盐水 4 mL，在 1000 r/min 条件下离心 5 min。取 50 mL 烧杯将上述离心的红细胞用等渗液进行适当稀释。

（2）溶血现象观察：取试管 1 支，加入 3 mL 蒸馏水，加入 2 滴稀释的兔血，轻混一下，然后静置，注意观察溶液的颜色变化。由于红细胞发生破裂，溶液颜色由浑浊的红色逐渐变为清亮，此即为溶血现象。

（3）兔血红细胞的通透性比较。

① 相对分子质量大小对细胞膜通透性的影响。

a. 在编号的 3 支试管中，分别加入 4 mL 1 mol/L 乙二醇，1 mol/L 丙三醇，1 mol/L 葡萄糖高渗液。

b. 先后分别用注射器加入 2 滴血液，轻轻振荡试管。

c. 观察溶血时间，最长延至 12 min。

d. 将实验结果列入表 3-1 中。

表 3-1　不同相对分子质量对细胞膜通透性的影响结果

溶　　液	相对分子质量	溶血时间
1 mol/L 乙二醇	62	
1 mol/L 丙三醇	92	
1 mol/L 葡萄糖	180	

② 脂溶性大小对细胞膜通透性的影响。

a. 在编号的 3 支试管中，分别加入 4 mL 3 mol/L 甲醇、乙醇、丙醇溶液。

b. 先后分别用注射器加入 2 滴血液，轻轻振荡试管。

c. 观察溶血时间。

d. 将实验结果列入表 3-2 中。

表 3-2　不同脂溶性对细胞膜通透性的影响结果

溶　　液	相对分子质量	分配系数	溶血时间
3 mol/L 甲醇	32.04	0.0097	
3 mol/L 乙醇	46.07	0.0357	
3 mol/L 丙醇	58.0	0.156	

③ 电解质和非电解质溶液对细胞膜通透性的影响。

a. 将试管编号，注明溶质名称及浓度。

b. 按编号分别加入不同浓度的葡萄糖及 NaCl 溶液 4 mL。

c. 每管加入 2 滴血液，轻轻振荡试管。

d. 观察溶血时间，最长延至 12 min。

e. 将实验结果列入表 3-3 中。

表 3-3　电解质和非电解质溶液对细胞膜通透性的影响结果

溶　液	物质的量浓度/(mol/L)				
	1/8	1/9	1/10	1/12	1/14
葡萄糖					
氯化钠					

五、实验结果

在显微镜下检测不同处理下细胞的溶血情况。

六、实验注意事项

试管和吸管做好编号，以防交叉污染，保证实验结果的精准性。

七、作业与思考题

(1) 溶血的机制是什么?

(2) 分析不同处理组溶血差异的原因。

(汤行春)

3.2　细胞凝集反应

一、实验目的

(1) 了解细胞膜的表面结构。

(2) 掌握凝集素促使细胞凝集的原理。

二、实验原理

细胞质膜是由蛋白质不同程度镶嵌在脂双层中所形成的动态流动结构，蛋白质和脂类分子又与寡糖链结合为糖蛋白和糖脂分子，糖蛋白和糖脂分子伸至细胞表面的分枝状寡糖链在质膜表面形成细胞外被。

细胞凝集是指细胞与细胞之间通过某种凝集素的作用而相互粘连在一起的现象，最终形成大的细胞团块，在不用显微镜时即可用肉眼看到的明显的现象。凝集素是一种能够与糖类物质特异性结合的糖蛋白，具有一个以上同糖结合的位点，因此能够参与细胞识别和粘连，从而将不同的细胞联系起来。常见的凝集素有刀豆素 A、麦胚素、花生凝集素、大豆凝集素等。凝集素主要的作用就是凝集细胞和刺激细胞分裂，在细胞间形成“桥”的作用，加入与凝集素互补的糖可以抑制细胞的凝集。

三、实验材料、仪器与试剂

1. 材料

2%兔血红细胞悬液。

2. 仪器

显微镜、粗天平、载玻片、滴管、离心管等。

3. 试剂

PBS 缓冲液、抗凝剂、生理盐水等。

四、实验方法与步骤

(1) 土豆切片，取 2 g 放入 10 mL 的 PBS 缓冲液中浸泡 2 h，获取土豆凝集素。

(2) 2%的兔血红细胞制备：取 2 mL 兔血（加抗凝剂），用生理盐水清洗 3 次，每次 2000 r/min，离心 5 min，最后按压积红细胞体积用生理盐水配制成 2%红细胞液。

(3) 用滴管吸取土豆凝集素和 2%红细胞液各一滴，置于载玻片上，充分混匀，静置 20 min 后于低倍镜下观察血球凝集现象。

(4) 以 PBS 缓冲液加 2%血细胞液作为对照实验。

五、作业与思考题

用简图表示血细胞凝集原理。

（汤行春）

3.3　用荧光脂质进行细胞活体染色

一、实验目的

学习用合成荧光脂质类似物进行细胞膜染色的原理和技术。

二、实验原理

为研究细胞膜上不同脂质分子的分布及去向，即细胞膜膜脂动力学，可用合成荧光脂质类似物，它是一类人工合成的、带有荧光基团标记的脂质类似物，可混入质膜成分中。通过跟踪嵌入到细胞膜的荧光脂质类似物的去向来模拟。荧光脂质去向取决于脂质分子亲水头部的特性。目前，多种合成脂质分子中，由于与对应的细胞天然成分相比，疏水性较差，易与细胞膜解离。另外，荧光脂质带有大量荧光基团，部分荧光基团可能影响其脂质结构原有的物理和生物学特性，导致进入细胞的荧光脂质分子与内源脂质分子的行为并非完全一致，只有小部分可用于细胞生物学研究，因此，在做此实验时，必须设定合适的对照。

C6-NBD-磷脂酰丝氨酸(C6-NBD-PS)、C6-NBD-鞘磷脂(C6-NBD-SM)是两种常用的荧光脂质类似物。在低温条件下（2～4 ℃），C6-NBD-SM 与 C6-NBD-PS(图 3-1)这两种荧光脂质分子都可通过脂质自发流动从培养基转运到细胞质膜外层中。提高温度可诱导 ATP 依赖的 C6-NBD-PS 脂双层翻转扩散(flip-flop)。在哺乳动物细胞中，脂质的能量依赖型双分子层翻转扩散只存在于氨基磷脂类分子，如磷脂酰丝氨酸和磷脂酰乙醇胺中。翻转扩散可在低至 7 ℃的条件下观察到。一旦内化，C6-NBD-PS 可被自发运输到内膜系统，与 C6-NBD-PS 不同的是，C6-NBD-SM 只停留在质膜外层并通过内吞作用内化。

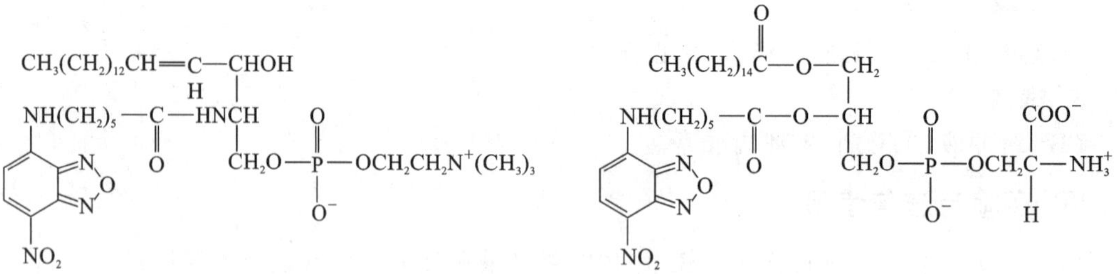

(a) C6-NBD-SM

(b) C6-NBD-PS

图 3-1 荧光脂质分子的结构

三、实验材料、仪器与试剂

1. 材料

Hela 细胞。

2. 仪器

35 mm 玻璃底培养皿、60 mm 培养皿、螺口玻璃瓶(聚四氟乙烯内衬)、分光光度计、激光共聚焦显微镜等。

3. 试剂

C6-NBD-SM、C6-NBD-PS、DMEM 培养基、DMEM F-12 培养基等。

四、实验方法与步骤

(1) 荧光脂质溶液的配制:将 C6-NBD-PS 溶解于氯仿,C6-NBD-SM 溶解于乙醇(1 mg/mL)。氯仿溶液应保存于螺口玻璃瓶(聚四氟乙烯内衬)中,而乙醇原液可用玻璃或者塑料管保存。母液保存于-20 ℃。使用前真空抽干(先通氮气再经真空干燥),溶剂挥发干后的脂质分子加入 DMEM 培养基使其浓度为 4 μmol/L。摇匀溶液并置于 4 ℃保存。

(2) 在 35 mm 玻璃底培养皿中培养 2 份 Hela 细胞 1～2 天,至细胞达到 50%～80%汇合率。

(3) 用冰冷的 DMEM 洗涤 Hela 细胞 2 次。

(4) 细胞层中加入含有 4 μmol/L 的 C6-NBD-SM 或 C6-NBD-PS 的 1 mL DMEM 培养基,4 ℃孵育细胞 30 min。

(5) 将其中 1 份样品用冰浴的 DMEM F-12 洗涤 2 次,然后加入 1 mL 冰浴的 DMEM F-12,共聚焦显微镜记录荧光图片。

(6) 另外 1 份样品用冰冷的 DMEM 洗涤 2 次,然后加入 1 mL 预热到 37 ℃的 DMEM,于 37 ℃条件下,CO_2 培养箱中孵育细胞 30 min。

(7) 室温下用 DMEM F-12 洗涤细胞 2 次。

(8) 加入 1 mL DMEM F-12 并镜检观察 Hela 细胞。

五、实验注意事项

(1) 由于溶剂蒸发,荧光脂质原液在储存时会逐渐浓缩。NBD 标记脂质的溶液浓度可通过测定波长 475 nm 处的吸光度来确定浓度是否改变。

(2) 脂质分子可能发生降解。可通过薄层层析来鉴定脂质样品的纯度,当脂质发生降解时,必须更换新的荧光脂质试剂。

六、实验结果

在低温条件下(2～4 ℃),C6-NBD-SM 与 C6-NBD-PS 这两种荧光脂质分子都可通过脂质自发流动从培养基转运到质膜外层中;37 ℃孵育后,C6-NBD-PS 可被自发运输到内膜系统,而 C6-NBD-SM 只停留在质膜外层。实验结果见图 3-2。

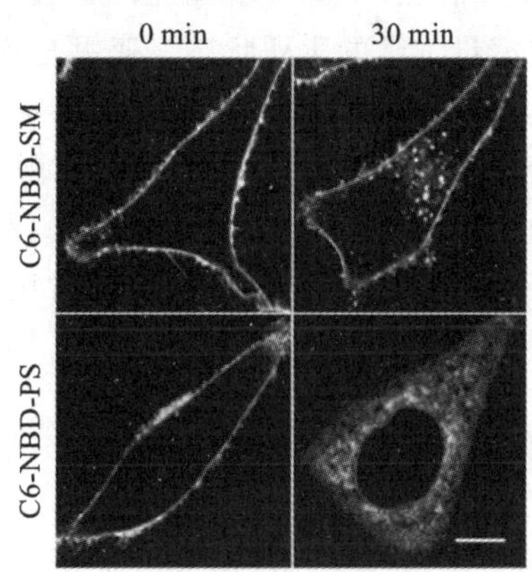

图 3-2　C6-NBD-PS 和 C6-NBD-SM 标记的 Hela 细胞在 4 ℃处理 30 min 和在 4 ℃处理后在 37 ℃孵育 30 min 的荧光共聚焦显微图像(标尺=10 μm)

七、作业与思考题

简述荧光脂质分子标记在细胞质膜研究中的作用原理。

(白占涛)

3.4　台盼蓝染色法鉴定细胞生死状态

一、实验目的

(1) 了解细胞生死状态鉴别的原理。

(2) 学习细胞生死状态鉴别的方法。

(3) 掌握细胞计数方法,计算细胞存活率。

二、实验原理

细胞生死状态鉴定主要依据这两种状态下细胞的差异而进行鉴别,方法主要是化学染色法和荧光染色法。以下是活细胞和死亡细胞在生理机能和性质上的主要差异。①细胞膜通透性的差异:活细胞的细胞膜完整,只允许物质选择性地通过;而细胞死后,细胞膜受损,其通透性增加。基于此,发展出了以台盼蓝、伊红、苯胺黑、赤藓红、甲基蓝以及荧光染料碘化丙啶或溴化乙啶等为染料鉴别细胞生死状态的方法,上述染料能使死亡细胞着色,而活细胞不被着色。此外,应用植物质壁分离的性质也可鉴定植物细胞的生死状态。活细胞的原生质具有选择透过性,死细胞因其原生质的选择透过性已遭破坏,故与高渗透压溶液接触时不产生质壁分离。②代谢上的差异:活细胞新陈代谢作用强,细胞内的酶具有较强的活性和还原能力。基于此,发展出了以荧光素二乙酸酯(FDA)、荧光素二丙酸酯、荧光素二丁酸酯及荧光素二苯甲酰酯等酯化的荧光素鉴别细胞生死状态的方法,上述酯化的荧光素亲脂性提高,容易被细胞吸收进入,活细胞内的酯酶具有较强的活性,可将酯化的荧光素分解而释放出能发荧光的荧光素,该物质不能自由透过活的细胞膜,而积累在细胞内,荧光显微镜下显示有明亮的绿色或黄绿色荧光;而死亡细胞内的酯酶因失去活性,不能分解酯化的荧光素,荧光显微镜下显示不发光。另外,可用亚甲基蓝为染料鉴定酵母细胞的生死状态。亚甲基蓝是一种无毒染料,氧化型为蓝色,还原型为无色。活细胞因具有较强的还原能力,能使亚甲基蓝从蓝色的氧化型变成无色的还原型,故活的酵母细胞在用亚甲基蓝染色后显示无色;死亡酵母细胞或代谢缓慢的衰老酵母细胞,因无还原能力或还原能力极弱,亚甲基蓝仍处于氧化态,故呈现蓝色或淡蓝色。由于台盼蓝染色可以非常简便、快速区分活、死细胞,因此是最为常用的死细胞鉴定染色方法之一。本实验就是运用台盼蓝染色法来鉴定细胞的生死状态。

三、实验材料、仪器与试剂

1. 材料

培养的贴壁细胞(Hela 细胞)或者悬浮细胞(Jurkat 细胞)。

2. 仪器

超净工作台、CO_2 培养箱、离心机、水浴锅、离心管、微量加样器、吸管、酒精灯、血球计数板、盖玻片、滴管、显微镜等。

3. 试剂

0.4%的台盼蓝生理盐水溶液:称取 0.4 g 台盼蓝染料,加少量水研磨粉碎,再加水至 100 mL,过滤,分装,于 4 ℃保存备用。

DMEM 完全培养基(含 10%的 FBS)或 RPMI 1640 完全培养基(含 10%的 FBS)、PBS 缓冲液、0.25%胰蛋白酶—0.02% EDTA 混合消化液、70%乙醇溶液等。

四、实验方法与步骤

1. 细胞悬液的制备

(1) 贴壁细胞:从生长有贴壁型细胞的培养瓶(皿)中的培养液吸出,加入 5 mL PBS 冲洗,吸走 PBS,然后加入 0.25%胰蛋白酶/0.02%EDTA 混合消化液 1～2 mL(具体用量以液面盖住细胞为宜),于 37 ℃,5%的 CO_2 培养箱中静置 3～5 min,待见到细胞变圆,彼此不连接为止,加入 3～5 mL DMEM 完全培养基,轻轻吹打,将壁上的细胞吹打下来,制成细胞悬液,再将其转移到离心管中,以 1000 r/min 离心。弃去上清液,加入新鲜适量的 DMEM 完全培养基,轻轻吹打均匀,制成细胞悬液。

(2) 悬浮细胞:连同细胞和细胞培养液转移到离心管中,以 1000 r/min 离心。离心后,弃去上清液,加入适量的 RPMI 1640 完全培养基,轻轻吹打均匀,制成细胞悬液。

2. 染色制片

取 0.5 mL 细胞悬液于干净的试管中,加 1～2 滴(约 0.1 mL)染液,混合,2 min 后制成临时装片,镜检。

3. 染色计数

取 0.2 mL 细胞悬液于干净的试管中,加同体积染液,混合 2～5 min,滴加少许染色后的细胞悬液于放有盖片的血球计数板的斜面上,使悬液自然充满计数板小室。注意不要使小室内有气泡产生，否则要重新滴加。在普通光学显微镜 10×物镜下计数四个大格内的细胞数，压线者数上不数下，数左不数右。

4. 根据染色结果计算细胞存活率

依据死细胞染成蓝色、活细胞不着色的原则计数死细胞数和细胞总数，根据如下公式计算细胞存活率：

细胞浓度＝细胞数/原液体积(mL)＝四个大格内的细胞数之和/$4\times10^4\times2\times$稀释倍数

细胞总数＝细胞浓度×细胞液体积

细胞存活率＝(细胞总数－死亡细胞数)/细胞总数×100％

5. 清洗

用 70％乙醇溶液漂洗盖玻片和血球计数板，再用离子水冲洗，风干存放。

五、实验注意事项

(1) 细胞培养使用的所有器皿、用具、溶液等必须经过严格消毒或除菌处理，才能进超净工作台中使用，整个实验过程都要有无菌操作的概念，避免细胞被污染。

(2) 台盼蓝染料对细胞有一定的毒性，染色时间不可过长，否则会导致死细胞比例增大。

(3) 台盼蓝有致癌危险，因此滴加染液时要小心，防止溅到皮肤上。

六、实验结果

死细胞染成蓝色，活细胞不着色。

七、作业与思考题

(1) 各种细胞生死状态方法的原理和判定特征是什么？

(2) 除了台盼蓝染料，还有哪些染料可用于动植物细胞的生死鉴定？

(3) 为什么要学习细胞生死状态鉴别的方法？试说明其实际应用意义。

(白占涛)

3.5 小鼠巨噬细胞吞噬的观察

一、实验目的

(1) 掌握小鼠等实验动物腹腔巨噬细胞采集和制片的方法。

(2) 了解巨噬细胞的吞噬作用的发生过程，加深对细胞吞噬作用的过程及意义的理解。

二、实验原理

细胞能通过质膜内陷或折叠的方式将胞外大分子、颗粒性物质或者液体(如蛋白质、多糖、核酸等)包裹形成囊泡而摄取到细胞内，这个过程就称为胞吞作用(endocytosis)。根据囊泡形成的分子机制不同和大小的差异，其分为两种类型：吞噬作用(phagocytosis)和胞饮作用(pinocytosis)。前者形成的囊泡直径往往大于 250 nm，而后者的囊泡直径一般小于 150 nm，并且所有的真核细胞可以通过胞饮作用连续摄入溶液和可溶性分子，但吞噬作用的发生需要受体介导，是一个信号触发的过程，因此只有一些特化的细胞如巨噬细胞才能进行。在某些低等生物中，吞噬作用是用于摄取食物的一种方式，细胞将胞外的营养物质通过吞噬作用摄取到体内，再经过溶酶体的消化降解成小分子物质供细胞利用，而在高等动物体内，吞噬作用不再是单纯地摄取营养物质，其主要功能是通过清除机体内外源性的细菌、病毒等病原体来执行防御功能，以及清除机体衰老或凋亡的细胞，如人的巨噬细胞每天通过吞噬作用可清除 10^{11} 个衰老的血红细胞。

在高等动物体内，具有吞噬作用的细胞包括单核细胞、中性粒细胞和巨噬细胞，它们是机体免疫系统的重要组成部分。单核细胞在骨髓中形成后进入血液，通过毛细血管进入肝、脾、淋巴结等组织器官中进一步发育分化成巨噬细胞(macrophage)。巨噬细胞是机体内吞噬活性最强的免疫细胞。当机体受到病原体或其异物入侵产生炎症时，单核细胞通过毛细血管到达炎症部位，在这一过程中单核细胞逐渐分化为巨噬细胞，巨噬细胞向病原体或异物游去，当接触到后，伸出伪足将其吞入细胞，进而病原体或异物在溶酶体的作用下被分解掉。

巨噬细胞中含有大量的溶酶体、吞噬体和残余体，因此用台盼蓝或墨汁注射到实验动物体内，可以见到巨噬细胞内聚集很多蓝色或黑色的颗粒，用这种方法可以来标识巨噬细胞，用淀粉肉汤刺激实验动物形成较多的巨噬细胞。本实验将以小鼠腹腔巨噬细胞为材料，观察其对外源的鸡红细胞进行吞噬的情况。

三、实验材料、仪器与试剂

1. 材料

小鼠(体重 20 g 左右)。

2. 仪器

注射器(2 mL)、解剖盘、手术剪、载玻片、盖玻片、光学显微镜等。

3. 试剂

(1) 0.85%生理盐水：称取 8.5 g NaCl 溶于 1000 mL 蒸馏水中。

(2) 6%淀粉肉汤(含台盼蓝)：牛肉膏 0.3 g，蛋白胨 1.0 g，NaCl 0.5 g，可溶性淀粉 6 g，台盼蓝 0.4 g，加入蒸馏水 100 mL，加热溶解，煮沸 15 min，灭菌。放于 4 ℃保存备用，使用前水浴融化。

(3) 500 U/mL 肝素：取安瓿装肝素注射液 1 支(2 mL，12500 U)，用注射器吸取肝素，然后加到 23 mL 生理盐水中混匀，4 ℃保存备用。

(4) Alsever 溶液(阿氏液)：称取 2.05 g 葡萄糖、0.89 g 柠檬酸钠($Na_3C_6H_5O_7 \cdot 2H_2O$)、0.05 g 柠檬酸($C_6H_6O_7 \cdot H_2O$)和 0.42 g 氯化钠，用蒸馏水定容至 100 mL，调 pH 值至 7.2，过滤灭菌或高压灭菌 10 min，置于 4 ℃冰箱内保存。

(5) 1%鸡红细胞悬液：从集市买一只健康的活鸡现杀，取血 1 mL(防止污染)，若直接用于实验，则加入 99 mL 0.85%生理盐水(已加入肝素 40 μL，用于抗凝)中混匀。如需暂时保存，则放入盛有 4 mL Alsever 溶液的瓶中，混匀后置于 4 ℃冰箱保存备用(2 周内使用)。使用前，取用 Alsever 溶液保存的新鲜鸡血 1 mL，加入 8 mL 0.85%生理盐水，小心混匀，以 1500 r/min离心 5 min，如此洗涤 3 次，最后配成 1%的鸡红细胞悬液。

四、实验方法与步骤

(1) 实验前 3 天，给小白鼠腹腔注射 6%淀粉肉汤(含台盼蓝)1 mL，连续注射 3 天，以诱导腹腔内产生较多的巨噬细胞。

(2) 实验时，每组取一只注射过淀粉肉汤的小白鼠，腹腔注射 1%鸡红细胞悬液 1 mL，然后轻柔小鼠腹部，使鸡红细胞在腹腔中散开，将小鼠做上标记，放回笼中等待 30 min。

(3) 向腹腔注射 0.85%生理盐水 1 mL，并用手轻揉小鼠腹部，以利于悬液分散。

(4) 3 min 后，用颈椎脱臼方法处死小鼠(一手捏着鼠头、颈连接处，一手捏住鼠尾，分别向两端用力牵拉，直到拉死为止)，迅速剖开腹腔，用不带针头的注射器贴腹腔背壁处直接抽取腹腔液。

(5) 取一小滴腹腔液至载玻片中央，盖上玻片，如果盖玻片四周有液体溢出，用吸水纸吸去。

(6) 将制备的临时装片在显微镜下观察。

五、实验注意事项

腹腔注射是小鼠等实验动物给药的一个重要途径，是基础医学实验中的一个重要技能。其操作要领是：用右手抓住小鼠的尾巴末端，将小鼠放在实验台上，最好是鼠笼的金属网等粗糙物体的表面，向后拉尾巴，使其前肢抓住粗糙物体，此时用左手抓住小鼠耳后的皮肤将其头部固定住，再用左手的无名指和小指将小鼠的尾部固定住，然后右手持注射器，使针头与腹部成 45°角刺入小鼠腹腔，进针可稍深一点，然后回退几毫米(防止针头进入脏器)，再将药物或细胞注入腹腔(图 3-3)。在操作过程中，如果进针角度太小或进针太少会使液体注入皮下，但进针太多，可能会刺伤脏器。

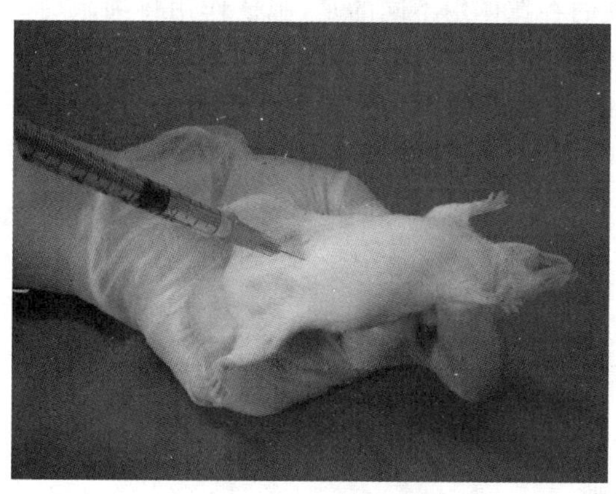

图 3-3　小鼠腹腔注射药物

六、实验结果

(1) 在显微镜下可以看到巨噬细胞体积较大，呈圆形或不规则形，表面有多个突起，细胞质中含有数量不等、大小不一的蓝色颗粒，这就是细胞吞噬含台盼蓝的淀粉肉汤后形成的吞噬体。

(2) 鸡红细胞呈椭圆形，淡黄色，具有椭圆形的细胞核。

(3) 在显微镜视野下可以观察到巨噬细胞吞噬红细胞的不同阶段：有的红细胞紧贴在巨噬细胞的表面，有的红细胞已被部分吞噬，有的巨噬细胞中已吞入 1 个或多个鸡红细胞，形成了吞噬泡，还可以看见吞噬泡的体积已缩小并呈圆形，说明该吞噬泡已与溶酶体融合，泡内的物质正在被降解。

七、作业与思考题

(1) 为什么在实验室前要在小鼠体内注入含台盼蓝的淀粉肉汤？

(2) 绘制在显微镜下观察到的小鼠巨噬细胞吞噬鸡红细胞图。

(白占涛)

3.6 胞饮作用

一、实验目的

(1) 掌握观察细胞胞饮作用的方法。

(2) 比较并学习细胞吞噬作用和胞饮作用的区别。

二、实验原理

细胞内吞较大的固体颗粒物质,如细菌、细胞碎片等,称为吞噬作用。若细胞吞入物质为液体或极小的颗粒物质,这种内吞作用称为胞饮作用。胞饮作用是外界获取物质及液体的一种类型,其过程是细胞膜内陷,把细胞外的微粒包裹形成胞饮囊泡,并和溶酶体相结合将囊泡内部的物质水解或者分解。胞饮作用存在于白细胞、肾细胞、小肠上皮细胞、肝巨噬细胞和植物细胞中。和具有选择性的吞噬作用不同的是,胞饮作用将细胞周边的液体连同其中的溶质一起吞入,对于内吞进入细胞的物质没有选择性。

三、实验材料、仪器与试剂

1. 材料

蟾蜍。

2. 仪器

光学显微镜、注射器、擦镜纸、载玻片、盖玻片等。

3. 试剂

蟾蜍生理盐水、蓝黑墨水等。

四、实验方法与步骤

(1) 用蟾蜍生理盐水对蓝黑墨水进行适当稀释。

(2) 用注射器吸取稀释后的蓝黑墨水 1 mL 注入蟾蜍尾杆骨两侧的背淋巴囊内,注射后将蟾蜍放置在室温环境中。

(3) 3 h 后,用注射器抽取背淋巴囊内的淋巴液。

(4) 将淋巴液滴在载玻片上,加盖玻片进行镜检。

五、实验结果

白细胞胞质中可以观察到蓝黑色的胞饮囊泡,有的白细胞正在做变形运动,内吞蓝黑色小液滴。

六、实验注意事项

(1) 实验应选择健康的蟾蜍,以保证有足够数量的白细胞进行胞饮作用,以利于观察。

(2) 显微镜视野中可能混有少量浅红色椭圆形的红细胞,应排除干扰。

七、作业与思考题

(1) 绘图显示显微镜下观察到实验标本片中的图像。选择典型的正在进行或完成胞饮作用的白细胞，至少绘制 2 个。

(2) 什么是胞饮作用？它和吞噬作用有什么不同？

(宋　鹏)

3.7 细胞膜钠通道的膜片钳记录

一、实验目的

(1) 学习并深入理解细胞膜离子通道的功能。

(2) 学习并了解膜片钳技术。

(3) 学习运用膜片钳技术检测细胞的电生理状况。

二、实验原理

细胞膜上的离子通道，除了可以调节细胞内外的渗透压外，还是维持细胞膜电位的重要分子，是细胞产生兴奋、引起生物电活动的基础。离子通道具有选择性和开关性两个重要特征。选择性是指离子通道只允许一部分离子通过，主要取决于这些离子的大小和所带电荷，若某种离子的直径大于通道直径，则这种离子不能通过通道。离子的开关性即门控性，是指离子通道能进行开放和关闭状态的快速转换，在开放状态下离子能通过通道，在关闭状态下则不允许离子通过。根据通道门控机制的不同，离子通道大体可分为三种。①配体门控型离子通道或称受体控制性通道：这类通道是通过给细胞施加神经递质或类似的化学物质，使其与通道蛋白的某个位点结合来打开离子通道的。这类受体控制的通道主要包括烟碱型 ACh 受体、γ-氨基丁酸(GABA)受体、甘氨酸受体、谷氨酸受体和 ATP 受体通道等，它们的功能主要是介导中枢和周围神经系统的快速突触传递。②电压依赖性通道或称电压门控离子通道：这类通道在维持可兴奋细胞动作电位方面起着相当重要的作用，它们与细胞膜电位紧密相关，不同的膜电位会使它们呈现出开放、关闭、激活和失活状态。例如，钠离子通道、钾离子通道和钙离子通道都可以通过改变外加电压而使通道开放。③机械力敏感的离子通道或称机械力门控通道：一种感受细胞膜表面张力变化的离子通道，多分布在血管内皮细胞、心肌细胞、感受器等。当给细胞一外界的机械力刺激时，通道打开。机械力门控通道是电压门控通道的基础，当刺激引起膜电位变化时，在神经纤维上产生可传导的一系列动作电位，由此可以激活电压依赖性通道。

由于细胞膜内外侧存在离子浓度差，所以膜两侧必然存在一定的电位差，把膜内外两侧的电位差称为膜电位(membrane potential)。细胞在没有受到外来刺激时，即处于静息状态下的细胞膜电位称为静息电位(resting potential)。所有可兴奋细胞，如神经细胞、肌肉细胞、内分泌细胞等，它们的细胞膜上均含有电压门控离子通道，当给细胞施加一个刺激信号时，电压门控离子通道接受刺激信号发生开放或关闭。在电生理实验中，常用电脉冲或电流作为刺激信号。

膜片钳技术(patch clamp technique)自 1976 年由德国马普生物物理化学研究所 Erwin Neher 和 Bert Sakmann 博士创建以来，它给电生理学和细胞生物学的发展乃至整个生物学研究带来了一场革命，为了解细胞膜离子通道的门控动力学特征及通透性、选择性膜信息提供了最直接的手段，使人们对离子通道本质的认识有了一个质的飞跃。该技术的兴起与应用，使人们不仅对生物体的电现象和其他生命现象有了更进一步的了解，而且对于疾病和药物作用的认识也不断地更新，同时还形成了许多病因学与药理学方面的新观点。膜片钳技术是一种通过微电极与细胞膜之间形成紧密接触的方法，采用电压钳或电流钳技术对生物膜上离子通道的电活动进行记录的微电极技术。其操作过程简单地说：首先，轻轻地将玻璃微电极接触在细胞膜表面，给电极尖端施加负压，这样在玻璃电极壁与膜之间就形成了紧密接触，即形成高阻封接，其电阻达 1 GΩ 以上，使离子不能从玻璃电极尖端与膜之间通过，只能从膜上的离子通道出入。在此基础上固定膜电位（clamp），即给予固定某一数值的电压，也就是钳制电压（holding potential），然后对电极尖端下面积仅为几平方微米的细胞膜片上一个或几个离子通道的电流进行记录。膜片钳技术共有四种基本记录模式：①细胞贴附记录模式（cell-attached recording）；②内面向外记录模式（inside-out recording）；③外面向外记录模式（outside-out recording）；④全细胞记录模式（whole-cell recording）。前三种都为单通道记录模式，图 3-4 给出了这四种记录模式形成的图解。将电极接触细胞膜，轻轻地给予负压，就形成了细胞贴附记

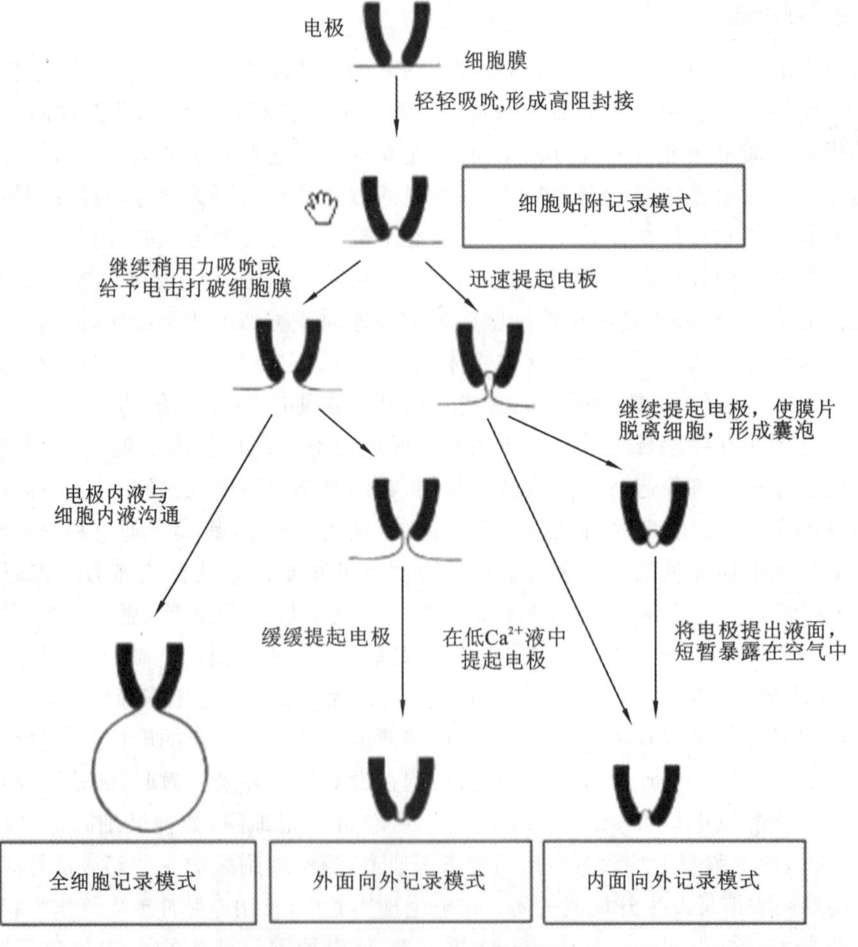

图 3-4 膜片钳的几种记录模式

录模式。将电极迅速提起，脱离细胞，因为细胞膜的流动性，粘在电极尖端上的细胞膜会自动融合，从而形成一个囊泡，当电极提出液面而短暂暴露在空气中时，囊泡的外表面会破裂，再次将电极放入浴液，就形成了内面向外记录模式。形成细胞贴附记录模式后，采用继续施加负压或电击的方法打破细胞膜，即形成了全细胞记录模式。在形成全细胞记录模式后，将电极缓缓提起，逐渐脱离细胞，同样因为细胞膜的流动性，粘在电极尖端上的细胞膜会自动融合，这样就形成了外面向外记录模式。全细胞模式记录的是整个细胞中的电流、电位的变化情况，是当前细胞电生理研究中应用最广泛的一种模式。

背根神经节(dorsal root ganglion，DRG)细胞是躯体感觉的初级传入神经元，其上具有多种钠离子通道，这些离子通道是神经冲动传递的基础。其中，钠离子通道介导了动作电位去极化相的内向电流，在神经信号传递中起关键作用。根据其是否可以被河豚毒素(tetrodotoxin，TTX)所阻断，可以将它们分为 TTX 敏感型(TTX-sensitive，TTX-S)和 TTX 不敏感型(TTX-resistant，TTX-R)两类。本实验运用全细胞记录模式记录 DRG 细胞上的钠离子通道的电生理情况。

三、实验材料、仪器与试剂

1. 材料

大鼠的 DRG 细胞。

2. 仪器

手术剪、解剖盘、30 mm 平皿、微量移液器(1000 μL、100 μL)、离心管(15 mL、1.5 mL)、恒温摇床、显微镜、显微剪、虹膜剪、EP 管、显微镊、盖玻片、二氧化碳培养箱、膜片钳系统(AXON 200B 膜片钳放大器、电极微操纵器、数模转换器、生物防震台、倒置显微镜、蠕动泵)、P97 电极拉制仪等。

3. 试剂

(1)DMEM 培养基、DMEM 完全培养基(10% FBS DMEM 培养基)、0.125%的多聚赖氨酸(polylysine)。

(2) 含消化酶液的 DMEM 培养基：含 2.5 mg/mL 的胶原酶(collagenase)和 1 mg/mL 的胰蛋白酶(trypsin)。

(3) 细胞外液：120 mmol/L NaCl、20 mmol/L TEA、5 mmol/L CsCl、1 mmol/L $MgCl_2$、1 mmol/L $CaCl_2$、0.1 mmol/L $CdCl_2$、10 mmol/L HEPES、10 mmol/L D-葡萄糖，用 NaOH 调 pH 值到 7.4。其中 20 mmol/L TEA 与 5 mmol/L CsCl 用于阻断钾离子通道，0.1 mmol/L $CdCl_2$ 用于阻断钙离子通道。

(4) 细胞内液：140 mmol/L CsF、1 mmol/L $MgCl_2$、10 mmol/L HEPES、1 mmol/L EGTA、5 mmol/L Na_2ATP，用 CsOH 调 pH 值到 7.2。其中 Cs^+、F^- 用于阻断钾离子，F^- 也用于阻断钙离子通道。

四、实验方法与步骤

1. DRG 细胞的急性分离

(1) 选取大小为出生后 3～5 周，体重为 80～150 g 的大鼠，以颈椎脱臼法处死，待其不动后，用乙醇擦拭背部消毒。

(2) 提起背部皮肤，沿盆骨处从脊椎外将两侧 L_4、L_5 和 L_6 神经节连同附着的神经一同取出，置于预先冰孵的加有 DMEM 培养液(3 mL)的平皿中。

(3) 将组织周围的肉剔除干净，沿脊髓中轴线将其均分为二，置于预先冰孵的加有 DMEM 培养液(3 mL)的平皿中。

(4) 将组织平铺于解剖盘中，用剪刀和显微镊从两骨节间挑取 DRG(呈白色透明状)，置于另一预先冰孵的加有 DMEM 培养液(3 mL)的平皿中。

(5) 在解剖镜下用虹膜剪仔细剪净 DRG 胞体周围的神经纤维，置于另一预先冰孵的加有少量 DMEM 培养液(100 μL)的平皿中，将 DRG 胞体剪碎(呈乳白色即可)。

(6) 将剪碎的胞体置于 EP 管中，且用先前准备好的消化酶液清洗平皿，一并加入 EP 管。

(7) 将 EP 管置于恒温摇床 37 ℃，以 170 r/min 孵育消化 15～20 min，期间每 2～3 min 轻轻吹打 20 次，使细胞分散，10 min 后镜检，在显微镜下可看到单个浑圆、轮廓清晰的细胞时终止消化。

(8) 加入 37 ℃ 5 mL 含 10% FBS DMEM 培养基(15 mL 离心管放 5 mL 培养基，预先放在 37 ℃水浴摇床)，终止消化，以 1000 r/min 离心 6 min，去上清液(小心去上清液，以防将沉淀在离心管底部的细胞去掉)，加入 400 μL 10% FBS DMEM 培养基，轻轻吹打(轻柔吹打，小于 10 次)，均匀分散成细胞悬液。

(9) 将细胞悬液滴于先前处理好的盖玻片小块上(盖玻片上表面用多聚赖氨酸浸泡 2～3 min 后，取出风干，裁成 10 mm×10 mm 小块，备用)，置于 37 ℃二氧化碳培养箱中静置沉降 20 min 后，每个平皿加入 2 mL 含 10% FBS DMEM 培养基，置于 37 ℃二氧化碳培养箱中培养 1 h 后待用。

2. 电极制备

电极使用电极毛坯(Sutter 公司，Br150-86-10，外径 1.5 mm，内径 0.86 mm)，由 P97 电极拉制仪拉制，电极阻抗为 3～5 MΩ。

3. 电生理实验(所有实验均采用 AXON 200B 膜片钳放大器于室温(20～25 ℃)下进行)

实验选择胞体清亮，折光性好且贴壁的细胞(图 3-5、彩图 7)。在电极入水之前，给予一定的正压，保证电极入水之后不被杂质污染，电阻为 2～4 MΩ，当电极贴近细胞的时候，给予一定负压，使电极与细胞形成高阻封接(>1 GΩ)，同时给予 −60 mV 的钳制电压，以利于细胞的

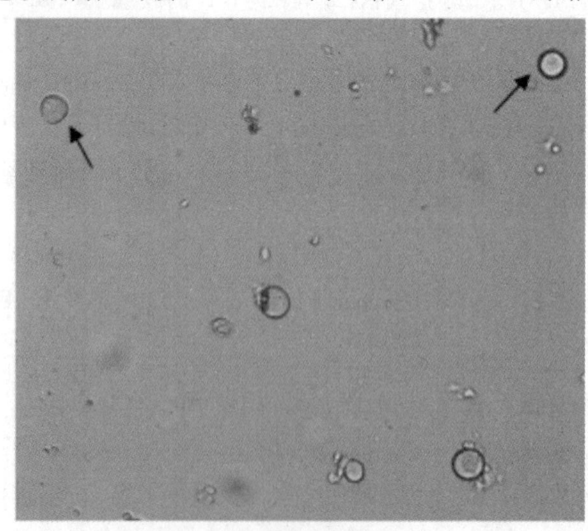

图 3-5　急性分离的 DRG 细胞

封接，待稳定之后再次给予负压（可用嘴吸的方法），将细胞吸破，形成全细胞记录状态，全细胞形成 5 min 后，达到稳定再开始记录。使用软件自动补偿快慢电容。

在记录钠电流的时候，由于 TTX 敏感的钠电流和 TTX 不敏感的钠电流性质不同，因此，应分别采用不同的刺激方式和记录方式。TTX 敏感的钠电流主要在直径大于 35 μm 的细胞上进行记录，细胞钳制在－70 mV，给予一系列 50 ms 的去极化刺激，刺激电压从－80 mV 到＋60 mV，每隔 15 ms 刺激一次，每次增加 10 mV；TTX 不敏感的钠电流主要在小细胞上记录（直径小于 25 μm），细胞钳制在－70 mV，给予一系列 50 ms 的去极化刺激，刺激电压从－80 mV 到＋60 mV，每隔 25 ms 刺激一次，每次递增 10 mV。

4. 数据处理

使用 Clampex 10 软件处理所得数据，制作离子通道电流-电压关系曲线（*I-V* 曲线），峰值电流用以下方程转换为电导：$G=I/(V_m-E_{Na})$，其中 G 为电导，I 为电流大小，V_m 为膜电位，E_{Na} 为钠离子平衡电位。

五、实验注意事项

(1) 颈椎脱臼法处死大鼠时，手法要熟练，使老鼠因脊髓与脑髓断开并快速死亡。

(2) 用消化酶液处理分离的 DRG 细胞时，应掌握好消化时间，不能消化过度或没有消化完全，以防细胞因消化过度而死亡，或者仍旧黏附在一起，影响后续的实验操作。

(3) 细胞状态的好坏直接影响到电生理的结果，所以在给予目的细胞电刺激前，可先测细胞的静息膜电位，若静息膜电位偏低（偏向去极化），则表明细胞功能状态不好。

(4) 细胞内外液需要用 0.22 μm 的滤膜过滤。

(5) 在拉制、灌注玻璃微电极的过程中保持其清洁，并在电极入水前给予正压，保证电极尖端不被浴液中的杂质污染。

(6) 在进行电生理实验前，需要对膜片钳系统排出噪声，以防影响实验结果。

六、实验结果

在给予细胞连续变化的脉冲电压后，根据所记录通道电流的特点摸索得到细胞去极化（或超极化）的脉冲电压，并且计算不同脉冲电压下全细胞电流的峰值。

七、作业与思考题

(1) 运用 Clampex 10 软件处理所得数据，得到 TTX 敏感的钠电流和 TTX 不敏感的钠电流全细胞电流图。

(2) 用获得的 *I-V* 曲线中得到细胞最大电流时的电压值，然后以此电压刺激细胞，得到细胞最大电流图。

(3) 试想若将 TTX 加在细胞外液中后，再用电压刺激细胞，TTX 敏感的钠电流和 TTX 不敏感的钠电流会发生怎样的变化？

（白占涛）

3.8 细胞计数

一、实验目的

(1) 了解血细胞计数板的构造及计数原理。

(2)掌握使用血细胞计数板进行细胞计数的方法。

二、实验原理

显微镜直接计数法是测量细胞数量的一种简便、直观的方法,它将少量待测样品的悬浮液置于具有确定容积的血细胞计数板上,在显微镜下直接计数。

血细胞计数板是一种特制的载玻片,其上由四条槽构成三个平台。中间较宽的平台被一短槽隔成两半,每一边的平台上各自刻有一个方格网(图 3-6),每个方格网共分为九个大格,中间的大方格即为计数室。计数室的刻度一般有两种规格,一种是一个大方格分成 25 个中方格,而每个中方格又分成 16 个小方格。另一种是一个大方格分成 16 个中方格,而每个中方格又分成 25 个小方格(图 3-7)。无论是哪一种规格的计数板,每一个大方格中的小方格都是 400 个。大方格边长为 1 mm,面积为 1 mm^2,盖上盖玻片后,盖玻片与载玻片之间的高度为 0.1 mm,所以计数室的体积为 0.1 mm^3。使用血细胞计数板进行计数时,通常测定每个方格中的细胞数量,再换算成 1 mL 溶液中细胞的数量。

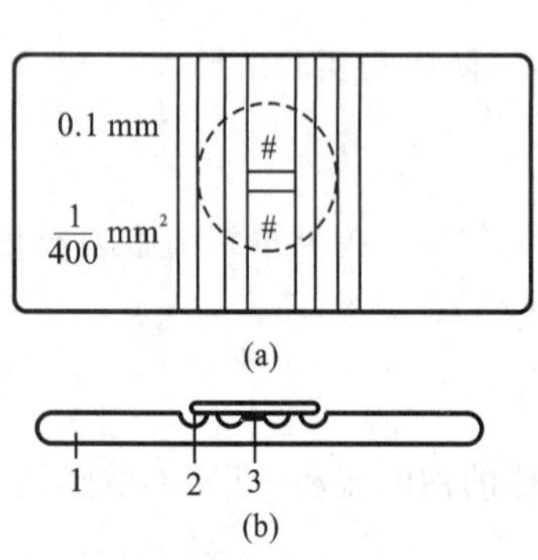

图 3-6 血细胞计数板构造

(a)正面图;(b)纵切面图

1—血细胞计数板;2—盖玻片;3—计数室

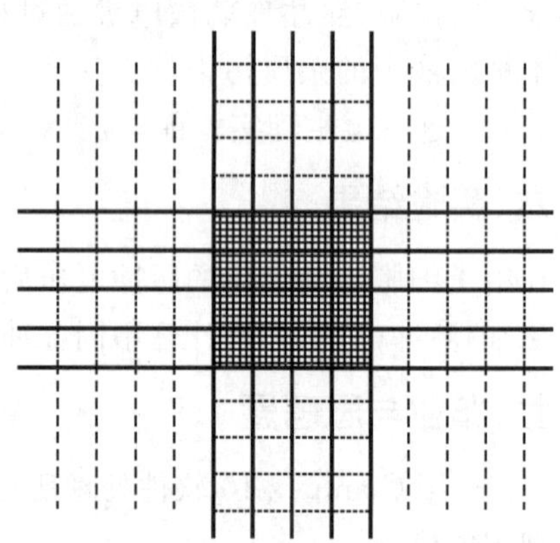

图 3-7 方格网(中间为计数室)

若计数室是由 16 个中方格组成的,数左上、左下、右上、右下 4 个中方格的细胞总数 A_1,即 100 小格;若计数室是由 25 个中方格组成的,除数上述四个中方格外,还需数中央 1 个中方格的细胞总数 A_2,即 80 个小格。1 mL 溶液中细胞数量根据下列公式计算:

$$1\ \text{mL 溶液中细胞数量} = \frac{A_1}{4} \times 16 \times 10^4 \times B = 4 \times 10^4 \times AB$$

$$= \frac{A_2}{5} \times 25 \times 10^4 \times B = 5 \times 10^4 \times AB$$

其中，B 表示细胞溶液稀释倍数。

三、实验材料、仪器与试剂

1. 材料

酿酒酵母（*Saccharomyces cerevisiae*）细胞悬液。

2. 仪器

血细胞计数板、光学显微镜、盖玻片、无菌毛细滴管等。

3. 试剂

无菌生理盐水等。

四、实验方法与步骤

（1）细胞悬液制备：以无菌生理盐水将酿酒酵母制成浓度适当的细胞悬液。

（2）计数室镜检：在加样前，先对计数板的计数室进行镜检。若有污物，则需清洗，吹干后才能进行计数。

（3）加样品：将清洁干燥的血细胞计数板盖上盖玻片，再用无菌毛细滴管将摇匀的酵母细胞悬液由盖玻片边缘滴一小滴，让细胞液沿缝隙靠毛细渗透作用自动进入并充盈计数室。

（4）显微镜计数：加样后静置 5 min，然后将血细胞计数板置于显微镜载物台上，先用低倍镜找到计数室所在位置，然后换成高倍镜进行计数。

（5）清洗血细胞计数板：使用完毕后，计数板、盖玻片和测定管用清水冲洗，再用绸布或细布蘸干，切勿用硬物刷洗，洗完后自行晾干或用吹风机吹干。通过镜检观察每小格内是否残留细胞体或其他沉淀物。若不干净，则必须重复洗涤至干净为止。

五、实验结果

高倍镜下酵母细胞透亮，均匀分布在计数室中。计数中方格中的细胞数量时，可以根据中方格以双线为界的特点进行计数。

六、实验注意事项

（1）进行显微镜计数时应先在低倍镜下寻找大方格的位置，找到计数室后将其移至视野中央，再换高倍镜观察和计数。

（2）如果细胞位于中方格的双线上，计数时则数上不数下，数左不数右，以减少误差。

（3）酵母细胞放置时间长则容易沉淀，计数加样前，一定将细胞悬液摇匀。

（4）为了确定稀释梯度，可以先将酵母细胞原液加到计数板上计数，然后作适当稀释。

（5）如遇酵母出芽，芽体大小达到母细胞的一半时，即作为两个细胞体计数。计数一个样品要从两个计数室中计得的平均数值来计算样品的细胞数量。

七、作业与思考题

（1）测定酵母细胞数，将结果填入表 3-4 中。

表 3-4　酵母细胞数的测定

	各中方格中细胞数					中方格细胞总数 A	稀释倍数 B	细胞数/mL	平均值
	1	2	3	4	5				
第一室									
第二室									

（2）血细胞计数板计数的误差主要来自哪些方面？如何减少误差？

（宋　鹏）

第4部分 细胞结构与化学成分的检测技术

蛋白质以及其他细胞化学成分在细胞内的定位(或称原位显示)是细胞生物学研究的中心问题之一。根据这些方法的特点,可将其分为传统的细胞化学法、免疫细胞化学法和基于分子生物学原理的蛋白定位方法;也可根据显微水平的不同,分为基于光学显微镜的组织细胞化学法和基于电子显微镜的电镜细胞化学法。

传统的组织细胞化学法是在不破坏细胞形态结构的状况下,运用生化和(或)物理的技术对细胞的各种组分进行区别着色来显示细胞化学成分的存在位置及其动态变化的方法,在细胞生物学研究中占有相当重要的位置。细胞化学成分的原位显示方法研究早在19世纪就已开始,在20世纪得到了蓬勃发展,不仅产生了进行细胞中DNA、RNA、多糖和普通蛋白质的定位方法,还建立了专门针对某种酶定位的酶细胞化学法。到20世纪80年代,已有近百种酶的组织细胞化学方法得以建立并在实践中得到广泛应用。随着电镜及超微结构学技术的发展,产生了电镜细胞化学法,使细胞成分定位的精准程度大大提高;随着抗原抗体反应研究的进展,特别是单克隆抗体的诞生,免疫细胞化学法以其技术开发更快捷、结果重现性更好、定位更准确灵敏等优点逐渐占领了细胞化学的舞台。20世纪90年代后,又诞生了运用分子生物学技术进行蛋白定位的方法,该方法将报告基因(如β-葡萄糖苷酸酶基因或绿色荧光蛋白基因等)或标签的编码序列与目的基因融合后转入受体生物细胞中,然后通过检测报告基因的产物来推定目的基因编码蛋白在组织细胞中的定位。这些技术的出现和综合运用为生命科学研究的进步做出了巨大的贡献。

本章从几类原位显示方法中分别选取有代表性的典型实验加以介绍。

(李先文)

4.1 DNA的细胞化学——Feulgen反应

一、实验目的

了解Feulgen反应的原理,学会一种DNA及相关结构原位显示的方法,理解细胞化学的含义。

二、实验原理

DNA分子经稀盐酸(1 mol/L HCl溶液)处理后,可使嘌呤碱与脱氧核糖间的糖苷键断裂,并使脱氧核糖的醛基游离出来。醛基化合物与Schiff试剂(无色品红溶液)结合,形成含醌基的紫红色化合物，使细胞内含有 DNA 的部位呈现出紫红色。因此，凡经上述处理的组织细胞中呈现出紫红色的部位，即可推断为 DNA 的存在部位。若再配合固绿复染，可使细胞质、核仁染上绿色，观察效果更好。为了提高实验结果的可信度，应设置对照实验，即将对照材料先用热三氯乙酸或 DNA 酶处理，以除去细胞中的 DNA。

三、实验材料、仪器与试剂

1. 材料

洋葱或大蒜的根尖、洋葱鳞茎表皮或猪肝等各种易于制片的材料。

若用根尖，需先培养材料出根，待根长至 1～1.5 cm 时剪下，用 Carnoy 固定液（乙醇、冰乙酸混合液，体积比为 3∶1）固定 0.5～1 h 后即可使用，若固定超过 24 h，应转移至 70%乙醇中 4 ℃保存待用。

2. 仪器

显微镜、载玻片、盖玻片、剪刀、刀片、镊子、表面皿、恒温水浴箱等。

3. 试剂

（1）1 mol/L HCl 溶液：取 8.25 mL 浓盐酸（相对密度 1.19），加蒸馏水至 100 mL。

（2）5%三氯乙酸（TCA）溶液：取 5 g TCA 溶于 100 mL 蒸馏水中。也可配成 10 倍的储存液，用时稀释。

（3）亚硫酸水（漂洗液）：10%偏重亚硫酸钠水溶液 5 mL，蒸馏水 100 mL，1 mol/L HCl 溶液5 mL，临用前将三者混匀。

（4）Schiff 试剂：取 1 g 碱性品红放于盛有 200 mL 煮沸蒸馏水的三角瓶中，继续搅拌保温 5 min，使之充分溶解。待溶液冷却至 50 ℃时过滤，在滤液中加 20 mL 1 mol/ L HCl，冷至 25 ℃，加 1 g 偏重亚硫酸钠（$Na_2S_2O_5$），盖严，置于暗处，经几天后红色减退，溶液呈白色或淡黄色。如果仍有红色，可加活性炭 1～2 g 摇 1 min 后，过滤，装入棕色瓶并外包黑纸，0～4 ℃暗处密封保存备用。注意，所用的玻璃器皿应洁净。

（5）0.5%固绿染液：0.5 g 固绿溶于 100 mL 95%的乙醇中，再加 1 mL 甘油。

四、实验方法与步骤

（1）将实验组所用根尖（或其他材料）放入盛有 1 mol/L HCl 溶液的小烧杯中，在 60 ℃水浴中加热 8～10 min；而对照组的材料放入 5% TCA 溶液中 90 ℃水浴加热 15 min 或放入含 DNA 酶的溶液中 37 ℃孵育 30 min。

（2）分别倒掉实验组稀盐酸和对照组的 TCA 溶液，用蒸馏水浸洗 5 min。

（3）在实验组和对照组的小烧杯中分别加入 Schiff 试剂，浸没材料，染色 30 min。

（4）倒出 Schiff 试剂，用新配制的亚硫酸水洗 3 次，每次 1 min。

（5）倒入蒸馏水，浸洗 3～5 min。

（6）取出制备好的材料，放在载玻片上，加一滴固绿染液染 1 min 后，加水洗去多余的色素，加盖玻片，镜检。

五、实验结果

实验组细胞核应为紫红色，在处于分裂期的细胞里可见被染红的染色体，而对照材料的 DNA 被抽提去除，故细胞核应无紫红色。固绿复染后，细胞质和核仁呈绿色。若材料不经稀盐酸处理，DNA 脱氧核糖的醛基不游离出来，也不能与 Schiff 试剂作用，也应无紫红色

(图 4-1、彩图 8)。

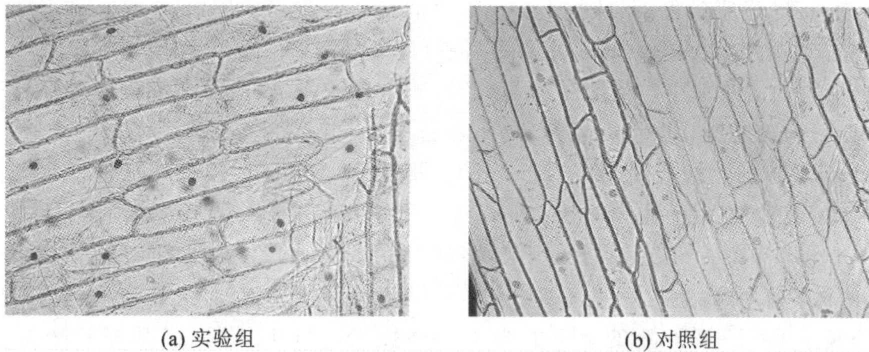

(a) 实验组　　(b) 对照组

图 4-1　洋葱鳞茎表皮的 Feulgen 反应实验结果

六、作业与思考题

(1) 通过实验,谈谈你对反应中设立对照实验的重要性及如何设置的看法。

(2) 你是否从洋葱根尖或鳞茎表皮等不同实验材料的实验结果中联想到 DNA 的存在状态和结构形式?

(李先文)

4.2　RNA 的细胞化学——Brachet 反应

一、实验目的

了解 Brachet 反应的原理及操作方法,观察 DNA、RNA 在细胞内分布的主要位置。

二、实验原理

1899 年 Pappenheim 首创了甲基绿-哌洛宁(methyl-green-pyronin)染色法。1902 年 Unna 对这一方法进行了改良。1940 年 Brachet 进一步研究证明甲基绿-哌洛宁对 DNA 和 RNA 有选择性染色效果。用碱性的甲基绿-哌洛宁混合染料处理细胞后,由于 DNA、RNA 聚合程度不同,对染料具有不同的亲和力。甲基绿易与细胞核中聚合程度高的 DNA 结合,呈现绿色或蓝色。而哌洛宁则易与核仁和细胞质中聚合程度较低的 RNA 结合,呈现红色,由此可初步判断 DNA 和 RNA 在细胞内的分布状况。

三、实验材料、仪器与试剂

1. 材料

可用植物材料(如洋葱鳞茎表皮、大蒜或小麦的根尖等)、动物肝脏等易于制片的材料。若使用切片效果会更好,不过费时费力些。

2. 仪器

显微镜、镊子、刀片、载玻片、盖玻片、吸水纸等。

3. 试剂

(1) 甲基绿-哌洛宁染色液(或称 Unna 染色剂):

甲液:将 5%哌洛宁溶液 6 mL(可加热溶解)、2%甲基绿溶液 6 mL 分别加于 16 mL 蒸馏水中(注意:市售的甲基绿中常混有甲基紫,会影响染色效果,故应将买回的甲基绿粉中加入氯仿用力振荡后,静置抽提几次至无紫色,再干燥备用)。

乙液:1 mol/L 的乙酸盐缓冲液(pH 4.8)。配法:将 6 mL 冰乙酸加水稀释至 100 mL,制成乙酸溶液(A 液)。在另一小烧杯中,将 13.6 g 乙酸钠溶于 100 mL 蒸馏水中,即为 B 液。用时按 A 液 40 mL 与 B 液 60 mL 的比例混合,即得 pH 4.8 的乙酸盐缓冲液,1 周内有效。

甲、乙两液都于 4 ℃保存备用,在应用前,将两液按等量混匀即可,混合液存放时间过长染色效果会下降。而且,该染液的 pH 值必须严格控制,pH 4.8 时,甲基绿和哌洛宁分别对 DNA 和 RNA 有亲和性,可获得较好结果。

(2) 5%三氯乙酸溶液:称 5 g 三氯乙酸,溶于 100 mL 蒸馏水中。

(3) 0.1% RNase 的乙酸盐缓冲液(pH 4.8):在 10 mL 乙酸盐缓冲液(1 mol/L,pH 4.8)中加入 1 mL 蒸馏水,再加入 50 μL RNase 液,混匀。

四、实验方法与步骤

(1) 用刀片将洋葱鳞茎内表皮划成 3 mm×3 mm 的小块,用镊子撕取一小块,置于载玻片上。

(2) 滴一滴 Unna 染色剂,染色 30 min。

(3) 用蒸馏水洗两次,去掉浮色,并用吸水纸吸去多余的水分。

(4) 盖上盖玻片,镜检。

本实验的对照组设置如下:①撕取洋葱鳞茎内表皮,置 5%三氯乙酸中于 90 ℃水浴处理 15 min,再经 70%乙醇洗片刻,然后按步骤(2)至(4)制片观察。②将材料置于 0.1% RNase 中 37 ℃下处理 10~15 min,水洗后,按步骤(2)至(4)制片观察。

五、实验结果

甲基绿与染色质中 DNA 选择性结合而显示蓝绿色,哌洛宁与核仁、细胞质中的 RNA 选择性结合而显示红色,而对照组①中细胞核的 DNA 被破坏,核中无蓝绿色。而对照组②中由于 RNA 被降解,故细胞质未被染成红色,但细胞核的 DNA 未破坏,细胞核被染成蓝绿色。

六、作业与思考题

(1) 图解或拍照显示你的实验结果,并加以阐释。

(2) 对于本实验,如何设置对照实验才能使其更完善,证明力更强?

(李先文)

4.3 细胞多糖的 PAS 反应

一、实验目的

了解多糖 PAS 反应显色的基本原理,掌握细胞中多糖(如淀粉、细胞壁纤维素等)原位显示的基本技术。

二、实验原理

高碘酸($HIO_4 \cdot 2H_2O$)作为一种强的氧化剂,能够将—CHOH—CHOH—、—CHOH—CHO、—CHOH—COOH、—CHOH—CH_2NH_2等结构中的羟基氧化成醛基,但它不继续氧化新形成的醛基。因此,经其处理的生物材料中的多糖可被氧化产生很多醛基。这些醛基与Schiff试剂结合可形成紫红色物质,此即多糖的PAS反应。运用该方法和相应的对照实验可使细胞中多糖的存在位置显示出来。本实验的对照材料可用淀粉酶或唾液处理,使其中淀粉等储存多糖降解。

三、实验材料、仪器与试剂

1. 材料

大蒜、大葱、洋葱鳞茎、马铃薯块茎等。

2. 仪器

显微镜、载玻片、盖玻片、镊子、刀片、吸水纸等。

3. 试剂

(1) 高碘酸乙醇溶液:高碘酸($HIO_4 \cdot 2H_2O$)0.4 g,95%乙醇 35 mL,0.2 mol/L 乙酸钠 5 mL,蒸馏水 10 mL。

(2) Schiff 试剂:配制方法同实验 4.1。

(3) 亚硫酸水:临用时配制,配制方法同实验 4.1。

(4) 1 mol/L HCl 溶液:配制方法同实验 4.1。

(5) 70%乙醇溶液。

(6) 0.1%淀粉酶溶液:称取 0.1 g 淀粉酶,加少许蒸馏水溶解后,再定容至 100 mL。

四、实验方法与步骤

(1) 取干净载玻片用大葱或大蒜黏液进行涂片,或取洋葱鳞茎表皮小块放于载玻片上。

(2) 在已自然干燥的大葱或大蒜黏液涂片或洋葱鳞茎表皮上加 1～3 滴高碘酸乙醇溶液处理5～10 min(小心,不要将材料冲掉)。对照材料先浸于 0.1%淀粉酶溶液中 37 ℃处理 30 min 后,再加高碘酸乙醇溶液处理,时间与实验组相同。

(3) 用滴管轻轻滴加几滴 70%乙醇溶液浸洗 1～2 min,再用蒸馏水浸洗 1～2 次。

(4) 加 1～3 滴 Schiff 试剂染 10～15 min。

(5) 用亚硫酸水浸洗 3 次,每次 1～3 min。

(6) 用蒸馏水浸洗 1～3 次,加盖玻片镜检。

五、实验结果

多糖所在部位(如细胞壁、淀粉粒等)呈紫红色。多糖和黏蛋白等在 PAS 片中均呈阳性反应,呈现紫红色(图 4-2、彩图 9)。在对照片中由于淀粉酶水解了多糖,故呈阴性反应。

六、作业与思考题

(1) 图示实验结果,并运用 PAS 反应原理对细胞中显色部位所发生的变化作出解释或描述。

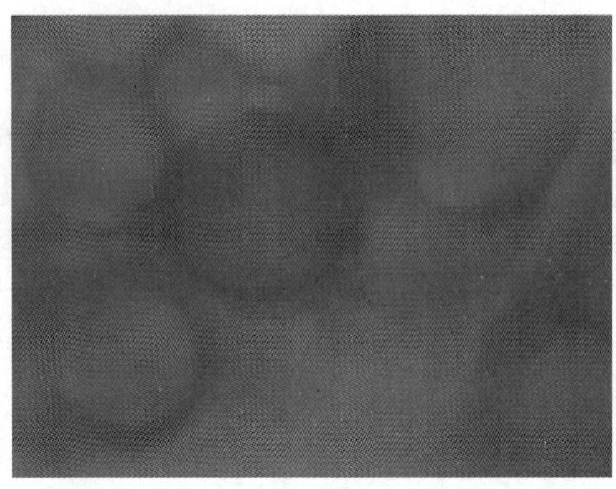

图 4-2　PAS 反应显示马铃薯块茎细胞中多糖的分布(紫红色化合物)

(2) 比较洋葱鳞茎表皮、叶肉等不同部位细胞的多糖含量。

(李先文、张建萍)

4.4　细胞中过氧化物酶的显示方法

一、实验目的

了解过氧化物酶在细胞内的分布及其显示方法。

二、实验原理

在活细胞新陈代谢过程中,有许多氧化反应过程产生过氧化氢(H_2O_2),过量的 H_2O_2 对活细胞有毒害作用。细胞内拥有催化 H_2O_2 分解的过氧化物酶和过氧化氢酶等保护装置,可使细胞免受 H_2O_2 的危害。

过氧化物酶主要存在于过氧化物酶体中,是以铁卟啉为辅基的氧化还原酶类,它以 H_2O_2 为电子受体,氧化多种酚类和胺类化合物(供氢体),从而发挥着消除 H_2O_2 和酚类、胺类毒性的双重作用。本实验用含联苯胺(作为供氢体)和 H_2O_2 的混合液处理生物标本,运用过氧化物酶催化 H_2O_2 分解产生的氧使联苯胺氧化成不溶性的蓝色(或棕色)化合物,从而显示细胞内过氧化物酶的有无、多少及其位置。本实验的对照组可用煮沸灭活酶或用呼吸抑制剂抑制酶的活性,但呼吸抑制剂有剧毒,应慎用。

三、实验材料、仪器与试剂

1. 材料

动物的血液或肝脏、马铃薯块茎、洋葱鳞茎等,此处以血液为例。

2. 仪器

显微镜、镊子、剪刀、试管、水浴锅、载玻片、盖玻片等。

3. 试剂

(1) 70%乙醇溶液。

(2) 0.2 mol/L 磷酸盐缓冲液(pH 6.5～7):配法见附录。

(3) 联苯胺溶液:将联苯胺用预热的 0.2 mol/L 磷酸盐缓冲液溶解使达饱和状态。使用前每2 mL该溶液加入 1 滴 10% H_2O_2溶液。

(4) 0.1%钼酸铵:称取 0.1 g 钼酸铵,溶于 100 mL 0.85%生理盐水。

(5) 4%多聚甲醛磷酸盐缓冲液(pH 7.4)。

(6) 10%过氧化氢(H_2O_2)溶液。

(7) 3%戊二醛固定液:取 20%戊二醛 15 mL,0.2 mol/L 磷酸盐缓冲液 50 mL,加蒸馏水至 100 mL。

(8) 1%番红溶液:称取 0.1 g 番红溶于 10 mL 蒸馏水中。

(9) 20%乌拉坦溶液、5%甘油。

四、实验方法与步骤

1. 植物细胞中过氧化物酶的测定

(1) 把洋葱根尖徒手切成 20～40 μm 厚的薄片或用镊子撕取一小块洋葱鳞茎内表皮。

(2) 浸在溶有 0.1%钼酸铵的 0.85%生理盐水中 5 min(钼酸铵的作用是催化剂)。

(3) 浸在联苯胺溶液内 2 min 至切片出现蓝色或棕色。

(4) 在 0.85%生理盐水中洗 1 min。

(5) 将薄片置于载玻片上展开,盖上盖玻片,显微镜检查。

2. 动物细胞中过氧化物酶的测定

(1) 取材及固定:兔耳缘静脉注射 20%乌拉坦溶液麻醉,剂量为 0.4 mL/kg 体重,迅速解剖出肾脏,用锋利的双面刀片将肾脏切成小块,组织块大小为 3 mm×2 mm×2 mm,放入预冷的 4%多聚甲醛磷酸盐缓冲液(pH 7.4)进行固定(6 h)。

(2) 常规脱水透明包埋,连续切片(6 μm)。

(3) 切片脱蜡至水。将肾脏切片置于烘箱中,60 ℃烘烤 20 min,使组织上的石蜡融化,然后依次放入盛有二甲苯Ⅰ、二甲苯Ⅱ、二甲苯Ⅲ液体的染色缸中各 10 min,二甲苯和无水乙醇的混合液(1∶1)5 min,梯度浓度乙醇溶液清洗,乙醇梯度浓度分别为 100%、95%、90%、80%、70%、50%、30%,每次乙醇梯度清洗 5 min,最后在蒸馏水中清洗 5 min。

(4) 将脱蜡至水的切片浸在溶有 0.1%钼酸铵的 0.85%生理盐水中 5 min(钼酸铵是催化剂)。

(5) 浸在联苯胺溶液内 3 min 至切片出现蓝色或棕色。

(6) 在 0.85%生理盐水中洗 1 min。

(7) 盖上盖玻片,镜检。

3. 动物血液中过氧化物酶的测定

(1) 制作血涂片,晾干。

(2) 放于盛有 3%戊二醛固定液的染色缸中固定 20～30 min。

(3) 倒掉固定液,用 0.2 mol/L 磷酸盐缓冲液洗 3 次,每次 5 min 以上,以便洗去线粒体内的细胞色素 C,抑制细胞色素 C 氧化酶对结果造成的干扰。

(4) 浸入联苯胺溶液,在室温下孵育 10～30 min。对照组在浸入联苯胺溶液前,置于 100 ℃加热 5～10 min 后以灭活酶。

(5) 从染色缸中取出血涂片,用水淋洗后,沥干,加 1 滴 1%番红溶液复染 2 min。

(6) 用水洗去多余的番红溶液,在标本上滴 1 滴 5%甘油,加盖玻片,镜检。

五、实验结果

在显微镜视野中可观察到有大量的红细胞,混杂在红细胞中的白细胞内可见蓝色或棕色颗粒,此即过氧化物酶存在的部位(图 4-3、彩图 10)。对照片无此蓝色或棕色颗粒。

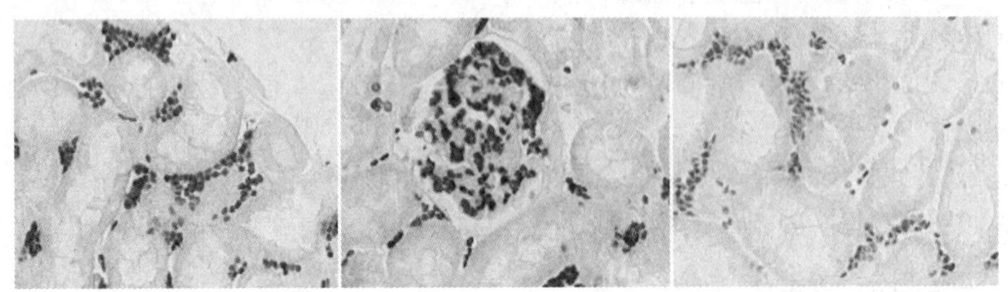

图 4-3 联苯胺反应显示过氧化物酶在兔肾脏细胞中的分布

六、作业与思考题

(1) 试述具有过氧化物酶的细胞结构有何特点和功能。

(2) 查阅资料,了解过氧化物酶在临床分析或环境化学分析等领域的应用。

(李先文、张建萍)

4.5 细胞中酸性磷酸酶的显示方法

一、实验目的

掌握酸性磷酸酶 Comori 显示法的基本原理和方法,了解酸性磷酸酶在细胞内的分布状况及其生理作用。

二、实验原理

酸性磷酸酶是溶酶体的标志酶,于合成后通过甘露糖-6-磷酸(M-6-P)分选标记被运送至溶酶体。它属于酸性水解酶类(其作用与激酶或磷酸化酶正好相反),在偏酸(pH 5.0 左右)条件下能分解磷酸单酯产生磷酸根。所产生的磷酸根能与重金属离子(如 Pb^{2+}、Al^{3+}、Co^{2+} 等)结合而沉淀。在电镜下可因重金属的高电子密度直接观察,而在光镜下应使其显色后再进行观察。

酸性磷酸酶 Comori 显示法利用铅离子与新产生的磷酸根反应形成磷酸铅。由于磷酸铅无色,故用硫化铵与其反应,形成棕黑色的硫化铅沉淀,由此就能显示酸性磷酸酶在细胞内的分布位置。反应过程如下:

$$\beta\text{-甘油磷酸钠} \xrightarrow{\text{酸性磷酸酶}} \text{甘油} + \text{磷酸}$$

$$\text{磷酸} + \text{铅离子} \longrightarrow \text{磷酸铅(无色)} \downarrow$$

$$\text{磷酸铅} + \text{硫化铵} \longrightarrow \text{硫化铅(棕黑色)} \downarrow$$

三、实验材料、仪器与试剂

1. 材料

小鼠腹腔液(取腹腔液涂片)或猪肝脏(制肝细胞悬液涂片)。

2. 仪器

显微镜、高压灭菌锅、剪刀、镊子、注射器、载玻片、盖玻片及恒温水浴锅等。

3. 试剂

(1) 6%淀粉肉汤:在 50 mL 蒸馏水中加入氯化钠 0.5 g、牛肉膏 0.3 g 和蛋白胨 1.0 g;在另 50 mL 蒸馏水中加入 6.0 g 可溶性淀粉,60～80 ℃水浴溶解后,将两份溶液混合,于 121 ℃下高压灭菌 20 min,取出冷却后,4 ℃冰箱保存备用。使用时热水浴或微波炉融化。

(2) 10%中性福尔马林(pH 6.8～7.2):取甲醛 10 mL,乙酸钠 2 g,加蒸馏水 90 mL,溶解。

(3) 酸性磷酸酶作用液:先在 12 mL 乙酸盐缓冲液(0.2 mol/L,pH 4.6)中加入 90 mL 蒸馏水,混匀后分成约两等份。一份中加 5%乙酸铅溶液 2 mL,另一份加 3.2% β-甘油磷酸钠溶液 4 mL,临用前将两者缓缓混合,边混边搅拌。用乙酸调 pH 值至 5.0～5.2。配好后的作用液应透明无絮状悬浮物和沉淀,否则将严重影响实验结果。

(4) 0.2 mol/L pH 4.6 乙酸盐缓冲液:配制方法见附录。

(5) 1%硫化铵溶液:在 9 mL 蒸馏水中加入 1 mL 硫化铵混匀。

(6) 吉姆萨(Giemsa)染液(1∶30):在 5 mL 磷酸盐缓冲液(pH 6.8)中加入 3 滴配好的 Giemsa 原液。

四、实验方法与步骤

(1) 取小白鼠,每只每日腹腔注射 6%淀粉肉汤 1 mL,连续注射 3 天。

(2) 在第 3 天注射 3～4 h 后,颈椎脱臼法处死小鼠,打开腹部皮肤,暴露腹膜,向腹腔内注射2 mL 生理盐水,等待 3 min 后在原注射部位抽取腹腔液。也可小心剪开腹壁,用移液枪吸取生理盐水冲洗腹腔并吸出腹腔液,但要避免弄破肠和污染血液。

(3) 用滴管吸取腹腔液,滴在预冷的载玻片中间,每片 1～2 滴,倾斜晃动载玻片以利于液滴展开,然后迅速将玻片放入冰箱内(4 ℃)30 min,让细胞铺展和黏附。

(4) 将玻片转入盛有 10%中性福尔马林的染色缸内,在 4 ℃冰箱内固定 30 min。

(5) 倒掉固定液,加自来水漂洗 2 次,每次 5 min,再把水倒净。注意:加水时不要冲到标本所在位置。

(6) 倒入酸性磷酸酶作用液,使标本完全淹没,37 ℃孵育 30 min。

(7) 倒掉酸性磷酸酶作用液,用自来水漂洗 3 次,每次 5 min,充分洗去游离铅离子是获得良好结果的关键环节。

(8) 倒入 1%硫化铵溶液处理 3～5 min。

(9) 倒掉硫化铵溶液,用自来水漂洗 1 次,稍晾干。

(10) 用 1∶30 的 Giemsa 染液染色 15 min。

(11) 用自来水冲去多余的染液,封片、镜检。

(12) 对照实验:将步骤(3)的腹腔液涂片置于 60 ℃温箱或水浴中处理 30 min,使酶失活,再进行步骤(4)～(11)的操作。

五、实验结果

视野中巨噬细胞较大，形状不规则，其细胞质中有许多棕色或棕黑色的颗粒和斑块，此即溶酶体所在区域，色块大小反映酸性磷酸酶含量多少，而中性粒细胞呈现阴性反应。如果实验材料使用肝细胞悬液，在视野中可见到大量的肝细胞和大量的红细胞。两种细胞都很典型：肝细胞较大，有些有两个细胞核，且核较大，肝细胞呈酸性磷酸酶阳性反应，其细胞质中有一些棕黑色颗粒，而红细胞较小，呈淡黄色，呈酸性磷酸酶阴性反应。

六、作业与思考题

(1) 简述酸性磷酸酶显色的原理，谈谈你对组织与细胞化学法的理解。

(2) 对于本实验，如何设置对照组才能使其证明力更强？

（李先文）

4.6 细胞中碱性磷酸酶的定位

一、实验目的

了解碱性磷酸酶偶氮色素显示法的原理和技术，以及碱性磷酸酶在细胞中不同于酸性磷酸酶的分布状况。

二、实验原理

碱性磷酸酶(alkaline phosphatase，ALP)不同于酸性磷酸酶，它不是单一的酶，而是一组同工酶。它们在碱性条件下(不同碱性磷酸酶的最适 pH 值不同)，能将对应底物去磷酸化，水解磷酸单酯分子(包括核酸、蛋白质、生物碱等含磷酸基的化合物)，生成磷酸根离子和含游离羟基的化合物。碱性磷酸酶广泛分布于人体各脏器器官中，其中以肝脏为最多，其次为肾脏、骨骼、肠和胎盘等。

碱性磷酸酶的原位显示也可采用类似酸性磷酸酶显示法的金属盐法。本实验介绍另一种方法，即偶氮色素显示法。该法捕捉的不是磷酸根，而是与磷酸同时释放出的含羟基的化合物。该实验以人工合成的磷酸萘酚盐作为碱性磷酸酶底物，水解后释放出萘酚，后者立即与重氮盐偶联生成不溶性偶氮色素。反应如下：

$$\alpha\text{-萘酚基磷酸钠}\xrightarrow[37\ ℃,30\ \text{min}]{\text{碱性磷酸酶}}\alpha\text{-萘酚}+\text{磷酸钠}$$

$$\alpha\text{-萘酚}+\text{重氮盐}\longrightarrow\text{不溶性偶氮色素}$$

碱性磷酸酶偶氮色素显示法有三个优点：①碱性磷酸酶水解萘酚化合物较快，可缩短孵育时间；②反应产物溶解度小，弥散少，定位较明确；③反应产物为有色化合物，随着反应的发生，颜色立即显现变化。

三、实验材料、仪器与试剂

1. 材料

猪肝(制肝细胞悬液涂片)或新鲜血液(制血细胞涂片)。

2. 仪器

显微镜、染色缸、刀片、镊子、小平皿、载玻片、盖玻片、吸水纸、恒温箱等。

3. 试剂

(1) ALP 作用液：

萘酚 AS(或萘酚 AS-MX)磷酸钠盐	5 mg
N,N-二甲基甲酰胺液	0.5 mL
0.2 mol/L Tris-盐酸缓冲液(pH 9.2～9.8)	25 mL
固蓝 B 盐(或坚牢紫 B、坚牢红 TR)	50 mg

分别用蒸馏水溶解后混合搅匀，用氢氧化钠调整 pH 值至 9.5 左右，定容至 50 mL，用前用滤纸过滤除去所有颗粒物。

(2) 10%甲醛固定液：甲醛 10 mL，加磷酸盐缓冲液(pH 7.2)90 mL 混合。

(3) 0.5%中性红染液：将 0.1 g 中性红溶于 20 mL 30～40 ℃热水中，搅拌促使其快速溶解，用滤纸过滤后，装于棕色瓶中暗处存放；否则易氧化沉淀，失去染色能力。

(4) 0.9%生理盐水。

四、实验方法与步骤

(1) 制作肝细胞悬液涂片：将新鲜猪肝在适量 0.9%生理盐水中切碎，用镊子夹洗使肝细胞散落出来，再用两层纱布过滤，所得滤液即为肝细胞悬液。

(2) 制作肝细胞涂片：将一滴肝细胞悬液滴在预冷的载玻片中间，倾斜载玻片以利于液滴展开，然后将载玻片迅速放入冰箱内(4 ℃)30 min，让细胞自行铺展、晾干。

(3) 放入染色缸中，倒入冷(4 ℃)的 10%甲醛固定液，固定 20～30 min。

(4) 倒掉固定液，加入蒸馏水洗 2 次，每次 3 min。

(5) 倒入 ALP 作用液，37 ℃(或室温下)孵育 10～30 min。对照组涂片可置于 60 ℃温箱或水浴中处理 30 min，使酶失活后再放入作用液中。

(6) 蒸馏水洗 2 次，每次 3 min。

(7) 用 0.5%中性红染液复染 3 min(此步也可省去)，水洗，加盖玻片，镜检。

五、实验结果

采用不同的重氮盐酶的活性显色不同，用固蓝 B(或 BB、RR)盐酶活性呈蓝紫色，用坚牢红 TR(或坚牢紫 B)酶活性呈红色。

本实验的对照设置还可采用与酸性磷酸酶显示法类似的金属盐法。

六、作业与思考题

(1) 比较碱性磷酸酶与酸性磷酸酶显示方法及其原理的异同。

(2) 查阅资料，了解碱性磷酸酶显示法在临床诊断上有何应用，试举一例说明。

(李先文)

4.7 细胞膜蛋白、细胞浆蛋白和细胞核蛋白及总蛋白的提取

一、实验目的

(1) 掌握细胞膜蛋白、细胞浆蛋白、细胞核蛋白及总蛋白的提取方法。

(2) 掌握常用蛋白质的定量方法。

二、实验原理

研究细胞时经常要研究细胞的不同组分,而研究组分大多以蛋白质为基础。分离细胞膜蛋白、细胞浆蛋白和细胞核蛋白及总蛋白,不仅可以用于研究蛋白质在细胞内的定位,而且很多时候分离出来的核蛋白可以用于转录调控方面的研究,如 EMSA(也称 gel shift)等。

RIPA 裂解液(RIPA lysis buffer)是一种传统的细胞组织快速裂解液。RIPA 裂解液裂解得到的蛋白样品可以用于常规的 Western、IP 等。RIPA 裂解液(强)的主要成分为 50 mmol/L Tris(pH 7.4)、150 mmol/L NaCl、1% Triton X-100、1%脱氧胆酸钠(sodium deoxycholate)、0.1% SDS,以及磷酸酯酶抑制剂(sodium orthovanadate)、NaF(sodium fluoride)、EDTA、亮抑蛋白肽酶(leupeptin)等多种抑制剂,可以有效抑制蛋白质降解。用 RIPA 裂解液裂解得到的蛋白质样品,可以用 BCA 蛋白浓度测定试剂盒(P0009/P0010/P0010S/P0011/P0012/P0012S)测定蛋白质浓度。由于含有较高浓度的去垢剂,不能用 Bradford 法测定由本裂解液裂解得到样品的蛋白质浓度。

细胞膜蛋白与细胞浆蛋白抽提试剂盒(membrane and cytosol protein extraction kit)提供了一种比较简单、方便地从培养细胞或组织中抽提细胞膜蛋白和细胞浆蛋白的方法。抽提的膜蛋白不仅包括质膜上的膜蛋白,也包括线粒体膜、内质网膜和高尔基体膜等上的膜蛋白。通过匀浆适度破碎细胞,经低速离心去除细胞核和少数未破碎的细胞产生的沉淀,随后取上清液,高速离心获得细胞膜沉淀和含有细胞浆蛋白的上清液,然后通过优化的膜蛋白抽提试剂从沉淀中抽提获取膜蛋白。约 90 min 即可完成培养细胞或组织的细胞膜蛋白与细胞浆蛋白的分离和抽提。抽提得到的蛋白质可以用于 SDS-PAGE、Western、酶活性测定等后续实验。膜蛋白抽提试剂中含有蛋白酶抑制剂、磷酸酯酶抑制剂和 EDTA 等,后续不适合用于蛋白酶、磷酸酯酶等受这些抑制剂影响的酶的活性测定,但抽提获得的膜蛋白或细胞浆蛋白适用于检测蛋白的磷酸化水平。

细胞核蛋白与细胞浆蛋白抽提试剂盒(nuclear and cytoplasmic protein extraction kit)提供了一种比较简单、方便地从培养细胞或新鲜组织中抽提细胞核蛋白与细胞浆蛋白的方法。约 90 min 就可以完成培养细胞的细胞核蛋白与细胞浆蛋白的分离。抽提得到的蛋白质可以用于 Western、EMSA、报告基因检测以及酶活力测定等后续操作。通过细胞浆蛋白抽提试剂 A 和 B,在低渗透压条件下,使细胞充分膨胀,然后破坏细胞膜,释放出细胞浆蛋白,通过离心得到细胞核沉淀。最后通过高盐的细胞核蛋白抽提试剂抽提得到细胞核蛋白。

三、实验材料、仪器与试剂

1. 材料

SD 大鼠,Hela 细胞或 293T 细胞。

2. 仪器

6 孔培养板、96 孔培养板、枪头、微量移液器、离心机、酶标仪(或紫外分光光度计)、眼科剪、显微剪、显微镊、玻璃匀浆器、离心管、漩涡振荡器、一次性手套等。

3. 试剂

(1) 试剂盒:RIPA 裂解液(强)(P0013B)、细胞核蛋白与细胞浆蛋白抽提试剂盒(P0027/P0028)、细胞膜蛋白与细胞浆蛋白提取试剂盒(P0033)、Bradford 蛋白浓度测定试剂盒(P0006)、BCA 蛋白浓度测定试剂盒(P0009/P0010/P0010S/P0011/P0012/P0012S)。

(2) 其他试剂:PBS、G250 染色液、生理盐水、含有 EDTA 但不含胰酶的细胞消化液、培养基、苯甲基磺酰氯(PMSF)等。

四、实验方法与步骤

(一) 细胞总蛋白提取

1. 对于培养细胞样品

(1) 融解 RIPA 裂解液,混匀。取适当量的裂解液,在使用前数分钟内加入 PMSF,使 PMSF 的最终浓度为 1 mmol/L。

(2) 对于贴壁细胞:去除培养液,用 PBS、生理盐水或无血清培养液洗一遍(如果血清中的蛋白质没有干扰,可以不洗)。按照 6 孔培养板每孔加入 150～250 μL 裂解液的比例加入裂解液。用枪吹打数下,使裂解液和细胞充分接触。通常裂解液接触细胞 1～2 s 后,细胞就会被裂解。对于悬浮细胞:离心收集细胞,用手指把细胞用力弹散。按照 6 孔培养板每孔细胞加入 150～250 μL 裂解液的比例加入裂解液。再用手指轻弹以充分裂解细胞。充分裂解后应没有明显的细胞沉淀。如果细胞量较多,必须分装成每管细胞数为 50 万～100 万,然后再裂解。

(3) 充分裂解后,10000～14000 *g* 离心 3～5 min,取上清液,即可进行后续的 PAGE、Western 和免疫沉淀等操作。裂解液用量说明:通常 6 孔培养板每孔细胞加入 150 μL 裂解液已经足够,但如果细胞密度非常高可以适当加大裂解液的用量到 200 μL 或 250 μL。

2. 对于组织样品

(1) 把组织剪切成细小的碎片。

(2) 融解 RIPA 裂解液,混匀。取适当量的裂解液,在使用前数分钟内加入 PMSF,使 PMSF 的最终浓度为 1 mmol/L。

(3) 按照每 20 mg 组织加入 150～250 μL 裂解液的比例加入裂解液(如果裂解不充分可以适当添加更多的裂解液,如果需要高浓度的蛋白质样品,可以适当减少裂解液的用量)。

(4) 用玻璃匀浆器匀浆,直至充分裂解。

(5) 充分裂解后,以 10000～14000 *g* 离心 3～5 min,取上清液,即可进行后续的 PAGE、Western 和免疫沉淀等操作。

(6) 如果组织样品本身非常细小,可以适当剪切后直接加入裂解液裂解,通过强烈涡流使样品裂解充分。然后同样离心,取上清液用于后续实验。直接裂解的优点是比较方便,不必使用匀浆器,缺点是不如使用匀浆器那样裂解得比较充分。

(二) 细胞膜蛋白和胞浆蛋白提取

1. 准备试剂

室温融解并混匀膜蛋白抽提试剂 A 和 B,融解后立即置于冰浴上。取适量的膜蛋白抽提试剂 A 和 B 备用,在使用前数分钟内加入 PMSF,使 PMSF 的最终浓度为 1 mmol/L。

2. 准备细胞或组织样品

(1) 对于细胞。

① 收集细胞:对于贴壁细胞,培养2000万～5000万个细胞,用PBS洗一遍,用细胞刮子刮下细胞或用含有EDTA但不含胰酶的细胞消化液处理细胞使细胞不再贴壁很紧,并用微量移液器吹打下细胞。离心收集细胞,吸除上清液,留下细胞沉淀备用。尽量避免用胰酶消化细胞,以免胰酶降解需抽提的目的膜蛋白。对于悬浮细胞,培养2000万～5000万个细胞,直接离心收集细胞,吸除上清液,留下细胞沉淀备用。

② 洗涤细胞:用适量冰浴预冷的PBS轻轻重悬细胞沉淀,取少量细胞用于计数,剩余细胞于4 ℃,600 g 离心5 min,以沉淀细胞。弃上清液,随后4 ℃,600 g 离心1 min,以沉淀离心管管壁上的残留液体并进一步沉淀细胞,尽最大努力吸尽残留液体。

③ 细胞预处理:把1 mL临用前添加了PMSF的膜蛋白抽提试剂A加入2000万～5000万个细胞中,轻轻并充分悬浮细胞,冰浴放置10～15 min。

(2) 对于组织。

取约100 mg组织,用剪刀尽量小心剪切成细小的组织碎片。加入1 mL临用前添加了PMSF的膜蛋白抽提试剂A,轻轻悬浮组织碎片,冰浴放置10～15 min。注意:如果组织样品比较少,也可以使用更少的组织量,例如30～50 mg,后续试剂的用量及操作步骤不变;组织用量较少时,最后获得的膜蛋白也较少。

3. 细胞或组织样品的破碎及破碎效果的鉴定

把细胞悬液或组织样品转移到一适当大小的冰浴预冷玻璃匀浆器中,匀浆30～50下。匀浆效果与细胞类型和组织类型相关,不同细胞或组织所需的匀浆次数有所不同,需自行优化。通常可以在匀浆30次后取2～3 μL细胞或组织匀浆液滴在盖玻片上并在显微镜下观察,如见细胞核周晕环或完整的细胞形态,说明细胞仍完整。如果有70%～80%的细胞均无核周晕环和完整细胞形态,说明细胞已经充分破碎,可进行下一步实验;否则,重新匀浆10～30次直到至少70%的细胞已经破碎。同时记录对于该细胞的匀浆次数,通常在后续实验时不必再摸索匀浆次数。另外,需注意特定的匀浆次数和匀浆器也有关,需同时记录使用的是哪一个匀浆器。

注意:如果没有适当的玻璃匀浆器,对于培养的细胞也可以采用冻融法来破碎细胞。把步骤2中的样品在液氮和室温条件下依次反复冻融两次,然后取少量样品在显微镜下检测细胞破碎的程度。如果细胞破碎的程度不足70%,可增加冻融次数,直到细胞破碎的程度大于70%。

4. 去除细胞核和未破碎的细胞

4 ℃,700 g 离心10 min,小心收集上清液至一新的离心管中。吸取上清液时切勿接触沉淀。可以有30～50 μL上清液残留不予吸取,以保证吸取的上清液有较高的纯度。

5. 沉淀细胞膜碎片

4 ℃,14000 g 离心30 min,以沉淀细胞膜碎片。

6. 收集细胞浆蛋白

吸取上清液即为细胞浆蛋白,于−70 ℃保存备用。吸取上清液时可以有30～50 μL上清液残留,以避免接触沉淀导致上清液样品被污染。

7. 抽提膜蛋白

4 ℃,14000 g 离心10 s,尽最大努力吸尽上清液。可以轻轻触碰到沉淀,甚至吸走很少量的沉淀。加入膜蛋白抽提试剂 B 200 μL(如有必要,也可以加大到 300 μL),最高速剧烈涡流 5 s重悬沉淀,冰浴 5～10 min。重复前述步骤的涡流和冰浴孵育 1～2 次,以充分抽提膜蛋白。随后,4 ℃,14000 g 离心 5 min,收集上清液即为细胞膜蛋白溶液,于－70 ℃保存备用。对于一些有特殊用途的膜蛋白,可自行配制适当的膜蛋白抽提试剂进行膜蛋白抽提。

（三）细胞核蛋白提取

(1) 准备溶液:室温下融解试剂盒中的三种试剂,融解后立即放置在冰上,混匀。取适当量的细胞浆蛋白抽提试剂 A 备用,在使用前数分钟内加入 PMSF,使 PMSF 的最终浓度为 1 mmol/L。取适当量的细胞核蛋白抽提试剂备用,在使用前数分钟内加入 PMSF,使 PMSF 的最终浓度为 1 mmol/L。

(2) 对于贴壁细胞:用 PBS 洗一遍,用细胞刮子刮下细胞,或用 EDTA 溶液处理细胞使细胞不再贴壁很紧,并用移液器吹打下细胞。离心收集细胞,尽最大努力吸尽上清液,留下细胞沉淀备用。尽量避免用胰酶消化细胞,以免胰酶降解需抽提的目的蛋白。

(3) 对于悬浮细胞:用 PBS 洗一遍,离心收集细胞,尽最大努力吸尽上清液,留下细胞沉淀备用。

(4) 每 20 μL 细胞沉淀加入 200 μL 添加了 PMSF 的细胞浆蛋白抽提试剂 A。

(5) 最高速剧烈涡流 5 s,把细胞沉淀完全悬浮并分散开(如果细胞沉淀没有完全悬浮并分散开,可以适当延长涡流时间)。

(6) 冰浴 10～15 min。

(7) 加入细胞浆蛋白抽提试剂 B 10 μL。最高速剧烈涡流 5 s,冰浴 1 min。

(8) 最高速剧烈涡流 5 s,4 ℃ 12000～16000g 离心 5 min。

(9) 立即吸取上清液至一预冷的塑料管中,即为抽提得到的细胞浆蛋白(千万不要触及沉淀,可以在沉淀上方保留极少体积的上清液,以免触及沉淀)。可以立即使用,也可以冻存。

（四）蛋白质定量

1. Bradford 蛋白浓度测定

(1) 完全溶解蛋白标准品,取 10 μL 稀释至 100 μL,使终浓度为 0.5 mg/mL。蛋白样品在什么溶液中,标准品也宜用什么溶液稀释。但是为了简便起见,也可以用 0.9%NaCl 或 PBS 稀释标准品。

(2) 将标准品按 0 μL、1 μL、2 μL、4 μL、8 μL、12 μL、16 μL、20 μL 加到 96 孔培养板的标准品孔中,加标准品稀释液补足到 20 μL。

(3) 加适当体积样品到 96 孔培养板的样品孔中,加标准品稀释液至 20 μL。

(4) 各孔加入 200 μL G250 染色液,室温下放置 3～5 min。

(5) 用酶标仪测定 595 nm 处的吸光度,或在 560～610 nm 之间的其他波长处的吸光度。

(6) 根据标准曲线计算出样品中的蛋白质浓度。

2. BCA 蛋白浓度测定

(1) 根据样品数量,按 50 体积 BCA 试剂 A 加 1 体积 BCA 试剂 B(50 : 1)配制适量 BCA 工作液,充分混匀。BCA 工作液在室温下 24 h 内稳定。

(2) 完全溶解蛋白质标准品,取 10 μL 稀释至 100 μL,使终浓度为 0.5 mg/mL。蛋白质样品在什么溶液中,标准品也宜用什么溶液稀释,但是为了简便起见,也可以用 0.9%NaCl 或 PBS 稀释标准品。

(3) 将标准品按 0 μL、1 μL、2 μL、4 μL、8 μL、12 μL、16 μL、20 μL 加到 96 孔培养板的标

准品孔中，加用于稀释标准品的溶液补足到 20 μL。

(4) 加适当体积样品到 96 孔培养板的样品孔中，加用于稀释标准品的溶液到 20 μL。

(5) 各孔加入 200 μL BCA 工作液，37 ℃放置 30 min。注：也可以室温放置 2 h，或 60 ℃放置 30 min。BCA 法测定蛋白质浓度时，吸光度会随着时间的延长不断加深，并且显色反应会因温度升高而加快。如果浓度较低，适合在较高温度孵育，或延长孵育时间也可。

(6) 测定 562 nm 波长处的吸光度，540～595 nm 之间的波长也可接受。根据标准曲线计算出蛋白质浓度。

五、实验结果

SDS-PAGE 电泳分析细胞膜蛋白、细胞浆蛋白、细胞核蛋白和总蛋白。

六、实验注意事项

(1) 为取得最佳的使用效果，尽量避免过多的反复冻融。可以适当分装后使用。

(2) 裂解样品抽提蛋白质的所有步骤都需在冰上或 4 ℃进行。

(3) 为了安全和健康着想，在实验室需穿实验服并戴一次性手套操作。

(4) 需自备 PMSF。PMSF 一定要在抽提试剂加入到样品中前 2～3 min 内加入，以免 PMSF 在水溶液中很快失效。

(5) G250 染色液使用前请颠倒 3～5 次，混匀。将 G250 染色液回复到室温再使用，有利于提高检测的灵敏度。

(6) 蛋白质标准品请在全部溶解后先混匀，再稀释成一系列不同浓度的蛋白质标准。

(7) 需酶标仪一台，测定波长为 540～595 nm，以 562 nm 波长为最佳。如果没有酶标仪，也可以使用普通的分光光度计测定，但测定时需根据比色皿的最小检测体积，适当加大 G250 染色液或 BCA 工作液的用量，使其不小于最小检测体积，样品和标准品的用量可相应按比例放大也可不变。使用分光光度计测定蛋白质浓度时，每个试剂盒可以测定的样品数量可能会显著减少。

(8) 为了加快 BCA 法测定蛋白质浓度的速度，可以适当用微波炉加热，但是切勿过热。

(9) EDTA 浓度必须小于 10 mmol/L，不兼容 EGTA。不使用 BCA 法时，可用 Bradford 蛋白浓度测定法。

七、作业与思考题

(1) 细胞膜蛋白、细胞浆蛋白、细胞核蛋白和总蛋白 SDS-PAGE 电泳结果各是什么？

(2) 通过实验及查阅相关资料，阐明细胞膜蛋白、细胞浆蛋白、细胞核蛋白和总蛋白间的关系。

补充内容：外源蛋白超声波萃取

1. 实验原理

利用超声波(10～15 kHz)的机械搅动使细胞破碎。由于超声波发生时的空化作用，将使液体形成局部减压引起液体内部发生流动，漩涡形成与消失时，产生很大的压力将使细胞破碎。

2. 实验方法与步骤

(1) 用 1.5 mL 离心管取 1 mL 左右菌体，4 ℃，12000 *g* 离心 5 min，收集菌体，重复两次。

(2) 加 200 μL/mL 的溶菌酶，用 0.01 mmol/L PBS 缓冲液悬浮菌体。

(3) 加 2 μL/mL 的溶菌酶(50 mg/mL)，冰上超声破碎(60 W，15 min)。

(4) 超声破碎后，4 ℃，12000 *g* 离心 20 min，收集上清液。

(5) 将上清液过 His-Ni 柱。

(6) SDS-PAGE 电泳检测蛋白质大小及含量。

(7) 透析法除去洗脱液。

(8) 用酶切去标签蛋白(带 His 的标签酶)，TEV 蛋白酶。

(9) 再次过 His-Ni 柱纯化收集。

(10) 活性鉴定。

3. 注意事项

(1) 应防止处理液温度升高，如升高需及时采取降温措施，如在冷库中进行或加冰块。

(2) 空化作用是细胞破坏的直接原因，同时会产生活性氧，所以要加一些巯基保护剂。

(3) 需对加入酶量、萃取温度、时间、功率等影响因素进行反复优化，以期获得最佳萃取条件。

（白占涛）

4.8　蛋白质的亚细胞定位(GFP 报告基因融合法)

一、实验目的

了解蛋白质定位的一种分子生物学方法及其原理，学习引物设计、绿色荧光蛋白(green fluorescent protein，GFP)基因与目的蛋白基因融合的载体构建和遗传转化等相关技术。

二、实验原理

GFP 基因是从水母中克隆出来的。其编码蛋白(GFP)经蓝光激发可发出绿色荧光。以 GFP 基因作报告基因有很多优点：①比用 GUS 基因作报告基因更为有利，在活体组织细胞即可进行检测，且检测灵敏度高；②具有表达的广谱性，即该基因表达不受生物类型、基因型、细胞和组织类型的限制；③检测时不需任何底物和外源辅助因子参与，所以，检测具有便捷性，同时也避免了由于染料扩散造成的定位不准，使结果更真实可靠；④由于其他生物不含有 GFP，不会出现假阳性结果；⑤便于转基因材料的早期筛选。因此，利用 GFP 融合蛋白技术来进行蛋白质定位是目前较为通用的一种方法。其实验过程是首先将 GFP 基因与目的蛋白基因融合为同一读码框，即构建成融合基因，编码一融合蛋白，再通过愈伤组织转化法、基因枪、显微注射、电激转化等方法转化合适的受体细胞，利用目的基因的表达调控机制(如启动子和信号序列)来控制融合基因的表达，在荧光显微镜下即可监测融合蛋白在细胞内的存在位置等信息。若用激光扫描共聚焦显微镜可大大提高蛋白质定位的准确度。

GFP 的应用虽然有很大优越性，但也存在一定的问题，如：①GFP 的检测受背景荧光和光漂白现象的限制；②它的过量表达对细胞是有毒的，会造成转化细胞再生能力下降或细胞凋亡，因此，实验中很难建成 GFP 稳定的细胞系。

这里介绍两种分别适用于动物和植物的蛋白质定位方法及系统。

4.8.1 某动物基因编码蛋白的细胞定位实验

一、实验材料、仪器与试剂

1. 材料

大鼠、携带 EGFP 基因片段的质粒、大肠杆菌 DH5α、pMD18-T 载体、质粒提取和纯化试剂盒、Taq DNA 聚合酶、T_4 DNA 连接酶、所需的限制性内切酶、DNA Marker 等。

2. 仪器

恒温水浴锅、25 mL 无菌注射器、镊子、表面皿、载玻片、盖玻片、冷冻切片机、荧光显微镜、凝胶回收试剂盒等。

3. 试剂

生理盐水、乙醚等。

二、实验方法与步骤

1. 引物设计

利用引物设计软件，根据目的基因(M)和载体的序列特点设计引物，并引入相应的酶切位点。

2. 载体构建

将目的基因 PCR 产物酶切后插入含 GFP 基因的载体中，构建成融合基因载体 pEGFP-M(或 pM-EGFP)，得到表达目的基因与 EGFP 融合蛋白质的真核表达载体，并通过测序验证无误后，方可进行下一步实验。

3. 液压转基因

用乙醚麻醉大鼠后，用无菌注射器针头刺入鼠尾 1/3 处的静脉内，并快速、匀速地将 pEGFP-M 质粒溶液注射入尾静脉，质粒浓度为 30 μg/mL，注射量为体重的 8%，注射速度为 2 mL/s，溶液温度为 37 ℃。注射完毕后，用酒精棉球按住针眼处止血，最后在针眼处涂抹红霉素软膏以防止感染。

4. 荧光观察

12～24 h 后颈椎脱臼法处死大鼠，取出肝叶，置于－20 ℃速冻，然后用冷冻切片机制备 7 μm 冷冻切片或制取肝细胞涂片，在荧光显微镜下利用蓝光激发观察绿色荧光蛋白的定位和表达量，统计绿色荧光蛋白阳性细胞数，计算转染率。

若用激光扫描共聚焦显微镜观察，激发光波长为 488 nm，效果会更好。

三、实验结果

不同的目的基因由于携带的信号序列不同，在细胞内的定位也不同，它所引导的融合基因表达产物及绿色荧光(报告基因产物信号)出现的位置也就表示目的蛋白的细胞定位，但这里要有对照组，即仅表达 EGFP 基因的同类转化细胞。

利用液压转基因技术在大鼠体内迅速表达绿色荧光蛋白，可以直接观察到蛋白质发光以及目的蛋白在细胞中的分布。该方法效果明显，简单易行，也避免了细胞培养、细菌培养、热激转化、脂质体转染技术等耗时、耗力、成本高等问题。

4.8.2　某植物基因编码蛋白的细胞定位实验

一、实验材料、仪器与试剂

1. 材料

洋葱鳞茎、携带 EGFP 基因片段的质粒、pBI121-EGFP 载体、大肠杆菌 DH5α、pMD18-T 载体、质粒提取和纯化试剂盒、Taq DNA 聚合酶、T_4 DNA 连接酶、所需的限制性内切酶、DNA Marker、凝胶回收试剂盒等。

2. 仪器

恒温培养箱、镊子、培养皿、载玻片、盖玻片、荧光显微镜、基因枪等。

3. 试剂

无水乙醇、70%乙醇、40 g/L 甘露醇、0.7%琼脂、MS 无机盐、钨粉、2.5 mol/L $CaCl_2$、0.1 mol/L 亚精胺等。

二、实验方法与步骤

1. 引物设计

利用引物设计软件，根据目的基因(X)和载体的序列特点设计引物，并引入相应的酶切位点。

2. 载体构建

将目的基因的扩增产物酶切后插入含 EGFP 基因载体的下游或上游，构建成融合基因载体 pEGFP-X(或 pX-EGFP)，得到表达目的基因与 EGFP 融合蛋白质的真核表达载体，并通过测序验证无误后，方可进行下一步实验。

3. 实验材料准备

以洋葱鳞茎内表皮为材料，用刀片切取洋葱表皮并用镊子小心剥取内表皮(大小约为 2 cm×2 cm)，刀片和镊子均经过 70%乙醇消毒，以防止污染。置于高渗培养液(MS 无机盐、40 g/L 甘露醇)中，室温下以 100 r/min 离心 4 h，然后转入高渗固体培养基(MS 无机盐、40 g/L 甘露醇、0.7%琼脂)备用。

4. 钨粉准备

(1) 称取 60 mg 钨粉放入 1.5 mL 离心管。

(2) 加入 1 mL 无水乙醇，涡旋振荡 1～2 min。

(3) 冰上静置 5 min 后，10000 r/min 离心 1 min，弃去上清液。

(4) 重复步骤(1)、(2)，重新清洗钨粉 2 次。

(5) 室温下以 10000 r/min 离心 1 min，去上清液。

(6) 加入 1 mL 无菌去离子水，涡旋振荡 1～2 min，冰上静置 5 min。

(7) 室温下以 10000 r/min 离心 1 min，弃去上清液。

(8) 重复步骤(7)2 次。

(9) 加入 1 mL 无菌去离子水，按 50 μL 每份分装到已灭菌的 1.5 mL 离心管中备用(分装时应在无菌条件下边涡旋振荡边分装，以保证分装均匀)。

5. DNA 包裹钨粉微粒(具体实验可按比例进行以下操作)

(1) 取 50 μL 钨粉悬浮液(已分装好)，在连续涡旋振荡下按顺序加入质粒 DNA(1 μg/μL)5 μL，2.5 mol/L $CaCl_2$ 50 μL，0.1 mol/L 亚精胺 20μL。

(2) 涡旋振荡 3 min。

(3) 室温下以 10000 r/min 离心 10 s,尽可能除净上清液。

(4) 加入 250 无水乙醇,涡旋振荡 1～2 min。

(5) 室温下以 10000 r/min 离心 10 s,尽可能除净上清液。

(6) 加入 60 μL 无水乙醇(可进行 4～8 次轰击)。

6. 基因枪轰击操作(无菌条件下进行)

(1) 超净台紫外灯灭菌 20 min。

(2) 载物膜、可裂膜、阻拦网等事先置于 70%乙醇中浸泡,于灭菌滤纸上自然风干。将气瓶调节压力到 1300 psi(145 psi=1 MPa)。

(3) 取 8～9 μL 已用 DNA 包裹好的微粒悬浮液加到微粒载体膜中央,稍微晾干后马上进行轰击。

(4) 将可裂膜、阻拦网、涂有微粒的载体膜安装到固体装置中,射击参数为:轰击微粒运行距离为 9 cm、12 cm 各一次,压力 1350 psi,真空度 20 mmHg。

(5) 将轰击结束后的材料,置于等渗培养基 MS 上暗培养约 24 h。

(6) 使用激光扫描共聚焦显微镜或荧光显微镜在 488 nm 波长激发下观察 GFP 的表达。

三、实验结果

不同的目的基因由于携带的信号序列不同,在细胞内的定位也不同,它所引导的融合基因表达产物及绿色荧光(报告基因产物信号)出现的位置也就表示目的蛋白的细胞定位,但这里要有对照组,即仅表达 EGFP 基因的同类转化细胞。

细胞壁蛋白与 GFP 蛋白融合基因烟草的叶表皮图见图 4-4(彩图 11)。

实验采用基因枪转化法,简便快捷,结果可靠。但不具备条件的地方,也可采用农杆菌转化法,但要注意所要定位的蛋白质最好不是细胞外蛋白,因为随带 pBI121-EGFP-X 质粒的农杆菌在细胞外就能表达,造成细胞表面有绿色荧光,使结果难以分辨。农杆菌转化法在验证核蛋白、细胞器蛋白时具有实验成本低、操作简便等优点。

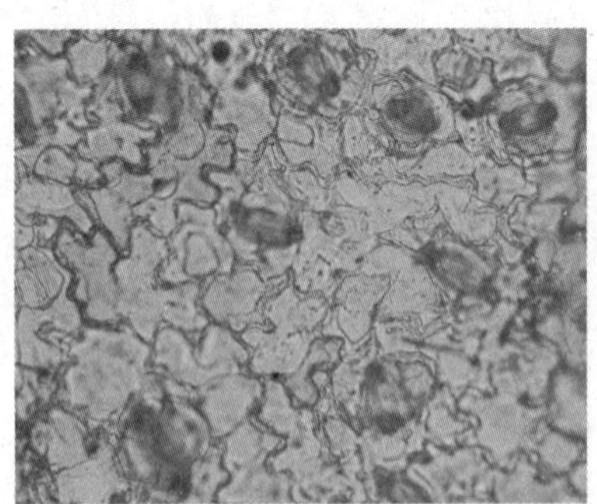

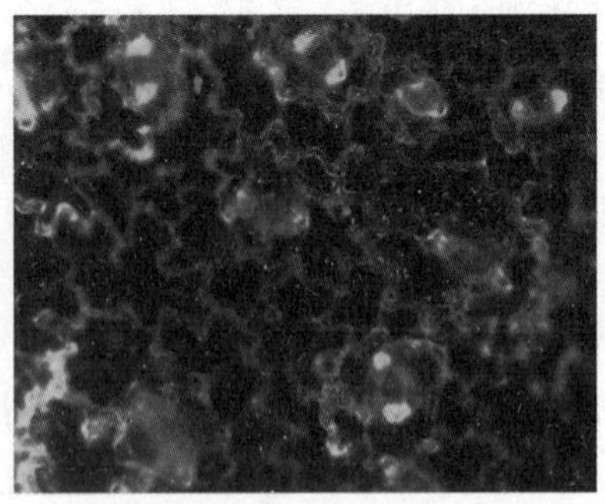

图 4-4　细胞壁蛋白与 GFP 蛋白融合基因烟草的叶表皮图(100×)

四、作业与思考题

(1) 试用文字图解出本实验的整个流程。

(2) 试比较蛋白质定位的分子生物学方法与酶细胞化学法技术路线的异同和优缺点。

(李先文)

4.9　植物细胞中碱性蛋白与总蛋白的定位与观察

一、实验目的

(1) 了解细胞化学反应的基本原理。

(2) 学会用细胞化学的方法显示细胞内的酸性蛋白质和碱性蛋白质及其在细胞内的分布。

二、实验原理

组织经三氯乙酸处理后将核酸(DNA 和 RNA)抽提,细胞内剩余的蛋白质为组蛋白和除组蛋白外的其他蛋白质——总蛋白。组蛋白为碱性蛋白质,总蛋白由于呈酸性反应,故称为酸性蛋白质。

蛋白质为两性电解质,在较其等电点(pI)为碱性的环境中(pH 高于蛋白质的 pI)蛋白质本身带负电荷,在较其等电点为酸性环境中(pH 低于蛋白质的 pI)蛋白质本身带正电荷,固绿为酸性染料,其色素离子带负电荷。

组蛋白的 pI 约为 8.5,总蛋白的 pI 为 4.7～6.75,在 pH 2.2 的溶液中组蛋白和总蛋白均带正电荷,均可以与色素离子结合而着色,在 pH 8.0 的溶液中组蛋白仍带有正电荷,仍然可以与色素离子结合着色,而总蛋白此时全部带负电荷而不能着色。

三、实验材料、仪器与试剂

1. 材料

洋葱鳞茎内表皮细胞。

2. 仪器

显微镜、解剖针、镊子、剪刀、水浴锅、载玻片等。

3. 试剂

(1) 10%甲醛固定液。

(2) 5%三氯乙酸溶液。

(3) 磷酸盐缓冲液配方:

溶液Ⅰ:0.2 mol/L 磷酸氢二钠($Na_2HPO_4 \cdot 2H_2O$),即每 1000 mL 双蒸水中含 35.62 g。

溶液Ⅱ:0.1 mol/L 柠檬酸,即每 1000 mL 双蒸水中含 21.01 g。

各级缓冲液的配法见表 4-1。

表 4-1　各级缓冲液的配法

pH	溶液Ⅰ/mL	溶液Ⅱ/mL	pH	溶液Ⅰ/mL	溶液Ⅱ/mL	pH	溶液Ⅰ/mL	溶液Ⅱ/mL
2.2	0.40	19.60	4.2	8.28	11.72	6.2	13.22	6.78
2.4	1.24	18.76	4.4	8.82	11.18	6.4	13.85	6.15
2.6	2.18	17.82	4.6	9.35	10.65	6.6	14.55	5.45
2.8	3.17	16.83	4.8	9.86	10.14	6.8	15.5	4.55
3.0	4.11	15.89	5.0	10.30	9.70	7.0	16.47	3.53

续表

pH	溶液Ⅰ/mL	溶液Ⅱ/mL	pH	溶液Ⅰ/mL	溶液Ⅱ/mL	pH	溶液Ⅰ/mL	溶液Ⅱ/mL
3.2	4.94	15.06	5.2	10.72	9.28	7.2	17.39	2.61
3.4	5.70	14.30	5.4	11.15	8.85	7.4	18.17	1.83
3.6	6.44	13.56	5.6	11.60	8.40	7.6	18.73	1.27
3.8	7.10	13.90	5.8	12.09	7.91	7.8	19.15	0.85
4.0	7.71	12.29	6.0	12.63	7.37	8.0	19.45	0.55

(4) 0.1%固绿染液(pH 2.2):临用前取0.2%固绿水溶液加等量pH 2.2缓冲液即可。

(5) 0.1%固绿染液(pH 8.0):临用前取0.2%固绿水溶液加等量pH 8.0缓冲液即可。

四、实验方法与步骤

(1) 取洋葱鳞茎表皮数片,置于含有10%甲醛固定液的小培养皿内,固定15 min以上,取出材料,置于含有蒸馏水的试管中,用滴管不断冲动,然后吸去水,反复3次。

(2) 注入5%三氯乙酸溶液,用试管夹夹住试管在水浴锅内加温,待试管内溶液的温度升至90 ℃时处理15 min。

(3) 倒掉处理液,直至无三氯乙酸味。

(4) 将一部分材料移入另一试管,分别做以下处理:

① 以0.1%固绿染液(pH 2.2)染色3~5 min,吸出染液,用同级pH缓冲液洗0.5 min。

② 以0.1%固绿染液(pH 8.0)染色3~5 min,吸出染液,用同级pH缓冲液洗0.5 min。

(5) 将上述染色后的材料取出,分别置于载玻片上各加一滴同级pH缓冲液,用解剖针将材料展开。

(6) 盖好盖片,用显微镜对比观察两种pH值下标本的染色情况。

五、实验注意事项

操作时不要把两种pH值的缓冲液所用的试管、滴管相混淆。

六、实验结果

在pH 2.2时酸性蛋白质及碱性蛋白质均染为绿色,在pH 8.0时碱性蛋白质染为草绿色。

七、作业与思考题

认真观察细胞各部位的着色情况,试根据pH 2.2和pH 8.0染液染色所得结果比较酸性、碱性蛋白质在细胞内的分布。

(武　燕)

第5部分　细胞培养与细胞工程技术

5.1　植物原生质体的分离、培养与融合

一、实验目的

(1) 掌握植物原生质体分离、纯化和培养的基本方法，并对培养的结果进行初步观察。

(2) 了解聚乙二醇法诱导植物原生质体融合的技术。

二、实验原理

原生质体是指用特殊方法脱去植物细胞壁裸露的、有生活力的原生质团，是开展基础研究的理想材料。其中酶解法分离原生质体是一个常用的技术，其原理是植物细胞壁主要由纤维素、半纤维素和果胶质组成，因而使用纤维素酶、半纤维素酶和果胶酶可降解细胞壁成分，即可得到原生质体。原生质体的产率和活力与材料的来源、生理状态、酶液的组成，以及原生质体的收集方法有关。植物的幼嫩叶片、子叶、下胚轴、未成熟果肉、花粉四分体、培养的愈伤组织和悬浮细胞均可作为分离原生质体的材料来源。分离原生质体过程中，酶液通常需要保持较高的渗透压，以使原生质体在分离前处于质壁分离状态，分离之后不致膨胀而破裂。渗透剂通常用甘露醇、山梨醇、葡萄糖等。酶液中还应含有一定量的钙离子来稳定原生质膜。在适宜的培养条件下，分离的原生质体能合成新壁，进行细胞分裂，并再生成完整植株。

许多化学、物理学和生物学方法可诱导原生质体融合，现在被广泛采用并证明行之有效的融合方法是聚乙二醇(PEG)法。聚乙二醇作为一种高分子化合物，20%～50%的浓度能对原生质体产生瞬间冲击效应，原生质体很快发生收缩与粘连，随后在高钙、高 pH 值下进行清洗，使原生质体融合得以完成。聚乙二醇诱导融合的机理：聚乙二醇由于含有醚键而具有负极性，与水、蛋白质和碳水化合物等一些正极化基团能形成氢键，当聚乙二醇分子足够长时，可作为临近原生质表面之间的分子桥而使之粘连，聚乙二醇也能连接钙等阳离子，钙可在一些负极化基团和聚乙二醇之间形成桥，因而促进其粘连，从而引起原生质体融合。该方法的优点是用法简单，容易获得融合体，融合效果好。

三、实验材料、仪器与试剂

1. 材料

韭菜、红辣椒。

2. 仪器

超净工作台、台式低速离心机、倒置显微镜、灭菌锅、血细胞计数板、细菌过滤器和

0.22 μm的滤膜、300 目不锈钢网筛及配套的小烧杯、解剖刀、尖头镊子、注射器(5 mL、10 mL)和 12 号长针头、带皮头的刻度移液管(5 mL、10 mL,上部管口加棉塞)、培养皿(直径 6 cm)、大培养皿、吸水纸等。使用前需经过灭菌。

3. 试剂

(1) 70%乙醇。

(2) 0.1%升汞溶液,并滴少许 Tween 80。

(3) 灭菌蒸馏水。

(4) 13%CPW 溶液:27.2 mg/L 磷酸二氢钾(KH_2PO_4),101.0 mg/L 硝酸钾(KNO_3),1480.0 mg/L 氯化钙($CaCl_2$),246.0 mg/L 硫酸镁($MgSO_4$),0.16 mg/L 碘化钾(KI),0.025 mg/L 硫酸铜($CuSO_4$),13%甘露醇。pH 6.0。

(5) 酶液:1% 纤维素酶,1% 果胶酶,0.7 mol/L 甘露醇,0.7 mmol/L 磷酸二氢钾(KH_2PO_4),10 mmol/L 两个结晶水的氯化钙($CaCl_2 \cdot 2H_2O$)。pH 6.8~7.0。

(6) 0.16 mol/L 和 0.2 mol/L $CaCl_2$溶液,并加有 0.1%MES(2-(N-吗啉)乙烷磺酸),pH 5.8。

(7) 20%蔗糖溶液。

(8) 40% PEG 溶液(相对分子质量 1500~6000):0.3 mol/L 葡萄糖,3.5 mmol/L $CaCl_2$,0.7 mmol/L 磷酸二氢钾(KH_2PO_4)。

(9) 培养基:MS,1 mg/L 6-BA,1 mg/L NAA,0.1%水解酪蛋白,0.2 mol/L 葡萄糖,0.2 mol/L蔗糖,0.6 mol/L 甘露醇。pH 5.8。

四、实验方法与步骤

1. 叶肉原生质体的分离和培养

(1) 取韭菜,用自来水冲洗干净。(以下步骤均应在超净工作台上进行)

(2) 将韭菜切成长 3 cm 的小段,在 0.1%升汞溶液中浸泡 6~8 min,中间摇动几次,然后用灭菌蒸馏水清洗 3 次,每次 5 min。

(3) 将韭菜移入大培养皿中,用吸水纸吸去上面的水珠。用手术刀将韭菜从中间剖开。

(4) 将韭菜置于预先放有酶液的培养皿中,让其伤口面与酶液接触。用封口膜将培养皿封口,在 30 ℃黑暗条件下振荡酶解 2~4 h,摇床转速为 60 r/min。在倒置显微镜下检查,直到产生足够的原生质体。

(5) 将酶解后的原生质体悬浮液用不锈钢网筛过滤到带盖的离心管中,以除去未酶解完全的组织。

(6) 以 800 r/min 的速度离心 5 min,使完整的原生质体沉淀。

(7) 用吸管除去酶液,加入 13%CPW 溶液,小心将原生质体悬浮起来,待悬浮液充分混匀后,再一次离心(离心条件同上)。这样反复操作 2 次,洗净酶液与残余的细胞碎片。

(8) 加入适量(4 mL)的 0.2 mol/L $CaCl_2$,小心将原生质体悬浮起来。

(9) 取另一支带盖离心管,加入 20%蔗糖溶液约 5 mL,将上述的原生质体悬浮液沿离心管壁小心注入 20%蔗糖溶液上层,以 600 r/min 离心 5 min。此步完成后,在两相溶液之间出现一层纯净的完整原生质体带,杂质、碎片将沉到离心管管底。

(10) 用吸管小心吸出纯化后的原生质体,离心(600 r/min)5 min,去上清液。

(11) 将收集的原生质体悬浮在原生质体培养基中,将其密度调整为 5×10^4 个/mL 左右。

(12) 用吸管将原生质体悬浮液分装在培养皿中,每皿约 2 mL。

(13) 用封口膜封口,置于 25 ℃条件下进行暗培养。

(14) 培养 10 天左右,在倒置显微镜下观察原生质体的分裂,并统计分裂频率。

2. 原生质体的融合

(1) 按上述韭菜原生质体的方法分离、纯化红辣椒原生质体。红辣椒的酶解时间为:在 25 ℃酶解 3 h。

(2) 分别取韭菜、红辣椒原生质体各 300 μL 于带盖离心管中,另加入 300 μL 40% PEG 溶液,30 ℃水浴中温浴 15 min。

(3) 取融合液,滴于载玻片上(注意保持一定湿度,不能太干),轻轻盖上盖玻片(不能挤压盖玻片),显微镜观察。

五、实验结果

用光学显微镜或倒置显微镜(高倍)观察 2～3 个细胞靠近或融合的过程(图 5-1)。观察时注意不同程度的融合现象。通常分为五个阶段:①两细胞膜接触,粘连;②细胞膜形成穿孔;③两细胞的细胞质连通;④通道扩大,两细胞连成一体;⑤细胞完全合并,形成一个含有两个或多个核的圆形细胞。

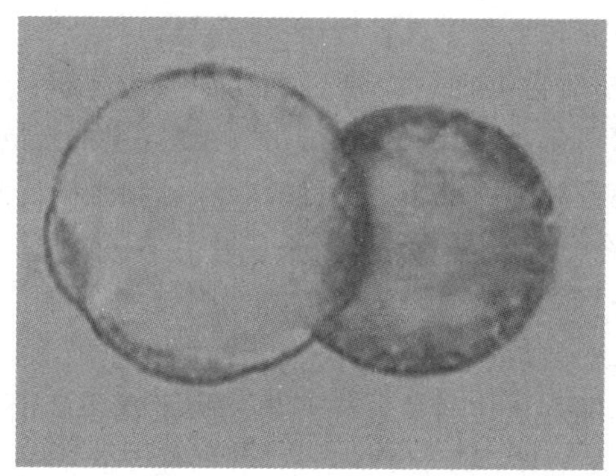

图 5-1　韭菜与红辣椒原生质体融合

六、作业与思考题

(1) 绘制原生质体融合的基本过程图。

(2) 简述细胞融合的原理。

(3) 做细胞融合实验时,应注意哪些问题?

(汤行春)

5.2　胎鼠肝细胞的原代培养

一、实验目的

(1) 学习细胞原代培养中常用的组织块培养法和消化培养法。

(2) 掌握组织取材、剪切,细胞分离、混匀、接种,以及器械使用等的操纵要领。

(3) 掌握动物细胞培养中的无菌操作技术,并为下一代细胞传代培养、细胞纯化和冷冻保存等实验提供材料。

二、实验原理

原代培养(primary culture)是指从供体得到组织细胞后在体外进行的首次培养。原代培养的细胞主要特点是生物学特性与体细胞的最为接近,因此,原代培养的细胞可被广泛地应用于药物测试、细胞分化等实验研究中。

原代培养是建立细胞系的第一步,是从事组织培养工作人员应熟练掌握的基本技术。原代培养的组织比较复杂,由多种细胞成分组成。即使生长出同一类型细胞如成纤维细胞或上皮细胞,细胞间也存在很大差异。原代培养方法很多,最基本和常用的有两种:组织块培养法和消化培养法。

组织块培养法是常用的简便易行且成功率较高的原代培养方法,即无菌条件下将刚离体的、有旺盛生命力的组织剪成小块,接种于培养瓶中培养。组织块培养法操作简便,部分种类的组织细胞小块贴壁培养 24 h 后,细胞就从组织块四周游出。由于在反复剪切和接种过程中对组织块会造成损伤,因而并不是每个小块都能长出细胞。组织块培养法特别适合于组织量少的原代培养,但组织块培养时细胞生长较慢,耗时较长。

消化培养法是结合化学与生化的手段,将已剪切成较小体积的动物组织中妨碍细胞生长的间质(基质、纤维等)加以消化,使组织中结合紧密的细胞连接松散、相互分离,形成含单细胞或细胞团的悬液,因单细胞或细胞团易于从外界吸收养分和排出代谢物,经体外适宜条件培养后,可以得到大量活细胞,在短时间内细胞可生长成片。本方法适用于培养大量组织,其原代细胞产量高,但用消化法进行原代培养时生长出的细胞较复杂,细胞常出现混杂生长,使以后的分离纯化难度增加,且操作较烦琐,易污染。消化剂的种类较多,各种消化剂作用的机制各不相同,不同组织可选用不同的消化剂来进行消化。酶是常用的消化剂,在原代培养中,对于一些间质少、较软的组织,如上皮、肝、肾、胚胎等,选择胰蛋白酶来加以消化可收到较好的效果。胶原酶因其对胶原有较强的消化作用,因此,适用于纤维性组织、一些较硬的癌组织等的消化。上皮细胞对胶原酶的耐受力较强,用胶原酶消化上皮组织,在去除细胞间质,使上皮细胞与纤维成分分离的同时,上皮细胞也不会受到伤害。

除酶以外,在一些组织尤其是上皮组织的原代培养中,还常用到一些非酶性的消化剂,如 EDTA。上皮组织的完整性有赖于其生存环境中的 Ca^{2+}、Mg^{2+},通过吸收、螯合这些离子,EDTA 可使上皮组织细胞彼此间发生分离。

三、实验材料、仪器与试剂

1. 材料

新生大鼠。

2. 仪器

超净工作台、倒置显微镜、CO_2 培养箱、离心机、高压消毒锅、电热干燥箱、酒精灯、分析天平、吸管(弯头和直头)和胶帽、25 mL 卡式培养瓶、无菌 60 mm 培养瓶、无菌 60 mm 培养皿、烧杯、眼科剪、普通手术剪、手术镊、肾形解剖盘、不锈钢筛(100 目)、离心管、计数板和手动计数器、三角烧瓶、磁力搅拌棒等。

3. 试剂

(1) D-Hanks 平衡液的配制及消毒。

① 取市售 D-Hanks 干粉 1 袋，剪开包装后将干粉溶于适量双蒸水中。

② 在 1000 mL 容量瓶中调节 pH 值为 7.2～7.4，并将 D-Hanks 液定容至 1000 mL。

③ 将 1000 mL D-Hanks 液分装到数个生理盐水瓶中，每个瓶塞上插入 2 只注射器针头，55.16 kPa 蒸汽灭菌 20～30 min。

④ 从高压锅内取出装有 D-Hanks 液的生理盐水瓶后，立即拔出针头并在针孔处贴上胶布，以防溶液被细菌污染。

⑤ 4 ℃ 保存，使用时可加入青霉素和链霉素双抗溶液，使二者的终浓度都达到100 U/mL。

(2) 胰蛋白酶消化液的配制及消毒。

① 将 D-Hanks 平衡液高压消毒，用 $NaHCO_3$ 溶液调节 pH 值至 7.2 左右。

② 称取所需量的胰蛋白酶，加入少量 D-Hanks 平衡液，搅拌均匀后再补足 D-Hanks 平衡液，搅拌均匀。

③ 将配制的胰蛋白酶液加以粗滤后，再用注射滤器进行除菌及消毒：打开直径为 25 mm 的注射滤器；将孔径为 0.22 μm 的微孔滤膜光面朝上放置于滤器中；将滤器安装在注射器上；向注射器中加入需过滤的胰蛋白酶液；推动注射器，使胰蛋白酶液经过滤膜过滤。

④ 将已过滤的胰蛋白酶液分装成小瓶。

⑤ 4 ℃或－20 ℃保存备用。

(3) 其他试剂：75％乙醇、DMEM 培养液(含 10％FBS 和抗生素)、0.25％胰蛋白酶＋0.02％ EDTA 等。

四、实验方法与步骤

1. 组织块培养法(以新生大鼠肝细胞的原代培养为例)

(1) 用 75％酒精棉球反复擦拭新生大鼠全身 3 遍。

(2) 将大鼠移入超净工作台后，再用 75％乙醇擦拭 1 次。

(3) 处死大鼠(断头法)，用眼科剪打开腹腔，取出肝组织，置于培养皿中。

(4) 用 D-Hanks 平衡液反复冲洗肝组织 3 遍，去除血细胞。

(5) 为避免杂细胞的污染，需用眼科镊将肝组织块上所黏附的结缔组织尽可能去除。

(6) 将肝组织移入一个新的培养皿中，滴加 0.5 mL 培养基于肝组织上，用眼科剪将其剪成 1 mm^3 左右的小块，同时用眼科镊将其彼此分开。

(7) 用弯头吸管将剪碎的肝组织块吸起，移入培养瓶底部。

(8) 用弯头吸管头移动肝组织块，使其均匀分布于培养瓶底部，组织块间距控制在 0.5 cm 左右，数量为 15～20 块。

(9) 吸取少量培养基，沿培养瓶颈缓缓滴入，培养基的量以恰好能浸润组织块底部但不会使组织块漂浮为佳。

(10) 将培养瓶轻轻放入培养箱中培养。

(11) 24 h 后，可观察到有少量细胞从组织块周围游离而出，视需要补加少量培养基。

在翻转培养瓶和加液过程中，严禁动作过快产生冲力，使黏附的组织块漂起而造成原代培养失败。若组织块不易贴壁，可预先在瓶底涂上薄层血清、胎汁或鼠尾胶原等。组织块培养也可以不用翻转法，即在接种组织块后，向培养瓶内仅加入少量培养液，能保持组织块湿润即可。盖好瓶底，放入培养箱内培养 24 h 再补加培养液。

2. 消化培养法

(1) 将新生大鼠的肝组织用 D-Hanks 平衡液漂洗 3 次。

(2) 用眼科剪、镊将附着在肝组织上的结缔组织去除。

(3) 将肝组织剪成 1～2 mm^3 的小块，置于三角烧瓶中，放入磁力搅拌棒，再注入 30～50 倍组织量的预热到 37 ℃的胰蛋白酶消化液。

(4) 在磁力搅拌器上对肝组织块进行搅拌，时间为 10～20 min。也可将三角烧瓶放入水浴或温箱中，每 5 min 摇动 1 次。如消化时间较长，可每隔 5 min 取出 2/3 上清液移入另一支离心管中，离心后去除胰蛋白酶，加入含血清培养基，然后给原三角烧瓶添加新的胰蛋白酶消化液继续消化。

在 4 ℃条件下进行冷消化，消化的时间需延长至 12～24 h。如果肝组织块在冷消化一段时间后，可离心再添加胰蛋白酶，放入 37 ℃温箱中继续温热消化 20～30 min，效果会较好。

(5) 吸取少量消化液在倒置显微镜下观察，若组织块已分散成小的细胞团或单个细胞，应立即终止消化。

(6) 将消化液和分次收集的细胞悬液通过不锈钢网过滤，除掉未消化充分的大块组织。

(7) 将收集的细胞悬液 800～1000 r/min 离心 3～5 min，去除含胰蛋白酶的上清液。

(8) 用 D-Hanks 平衡液漂洗 1～2 次，800～1000 r/min 离心 3～5 min，去除上清液。

(9) 加入含 10%血清的 DMEM 培养基，吹打沉淀制悬，按 5×10^5～1×10^6 个/mL 的密度接种到培养瓶，置于 CO_2 培养箱中，37 ℃、5%CO_2、饱和湿度下静置培养，24 h 后，更换新培养液，此后每 3 天换液 1 次。

五、实验注意事项

(1) 组织块培养法中，D-Hanks 平衡液对肝组织的冲洗要充分，以尽量去除血细胞，避免其溶血后对肝细胞的生长产生影响。

(2) 组织块的体积应控制在 1 mm^3 左右，这样其中心部位的细胞才可获得充足的养分。体积过大的组织块其中心部位细胞常会因营养不足而发生死亡、溶解，从而对周围细胞的生长产生影响。

(3) 培养瓶中组织块摆放的密度不能过大，否则细胞将会因为营养不足而活性不佳。此外，为了避免组织块漂浮、不贴壁，第一次加入的培养基的量要少，而在移动和观察细胞时，动作也要轻，因为培养基的振荡也会影响组织块的贴壁。

(4) 消化培养法中，因 Ca^{2+} 和 Mg^{2+} 及血清均具有抑制胰蛋白酶活性的作用，消化过程中使用的所有液体，应均不含有这些离子及血清，消化后可直接加含血清培养基使其灭活。在组织消化过程中要随时取样进行观察，发现组织已分散成细胞团或单个细胞时应立即终止消化，以免消化过度影响细胞的贴壁生长。

(5) 对于不同的组织需用不同的消化方法，一般而言，胚胎类软组织用胰蛋白酶或 EDTA 即可得到良好的消化效果，而对于成体组织，由于存在大量的细胞外基质，需用Ⅰ型或Ⅳ型胶原酶，有时配合使用透明质酸酶会加速消化过程。

(6) 在选择消化时间时，应考虑到胰蛋白酶的浓度及 pH 值对消化效果的影响，胰蛋白酶常用浓度为 0.25%，pH 8～9，消化时温度最好控制在 37 ℃。一般新配制的胰蛋白酶消化液消化能力很强，所以开始使用时要注意观察，严格控制消化时间，以免消化过度。

胰蛋白酶主要适用于消化细胞间质较少的软组织，如胚胎、上皮、肝、肾等，但对于纤维性组织和较硬的癌组织的效果则较差。

(7) 组织块接种后 1～3 天，由于游离出的细胞数很少，组织块的黏附不牢固，在观察和移动过程中要注意动作轻巧，尽量不要引起液体振荡而产生对组织块的冲击力使其漂起。培养 3～5 天需换液 1 次，去除漂浮的组织块和残留的血细胞，因为已漂浮的组织块和很多细胞碎片含有有毒物质，会影响原代细胞的生长。

(8) 由于原代培养过程时间较长，因此，应严格执行无菌操作，避免细菌、霉菌等的污染。

六、实验结果

1. 组织块培养法的细胞观察

利用倒置显微镜观察发现，经培养 24 h 的组织块边沿有少量细胞游离出来；随着培养时间延长，组织块周围出现细胞的数量明显增多。这些细胞的核较大，胞质中内含物较少，透明度高，彼此间排列紧密。靠近组织块的细胞胞体较小、较圆，离组织块较远的区域可见有多角形的细胞，体积较大，有些细胞的形态介于圆形与多角形之间。

2. 消化培养法的细胞观察

在倒置显微镜下，刚接种于培养瓶中时，细胞是悬浮于培养液中的，细胞形态均呈现圆形。24 h 后，大多数细胞已贴附于培养瓶底部，胞体伸展后，重新呈现出肝细胞原有的、不规则多角形上皮性细胞特征。48 h 以后，细胞进入增殖期，细胞数量明显增多，在接种的细胞或细胞团周围可见新生的细胞，这些细胞因内含物少而较为透明，胞体轮廓通常较浅。96 h 以后，新生的细胞可连接成片，同时胞体透明度减弱、轮廓增强，核仁明显可见。

七、作业与思考题

(1) 比较组织块培养法和消化培养法获得原代培养物的效果和优缺点。

(2) 描述组织块消化后，离心管中显示的最佳实验现象。

(3) 观察和记录原代细胞的形态，培养细胞的贴壁时间、增殖时间、完全汇合时间。

(4) 观察原代培养细胞中的细胞类型，并根据以往的知识初步分析哪类细胞属于成纤维细胞，哪类细胞属于上皮细胞。

（白占涛）

5.3 神经胶质细胞的培养

一、实验目的

(1) 初步掌握神经胶质细胞的培养方法。

(2) 掌握神经组织取材的方法。

二、实验原理

神经组织主要由神经元及神经胶质细胞(neuroglial cell)组成。神经元是一种高度分化的细胞，在体外条件下不易发生增殖，培养难度较大。神经胶质细胞在体外条件下，可稳定地生长，并发生分裂、增殖，因此，较易培养成功并可进行传代。星形胶质细胞是神经胶质细胞的一种重要的类型。

三、实验材料、仪器与试剂

1. 材料

新生大鼠(1 周内)。

2. 仪器

眼科剪、眼科镊、培养瓶、培养皿、超净工作台、离心机、微量移液器、枪头、酒精灯、酒精棉球、离心管、解剖盘、解剖显微镜、倒置显微镜、CO_2培养箱等。

3. 试剂

D-Hanks 平衡液、DMEM 培养基(含 10% 胎牛血清)等。

四、实验方法与步骤

(1) 取新生大鼠(1 周内)1 只，用酒精棉球反复擦拭 3 次消毒，将其处死，于无菌条件下取出脑组织。

(2) 在解剖显微镜下，将脑膜及血管等纤维成分尽量剥除干净。

(3) 用 D-Hanks 平衡液冲洗脑组织 3 次，将髓质切除，保留皮质。

(4) 将皮质剪成 1 mm^3的小块，置于盛有 30～50 倍 D-Hanks 平衡液的离心管中，反复轻轻吹打皮质组织块，制备细胞悬液。

(5) 将离心管静置 5～10 min，细胞或细胞团块将自然下沉，脂肪等杂物则漂浮于上层。

(6) 轻轻将离心管中悬液的上层吸出，1000 r/min 离心 5 min，弃上清液。

(7) 加入培养液，吹打沉淀，制备细胞悬液。

(8) 对细胞进行计数，按 0.5×10^6 个/ mL 的细胞密度接种细胞于培养瓶中。

(9) 静置培养 30 min 后，轻轻吸出含未贴壁细胞的培养液，1000 r/min 离心 5 min，弃上清液。

(10) 向上述离心后的沉淀加入培养液，吹打制悬。

(11) 将细胞接种于培养瓶中，每 2～3 天换液 1 次。

五、实验注意事项

(1) 脑膜及血管等纤维成分要尽量剥离干净，否则培养的细胞中将有成纤维细胞、内皮细胞及巨噬细胞等杂质。

(2) 根据神经胶质细胞贴壁过程较慢的特点，利用反复贴壁法，既可促进神经胶质细胞贴壁生长，又可减少其他类型细胞的污染。

(3) 在培养 9～10 天后，单层生长的星形胶质细胞的上面常出现一些少突胶质细胞，此时可将培养瓶放于恒温振荡器中，于 37 ℃水浴振荡 15～18 h，少突胶质细胞将会发生脱落，由此可得到纯度较高的、贴壁的星形胶质细胞。

六、实验结果

经培养 3～5 天后，星形胶质细胞即可大量增殖，数量明显增多；培养 1 周左右，细胞可以融合成单层，细胞表面可观察到小的突起，细胞间呈非紧密连接。进一步延长培养时间，细胞将出现分层生长，有少突星形胶质细胞生长于星形胶质细胞的上面。

七、作业与思考题

（1）查阅相关资料，试说明如何辨别星形胶质细胞形态。

（2）通常分离培养的星形胶质细胞中混杂有少量少突胶质细胞，如何将二者区分开来？

（白占涛）

5.4　胎鼠肝细胞的传代培养

一、实验目的

学习动物细胞培养中最常用的消化法进行细胞传代培养的过程，进一步练习无菌操作技术。

二、实验原理

细胞在培养过程中，当增殖达到一定数量后，会因生存空间不足或密度过大，发生营养障碍，其生长将受到影响，因此，必须对细胞及时地分离、稀释。为了维持细胞的生活和生长，必须进行再培养，即将原代培养瓶中的细胞分离、稀释、接种到生长空间更大的新培养瓶内继续扩大培养，这个过程称为传代(passage)，进行一次分离再培养称为传一代。

培养细胞传代根据不同细胞采取不同的方法。悬浮生长的细胞可以采取直接吹打或离心分离后传代，或自然沉降法吸除上清液后，再吹打传代。贴壁生长的细胞用消化法传代，部分贴壁生长的细胞用直接吹打即可传代。

细胞传代培养时常用的酶是胰蛋白酶(0.25%)，它可以破坏细胞与细胞、细胞与培养瓶之间的连接或接触，从而使它们间的连接减弱或完全消失，经胰蛋白酶处理后的贴壁细胞在外力(如吹打)的作用下可以分散成单个细胞，再经稀释和接种后就可以为细胞生长提供足够的营养和空间，达到细胞传代培养的目的。

三、实验材料、仪器与试剂

1. 材料

原代培养的肝细胞(70%～80%融合)或 Hela 细胞、原代培养的外周血淋巴细胞。

2. 仪器

25 mL 培养瓶、吸管、枪头、微量移液器、胶帽、离心管、酒精棉球、酒精灯、离心机、倒置显微镜、超净工作台、CO_2 培养箱等。

3. 试剂

D-Hanks 平衡液、DMEM 培养基(含 10%小牛血清)、0.25%胰蛋白酶消化液等。

四、实验方法与步骤

1. 贴壁细胞的传代培养

（1）用吸管吸出原代培养的肝细胞培养瓶中的培养液。

（2）向瓶内加入适量的 D-Hanks 平衡液，轻轻摇动后倒掉。

(3) 加入消化液,消化液的量以覆盖整个细胞培养面为宜,轻轻摇动培养瓶,在倒置显微镜下对培养细胞进行观察,当细胞质回缩、胞间间隙增大时,迅速将消化液吸出。

(4) 加入 D-Hanks 平衡液于培养瓶中,转动培养瓶后倒掉,加入含血清的培养基终止消化。

(5) 用吸管吸取培养液,反复轻轻吹打瓶壁,制备细胞悬液。吹打的部位应均匀,可按从上到下、从左到右的顺序进行,保证瓶底各个部位的细胞均能被吹到。此外,吹打时不能用力过猛,尽量不出现气泡,以免损伤细胞。

(6) 将吹打后的细胞置于倒置显微镜下观察,当发现原贴壁的细胞均已悬浮于培养液中,成片的细胞已分散成小的细胞团或单细胞时,即可终止吹打。

(7) 收集细胞悬液于离心管中,1000 r/min 离心 3～5 min,去除上清液。

(8) 细胞计数,按照 1×10^5～1×10^6 个/mL 的密度接种细胞于新培养瓶中。

2. 悬浮细胞的传代

(1) 将原代培养的外周血淋巴细胞连同培养液一并转移到离心管中。

(2) 800～1000 r/min 离心 3～5 min,去除上清液。

(3) 加新的培养液到离心管中,用吸管吹打、制悬。将细胞悬液按 1∶2 或 1∶3 的比例分别接种于新的培养瓶中。

五、实验注意事项

初代培养的首次传代培养是很重要的,是建立细胞系的关键时期。首次传代时应注意以下几点。

(1) 细胞没有长到足以覆盖瓶底壁的大部分表面以前,不用急于传代。把握好传代的时机,在细胞生长到 80%～90%汇合时传代最好,过早传代则细胞量少,过晚传代则细胞健康状态不佳。

(2) 原代培养时细胞多为混杂生长,上皮细胞和成纤维细胞并存的情况很多见,传代时不同细胞有不同的消化时间,因而要根据需要注意观察、及时处理,并根据不同细胞对胰蛋白酶的不同耐受时间而分离纯化所需要的细胞。另外,早期传代的培养细胞较已经建立细胞系的培养细胞消化时间相对较长。吹打时动作要轻巧,尽可能减少对细胞的损伤。

(3) 各种细胞对消化的反应不同,有的敏感,有的迟钝。因此,要根据细胞消化特点制定适宜的消化措施。有的细胞附着瓶壁不牢,用吸管可从瓶壁上直接吹下来,但这样会伤害细胞,细胞大片脱落,不易计数,因此应尽可能采取消化法分散细胞。消化传代良好时细胞受损害少,细胞悬液均匀,分装样品中数量误差小,细胞生长增殖速度一致,实验结果可靠性大。

(4) 消化液浓度要适宜,过浓时消化作用强烈,细胞反应快,所需消化时间短不易掌握,细胞易流失。用胰蛋白酶与 EDTA 的混合液进行细胞消化时,要用 D-Hanks 平衡液充分洗涤细胞以去除 EDTA,因为 EDTA 的残留会影响细胞的贴壁生长。

(5) 在对细胞进行吹打时,不能用力过猛,尽量不出现气泡,以免损伤细胞。传代培养的过程通常较长,细胞被污染的可能性增加,因此,必须严格进行无菌操作。

六、实验结果

用倒置显微镜观察可见接种 24 h 后,大多数肝细胞已贴附于培养瓶底部,有少数细胞悬浮于培养基中。48 h 以后,细胞开始增殖,细胞的数量增多,在接种的肝细胞或肝细胞团周围可见新生细胞长出,这些细胞内含物少而较为透明,胞体轮廓通常较浅。96 h 以后,培养细胞数量明显增多，并逐渐融合，细胞轮廓清晰可见。

七、作业与思考题

(1) 观察传代培养后不同时间细胞形态变化，与原代培养细胞进行比较。

(2) 消化细胞的目的是什么？

(3) 细胞传代培养和细胞分裂之间有何联系？二者可以等同吗？为什么？

（白占涛）

5.5 细胞融合

一、实验目的

(1) 了解细胞融合的基本原理。

(2) 通过聚乙二醇诱导体外细胞融合实验，初步掌握细胞融合的基本方法。

二、实验原理

细胞融合(cell fusion)，又称体细胞杂交，即在自然条件下或用人工方法(生物的、物理的、化学的)使两个或两个以上的细胞合并形成一个细胞的过程。人工诱导的细胞融合，在 20 世纪 60 年代作为一门新兴技术而发展起来。由于它不仅能产生同种细胞融合，也能产生种间细胞的融合，因此细胞融合技术目前被广泛应用于细胞生物学和医学研究的各个领域。

依据融合过程采用的助融剂不同，细胞融合可分为：①病毒诱导的融合，如仙台病毒；②化学因子诱导的细胞融合，如聚乙二醇(polyethyleneglycol，PEG)；③电脉冲诱导的融合；④激光诱导的融合。

目前应用最广泛的助融剂是聚乙二醇，因为它简便、易得，且融合效果稳定。PEG 可改变各类细胞的膜结构，使两细胞接触点处脂类分子发生疏散和重组，引起细胞融合。相对分子质量为 400～6000 的 PEG 溶液可引起细胞的聚集和粘连，产生高频率的细胞融合。PEG 的相对分子质量、浓度、作用时间、细胞的生理状态与密度等都影响细胞融合的频度和活力。

三、实验材料、仪器与试剂

1. 材料

鸡血。

2. 仪器

注射器、刻度离心管、离心机、血细胞计数板、水浴锅、滴管、显微镜、烧杯、容量瓶、凹面载玻片、盖玻片、酒精灯等。

3. 试剂

(1) 0.75%生理盐水。

(2) GKN 液：8.0 g NaCl，0.4 g KCl，1.77 g $Na_2HPO_4 \cdot 12H_2O$，0.69 g $NaH_2PO_4 \cdot H_2O$，2.0 g 葡萄糖，0.01 g 酚红，溶于 1000 mL 双蒸水中。

(3) 50%PEG 溶液：取 50 g PEG(相对分子质量为 4000)，放入 100 mL 烧瓶中，高压灭菌

20 min；让 PEG 冷却至 50～60 ℃，勿让其凝固；加入 50 mL 预热至 50 ℃的 GKN 液，混匀，37 ℃保存备用。

(4) Hanks 原液(10×)：

NaCl	80.0 g
$Na_2HPO_4 \cdot 12H_2O$	1.2 g
KCl	4.0 g
Na_2HPO_4	0.6 g
$MgSO_4 \cdot 7H_2O$	2.0 g
葡萄糖	10.0 g
$CaCl_2$	1.4 g

① 称取 1.4 g $CaCl_2$，溶于 30～50 mL 双蒸水中。

② 取 1000 mL 烧杯及容量瓶各一个，先放双蒸水 800 mL 于烧杯中，然后按上述配方顺序，逐一称取药品。必须在前一药品完全溶解后方可加入下一药品，直到葡萄糖完全溶解后，再将已溶解的 $CaCl_2$ 溶液加入，最后加水至 1000 mL。

(5) Hanks 液(pH7.4)：

Hanks 原液	100 mL
双蒸水	896 mL
0.5%酚红	4 mL

配好的 Hanks 液分装包扎好，贴上标签，经灭菌后，4 ℃保存。

(6) 詹纳斯绿染液。

四、实验方法与步骤

(1) 取新鲜鸡血以 0.75%生理盐水制成 10%的鸡红细胞悬液。

(2) 取上述 10%的鸡红细胞悬液 1 mL，放入离心管中，再加入 5 mL Hanks 液(pH7.4)混匀，然后以 1000 r/min 离心 5 min，小心弃去上清液，用指弹法将细胞团块弹散。

(3) 取 0.5 mL 预热到 37 ℃的 50% PEG 溶液，慢慢沿着离心管逐滴加入，边加边轻摇离心管，使 PEG 与细胞混匀，然后在 37 ℃水浴内静置 2 min。

(4) 缓慢滴加 9 mL Hanks 液以终止 PEG 的作用，在 37 ℃水浴内静置 5 min。

(5) 离心，弃去上清液后，取一滴融合后的细胞悬液于凹面载玻片，然后加入詹纳斯绿染液混匀，染色 3 min 后加盖片镜检。

(6) 在高倍镜下随机计数 200 个细胞(包括融合的与未融合的细胞)，以融合细胞(含两个或两个以上细胞核的细胞)的细胞核数除以总细胞核数(包括融合与未融合的细胞核)即得出融合率。

五、实验注意事项

(1) 制备的 50%PEG 溶液一定要保温在 37 ℃水浴中，不然冷却后易结晶析出。

(2) 在离心管中加 PEG 之前，一定要将离心管倒置在滤纸上，流尽剩余液体，否则残留液会改变 PEG 溶液的浓度。

六、实验结果

在高倍镜下可以看到有两个或两个以上的鸡红细胞膜融合在一起，形成一个异核体细胞（图 5-2）。要注意辨别融合细胞与重叠的鸡红细胞。

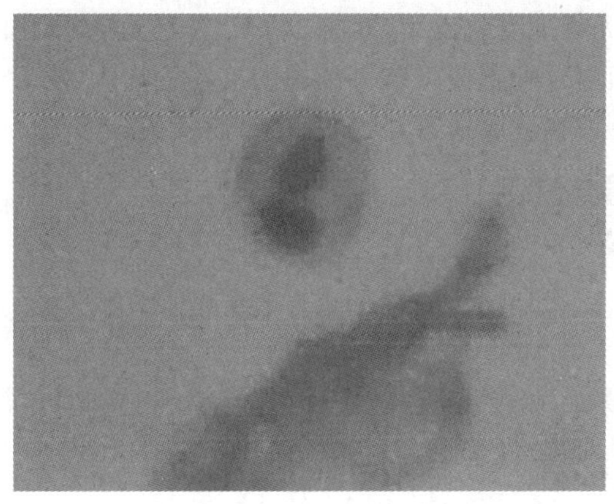

图 5-2　鸡红细胞融合

七、作业与思考题

（1）在显微镜下按顺序绘制所观察到的细胞融合各阶段，并注明主要特点。

（2）你测定的细胞的融合率为多少？

（余晓丽）

5.6　细胞的冻存与复苏

一、实验目的

（1）了解细胞冻存的原理和意义。

（2）掌握细胞冻存和复苏的方法，观察复苏细胞的成活情况。

二、实验原理

体外培养的细胞，随着传代次数增加，在体外环境中生存时间增长，其各种生物学特性会逐渐发生变化，同时培养器皿、培养液等也被大量消耗，为防止细胞株不断传代引起细胞老化，支原体污染，染色体和基因变异等现象的发生，有必要对细胞加以及时冻存，以便在利用时可快速繁殖。

甘油或二甲基亚砜（DMSO）具有对细胞无毒性、相对分子质量小、溶解度大、易穿透细胞等特点，故可保护冻存细胞，避免其内外环境中的水形成冰晶，导致细胞内发生一系列变化，如机械损伤、电解质浓度升高、渗透压改变、脱水、pH 值改变、蛋白质变性等。大的冰晶也会导致细胞膜、细胞器的损伤和破裂，最终导致细胞死亡。在培养基中加入冻存保护剂甘油或 DMSO，使得溶液冰点降低，加之在缓慢冻结条件下，细胞内水分透出，减少了冰晶形成，从而避免细胞损伤。保护剂常用浓度范围为5%～15%。

细胞的冻存与复苏遵循慢冻快融原则，这样可以较好地保证细胞的存活率。标准的冷冻速度开始为−2～−1 ℃/min，当温度低于−25 ℃时可加速，冷冻速度可增至−10～−5 ℃/min，到−80 ℃之后可直接投入液氮内。液氮是最理想和适用的冷冻剂，它的沸点是−196 ℃，在此温度下，既无化学变化也无物理变化发生，对标本pH值无影响，汽化时又不留沉淀，细胞在液氮中可长期保存。复苏细胞时则直接将装有细胞的冻存管投入40 ℃热水中快速解冻，以防止小冰晶转变为大冰晶而对细胞造成损害，从而保持细胞活力。

三、实验材料、仪器与试剂

1. 材料

培养的贴壁细胞（70%～80%融合）、Hela细胞或其他细胞株（系）和液氮中冻存的细胞。

2. 仪器

CO_2培养箱、倒置显微镜、超净工作台、高压锅、水浴锅、离心机、液氮罐、离心管、培养瓶、微量加样器、吸管、移液管、酒精灯、酒精棉球、无菌冻存管等。

3. 试剂

RPMI1640（或DMEM）培养基、小牛血清、0.25%胰蛋白酶消化液、甘油或DMSO、液氮、75%乙醇等。

四、实验方法与步骤

1. 细胞冻存

(1) 选择细胞形态良好，单层、致密、理想的细胞（对数生长期），在超净工作台中弃去培养液，加入预温的37 ℃ 0.25%胰蛋白酶消化液，以消化分散细胞。

(2) 弃去消化液，加入新鲜培养液中止消化。

(3) 用吸管吹打分散细胞，移入灭菌的带盖离心管中，800 r/min离心5 min，弃去上清液。

(4) 加入适量冻存液（10%甘油+90%培养基或10%DMSO+90%培养基）制成细胞悬液。细胞密度为3×10^6个/mL左右。

(5) 将细胞悬液装入冻存管中，每管1～1.5 mL，旋紧管盖，并在管上标明细胞株名称、冻存日期，最后放入纱布小袋中冻存。纱布袋的一端系以线绳，末端扎有小牌，注明细胞名称、冻存日期以便日后查找。

(6) 冻存管在4 ℃下存放30 min，转入−20 ℃存放1.5～2 h，再转入−70 ℃存放4～12 h后即可转移到液氮内（−196 ℃）。

2. 细胞复苏

(1) 从液氮罐中取出冻存管，立即投入40 ℃水浴中，使细胞在1 min之内融化。

(2) 用75%乙醇擦拭消毒冻存管外壁，打开管塞，用吸管吸出悬液，注入离心管中，加入适量培养液，混匀后离心（1000 r/min）5 min。

(3) 弃去上清液，加入5 mL新鲜培养基，并用吸管轻轻吹打悬浮细胞。

(4) 将细胞悬液装入培养瓶，37 ℃静置培养，取少量细胞悬液后细胞计数，以计算冻存细胞存活率。

(5) 待细胞贴壁后（4～6 h），换液再培养。细胞长满后可进行传代培养。

五、实验注意事项

(1) 因DMSO在室温状态下易损伤细胞，所以在细胞加入DMSO冻存液后，应尽快放入

4 ℃环境中。

（2）对数生长期的细胞增殖能力强，冻存后生存率较高，因此，在进行细胞冻存时，应尽量选择处于这个时期的细胞。

（3）为了保证冻存的质量及复苏后细胞的存活率，冻存时应掌握好消化时间，消化过度将对细胞造成损伤，复苏时细胞难以存活。此外，复苏后接种时，细胞的密度不能太低，最好控制在 $5\times10^6\sim1\times10^7$ 个/mL，这样才能保证复苏成功。

（4）冻存管的瓶盖应封盖严密，以免复苏时细胞外溢；对一些冷冻耐受性较差的细胞，如胚胎细胞，冻存时应特别小心，可在冻存管外包裹一层棉花，以避免冻存过程中细胞受到损伤。

（5）复苏时，从液氮中取出冻存管到水浴中融化的过程要快，否则会引起水浴锅中传热不佳，延长冻存的细胞悬液融化的时间。

（6）为防止液氮冻伤，在复苏过程中应戴上棉质手套。

六、实验结果

经复苏刚接种的细胞是悬浮于培养基中的。复苏成功的细胞 24 h 左右可贴壁，48 h 后即可开始生长、增殖。复苏不成功的细胞，将继续悬浮于培养液中，不能贴壁。

七、作业与思考题

（1）简述细胞冻存与复苏的原理，细胞冻存与复苏时应注意的关键步骤。

（2）观察冻存细胞的生长情况，计算细胞存活率。

（白占涛）

5.7　细胞转染

一、实验目的

（1）了解并学习几种常用的细胞转染技术。

（2）掌握脂质体转染法和磷酸钙沉淀转染法。

二、实验原理

转染技术是指先将外源分子如 DNA、RNA 整合在含有报告基因的载体上，然后导入真核细胞的技术。随着分子生物学和细胞生物学研究的不断发展，转染已经成为研究和控制真核细胞基因功能的常规工具。在研究基因功能、调控基因表达、突变分析和蛋白质生产等生物学试验中，其应用越来越广泛。常规转染技术可分为两大类：一类是瞬时转染；另一类是稳定转染（永久转染）。前者外源 DNA、RNA 不整合到宿主染色体中，因此一个宿主细胞中可存在多个拷贝数，产生高水平的表达，但通常只持续几天，多用于启动子和其他调控元件的分析。一般来说，超螺旋质粒 DNA 转染效率较高，在转染后 24～72 h 内（依赖于各种不同的构建）分析结果，常常用到一些标记系统如荧光蛋白、β-半乳糖苷酶等来帮助检测。后者也称稳定转染，外源 DNA 既可以整合到宿主染色体中，也可能作为一种游离体（episome）存在。尽管线性 DNA 比超螺旋 DNA 转入量低但整合率高。外源 DNA 整合到染色体中概率很小，大约 $1/10^4$

的转染细胞能整合，通常需要通过一些选择性标记，如来氨丙基转移酶（APH；新霉素抗性基因）、潮霉素B磷酸转移酶（HPH）、胸苷激酶（TK）等反复筛选，得到稳定转染的同源细胞系。

外源基因进入细胞主要有四种方法：电穿孔法、磷酸钙沉淀法、脂质体介导法和病毒介导法。电穿孔法是利用高脉冲电压破坏细胞膜电位，在细胞上短时间、暂时性地穿孔让外源质粒进入；磷酸钙沉淀法和脂质体介导法是利用不同的载体物质携带质粒通过直接穿膜或者膜融合的方法使得外源基因进入细胞的；病毒介导法是利用包装了外源基因的病毒感染细胞的方法使得其进入细胞的。这些方法各有利弊，电穿孔法虽适合瞬时转染和稳定转染，但对细胞的致死率较高，DNA用量较大；磷酸钙沉淀法不适合于原代细胞；病毒介导法的前期准备较复杂，并且需要考虑生物安全因素。而脂质体介导法具有对所有的细胞适应性广，转染效率高，重复性好等优点，所以现在对于很多普通细胞系，一般的瞬时转染方法多采用脂质体法。

DNA分子上带负电荷的磷酸基团可以与钙离子结合，形成DNA-磷酸钙沉淀，黏附在细胞膜表面，借助胞饮作用或膜脂相收缩孔隙进入细胞质。被转染的DNA可以整合到靶细胞的染色体中从而产生有不同基因型和表型的稳定克隆。此方法对于贴壁细胞转染是常用并首选的方法。

三、实验材料、仪器与试剂

1. 材料

（1）细胞（脂质体转染既适用于贴壁细胞也适用于悬浮细胞，磷酸钙沉淀法适于贴壁细胞）：293T、Hela、Jurkat细胞均可，前两者为贴壁细胞，后者为悬浮细胞，本实验选用293T细胞。

（2）质粒：带有GFP报告基因的质粒（表达绿色荧光蛋白，便于观察）。

2. 仪器

生物安全柜、CO_2培养箱、倒置荧光显微镜、培养瓶、离心管、24孔培养板（或培养皿）、微量加样器、各种量程枪头、荧光显微镜、Eppendorf管等。

3. 试剂

DMEM完全培养基（含双抗和不含双抗），无血清、双抗的Opti-MEM培养液，无菌PBS缓冲液，胰蛋白酶/EDTA溶液，转染试剂（Lipofectamine 2000，Invitrogen），D-Hanks平衡液，2.5 mol/L $CaCl_2$溶液，无水乙醇等。

四、实验方法与步骤

（一）脂质体介导的细胞转染

1. 转染前细胞的制备

转染前一天将$(0.5\sim2)\times10^5$细胞接种于24孔培养板，并加入500 μL不含抗生素的完全培养基，37 ℃，5% CO_2条件下培养24 h，以保证转染时细胞汇合率达70%～90%。

2. 细胞转染

（1）准备复合物。

① 将0.5～1.0 μg DNA稀释于50 μL无血清无抗生素的培养液中轻轻混匀。

② 将2 μL Lipofectamine 2000稀释于50 μL无血清无抗生素的培养液中，轻轻混匀，室温孵育5 min。

③ 5 min后将它们混合，并轻轻混匀，室温孵育20 min。

（2）吸去培养板的培养基，用 PBS 或无血清培养基（最好）清洗细胞 2 次。

（3）将复合物（总体积 100 μL）加入培养孔，前后摇动培养板使其分布均匀。

3. 转染后观察

（1）将细胞放入 CO_2 培养箱孵育 4～6 h 后，更换含血清培养液，去除复合物（也可不用）。

（2）24～48 h 后在荧光显微镜下观察转入基因表达情况。

（二）磷酸钙沉淀介导的细胞转染

1. 转染试剂准备

（1）无水乙醇沉淀 DNA（10～50 μg/10 cm 平板），空气中自然风干沉淀；用 450 μL 无菌 PBS 缓冲液重悬质粒 DNA，加 50 μL 2.5 mol/L $CaCl_2$ 溶液。

（2）取一支新的无菌 1.5 mL Eppendorf 管，加等体积细胞培养液稀释 DNA-磷酸钙沉淀。在 1.5 mL Eppendorf 管中先加入 500 μL 培养基，然后一边吹打培养基，一边逐滴加入 DNA-磷酸钙悬液，整个过程需缓慢进行，需持续 1～2 min，室温静置 30 min，以便形成均匀的沉淀悬液。

2. 转染细胞的准备

细胞在转染前 24 h 传代，待细胞密度达 50%～60%铺满皿底（10 cm 平皿）时即可进行转染。加入沉淀前 3～4 h，用 9 mL DMEM 完全培养基（不含双抗）培养细胞。

3. 转染

（1）弃去培养基，用 D-Hanks 平衡液洗细胞 2～3 次。

（2）加入配制好的 DNA-磷酸钙悬液，轻轻晃动培养皿，使沉淀均匀铺于细胞表面（贴壁细胞）。

（3）标准培养条件下培养 1～16 h，去除上清液。用 5 mL D-Hanks 平衡液洗细胞 2 次，加入 10 mL 完全培养液培养细胞。

（4）收集细胞或分入培养皿中选择培养。

4. 转染结果观察

基因转染 24～48 h 后（或更长时间）可用倒置荧光显微镜或激光扫描共聚焦显微镜观察转入基因的表达情况。

五、实验结果

24～48 h 后可以在倒置荧光显微镜下观察细胞的绿色荧光蛋白表达情况。

六、实验注意事项

（1）在整个转染过程中都应执行无菌操作。

（2）为获得最佳实验结果，DNA 应不含蛋白质和酚。乙醇沉淀后的 DNA 应保持无菌，并在无菌 PBS 缓冲液中溶解。

（3）沉淀物的大小和质量对于磷酸钙转染的成功至关重要。在磷酸盐溶液中加入 DNA-$CaCl_2$ 溶液时需用空气吹打，以确保形成尽可能细小的沉淀物，因为成团的 DNA 不能有效地黏附和进入细胞。

（4）在实验中使用的每种试剂都必须小心校准，保证质量，因为偏离最优条件 0.1 个 pH 单位都可能导致磷酸钙转染的失败。

（5）在转染前一天，要将细胞进行传代培养，经过 24 h 后使其达到对数增长期，同时，在

24 孔培养板孔或培养皿中不能完全铺满，占总面积的 70%～90%为好。

(6) DNA 与脂质体的配伍比例需要摸索和优化，在细胞铺板时，可多做几个孔，脂质体 Lipofectamine 2000 的稀释比例、质粒 DNA 的稀释比例可以优化。

七、作业与思考题

(1) 本实验中转入的目的基因是什么？

(2) 如果需要转入其他目的基因，首先需要做什么？选择的载体质粒需要具备哪些特征？

（白占涛）

第6部分 染色体的观察

6.1 Feulgen 染色观察有丝分裂

一、实验目的

(1) 掌握 Feulgen 染色的原理、方法及操作步骤。

(2) 观察并掌握有丝分裂各分裂时相的特点。

二、实验原理

DNA 经温稀酸水解，其上的嘌呤碱和脱氧核酸之间的键打开，使脱氧核糖的一端形成游离的醛基，这些醛基在原位与 Schiff 试剂中的无色品红反应，形成紫红色的化合物，因此 Feulgen 反应中，显示紫红色的细胞部位，即标志有 DNA 的存在。Feulgen 反应现仍广泛用于 DNA 的定性定位和定量的显微测定技术上。

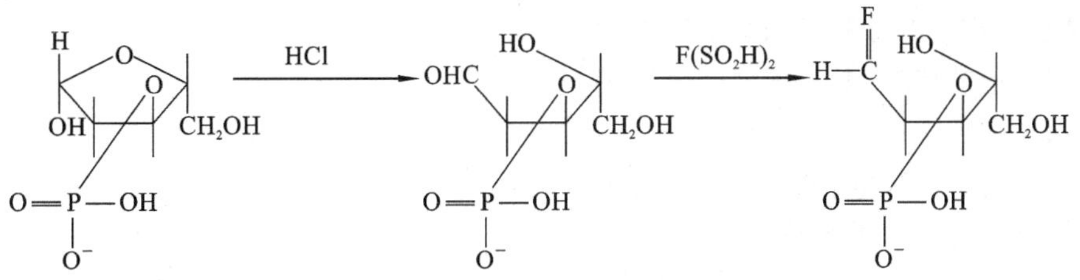

DNA $\xrightarrow{HCl}$ （游离醛基 OHC—） $\xrightarrow{F(SO_2H)_2}$ 紫红色化合物

三、实验材料、仪器与试剂

1. 材料

大蒜根尖、小麦根尖。

2. 仪器

显微镜、恒温水浴锅、温度计、镊子、解剖针、刀片、剪刀、冰箱、温箱、天平、载玻片、盖玻片、吸水纸、镜头纸、青霉素瓶、吸管、烧杯、量筒等。

3. 试剂

(1) Carnoy 固定液：3 份 95%乙醇加入 1 份冰乙酸。

(2) 1 mol/L HCl 溶液：准确量取 86.2 mL 浓盐酸(相对密度 1.18)，加入到 93.8 mL 蒸

馏水中。

(3) Schiff 试剂：称 1 g 碱性品红于 200 mL 煮沸的双蒸水中，5 min 后断电使其冷却至 55～50 ℃，过滤到一个棕色的试剂瓶中，加入 1 mol/L HCl 溶液 20 mL，继续冷却至 25 ℃，加入 1 g 偏亚硫酸氢钠，摇动瓶子使其溶解。密闭瓶口，置于黑暗低温处或冰箱内(4 ℃左右)，18～24 h 后检查，试剂透明无色或呈浅黄色时即可使用。如有不同程度的红色未褪，可加入 1 g活性炭，强烈振荡 1 min，在低温下静置过夜，然后用滤纸过滤后使用，密封瓶口，包以黑纸，在 5 ℃以下冰箱内可以保存半年。

(4) 70%乙醇。

四、实验的方法与步骤

(1) 取生长状态良好的 0.5～1 cm 长的根尖于 Carnoy 固定液中固定数小时，然后转入 70%乙醇中保存。

(2) 将上述材料转入 1 mol/L HCl 溶液中，在 60 ℃恒温条件下解离 7～15 min(大蒜根尖约 7 min，小麦根尖约 15 min)。

(3) 蒸馏水冲洗后，加入 Schiff 试剂，避光染色 8～10 min，直到根尖染上红色，然后倒掉染料，加入蒸馏水。

(4) 将染色后的根尖放在载玻片上，切去未着色部分，加一滴蒸馏水，盖上盖玻片，先用大拇指压一下，然后用橡皮头铅笔对准材料轻轻敲打，使根尖细胞分散开。

(5) 用吸水纸吸去盖玻片周围多余的水。

(6) 显微镜观察。

五、实验注意事项

(1) 对照压片的制作：对照压片的材料应在酸解前预先用 5%三氯乙酸(90 ℃)处理 15 min，然后依次进行酸解、染色和压片等。

(2) 固定剂的选择：要合理地选择固定剂。

(3) 操作过程中用镊子镊取根尖的生长区部位，切勿夹取根冠部位。

(4) 操作盐酸和染液时要小心，注意不要接触皮肤，不要溅到实验台或显微镜上。

(5) 酸解时间一定不要超过 5 min。

(6) 染色前务必使用解剖针将根尖分生组织捣碎。

(7) 显微镜使用规范。

六、实验结果

观察到 Feulgen 染色后呈紫红色反应的区域，由此识别有丝分裂的间期、前期、中期、后期、末期五个时期的典型特征。

七、作业与思考题

绘制你所观察到的有丝分裂间期、前期、中期、后期、末期五个时期的图像(图 6-1、彩图 12)。

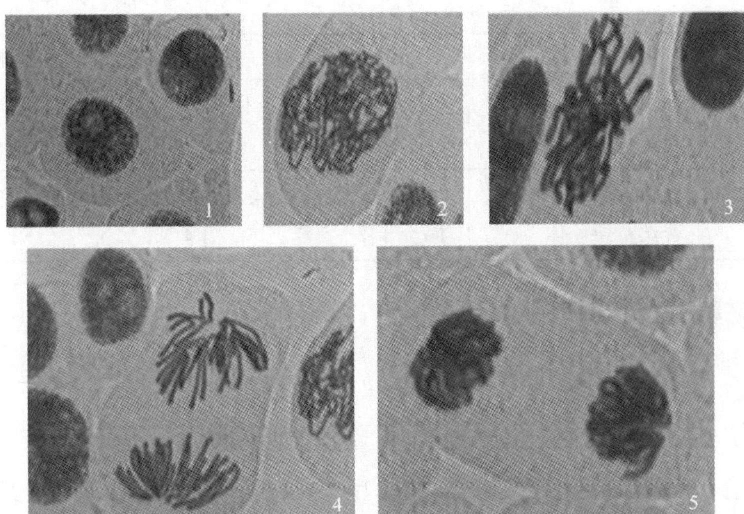

图 6-1　有丝分裂各个时期的不同形态

1—间期；2—前期；3—中期；4—后期；5—末期

（何玉池）

6.2 青蛙骨髓细胞染色体标本的制备与观察

一、实验目的

（1）初步掌握动物骨髓染色体标本制备的基本原理和过程。

（2）了解常用实验动物染色体的数目及特点。

二、实验原理

在正常动物体中，骨髓是处于不断分裂的组织之一。给动物注射一定剂量的秋水仙素即可使许多处于分裂的细胞停滞。

取出的骨髓细胞要经过低渗（KCl 溶液）使细胞膨胀，染色体适当分散。固定（甲醇、冰乙酸）使染色体保持完好的形态。染色（Giemsa 染液）使染色体易于分辨、观察。制备优良的标本可获得满意的观察效果。利用动物骨髓制作染色体观察标本取材容易，不需培养，不需无菌操作，比较简便，是生物学实验教学中常用的方法。一般选用的动物有青蛙、蟾蜍、小白鼠、大白鼠等。几种动物染色体形态特征见表 6-1。

表 6-1　几种动物染色体形态特征

动物名称	染色体数	染色体类型	X 染色体形态	Y 染色体形态
青蛙	26	中央、亚中央着丝粒染色体	中央着丝粒染色体，介于 6～7 号	中央着丝粒染色体，介于 8～9 号
小白鼠	40	全部为近端着丝粒染色体	大小介于 5～6 号	大小介于 19～20 号

续表

动物名称	染色体数	染色体类型	X染色体形态	Y染色体形态
大白鼠	42	中央、亚中央近端着丝粒染色体	近端着丝粒染色体，介于4～5号	近端着丝粒染色体，介于18～19号
家兔	44	中央、亚中央近端着丝粒染色体	亚中央着丝粒染色体，介于5～6号	近端着丝粒染色体，介于19～20号

三、实验材料、仪器与试剂

1. 材料

青蛙。

2. 仪器

离心机、显微镜、刻度离心管、注射器、载玻片、烧杯、量筒、试管架、镊子、剪刀、解剖刀、吸管等。

3. 试剂

秋水仙素、生理盐水、0.075 mol/L KCl溶液、Carnoy固定液、Giemsa染液等。

四、实验方法与步骤

(1) 经腹腔注射秋水仙素(浓度250 μg/mL)，剂量为0.5 mL/30 g体重，4～5 h后处死青蛙。

(2) 取出青蛙后肢的胫骨和股骨，剥离全部肌肉，剪去两端。

(3) 将约5 mL生理盐水用注射器分次缓慢注入骨髓腔，将细胞冲入小烧杯内(反复冲洗，以获得更多的骨髓细胞)，摘掉针头，用注射器筒轻轻吸打，使之分散成单个细胞。

(4) 将骨髓细胞转入离心管，平衡后离心，以1000 r/min离心8 min。

(5) 去上清液，加入0.075 mol/L KCl溶液5 mL，用吸管将细胞吸打均匀，低渗20 min，平衡后离心(离心条件同上)。

(6) 去上清液，沿管壁缓慢加入Carnoy固定液5 mL，用吸管将细胞吸打均匀，固定30 min，平衡后离心(离心条件同上)。

(7) 离心完成后，吸去上清液，视管底细胞多寡加入少量新配制固定液，将细胞轻轻吸打成细胞悬液。

(8) 在干净、湿、冷的载玻片上滴2～3滴细胞悬液，酒精灯上文火烤干。

(9) 染色，用Giemsa染液扣染10～15 min。

(10) 在自来水管下细流冲洗数秒，擦干玻片底面和四周的水，显微镜观察。

五、实验注意事项

(1) 收集足够多的骨髓细胞。

(2) 在每一次离心过程中尽量不要丢失细胞。

(3) 低渗、固定过程中要轻轻摇动，保证细胞得到均匀处理。

(4) 滴片后要烤干后才能扣染，扣染后要小心冲洗，不能用太大的水流。

六、实验结果

青蛙骨髓细胞染色体见图6-2(彩图13)。

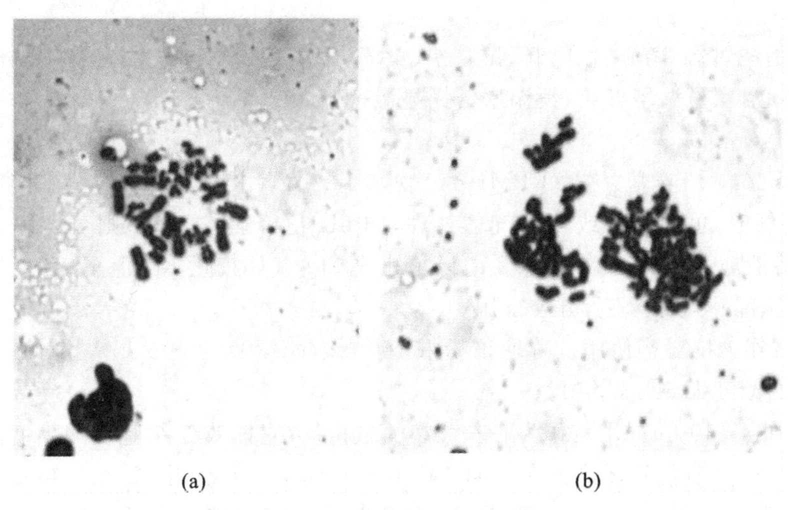

(a)　　(b)

图 6-2　青蛙骨髓细胞染色体

(a)单个分散的骨髓细胞染色体;(b)两个骨髓细胞的染色体

七、作业与思考题

(1) 绘制青蛙染色体图并计数。

(2) 你制备的青蛙染色体标本,分裂相是否多?染色体分散程度如何?

(3) 简述秋水仙素的作用原理。秋水仙素处理的时间以及浓度会对实验造成怎样的影响?

(4) 制片过程中为什么要进行低渗处理?低渗的时间长短对染色体制片效果有何影响?

(何玉池)

6.3　人体外周血淋巴细胞培养与染色体标本制备

一、实验目的

掌握人体外周血淋巴细胞培养、染色体标本制备的方法。

二、实验原理

外周血液中的小淋巴细胞,几乎都处在 G_1 期(或 G_0 期),一般情况下是不再分裂的,在培养液中加入植物凝血素(PAH)时,这种小淋巴细胞受刺激转化成为淋巴母细胞,随后进入有丝分裂。这样经过短期培养,秋水仙素处理,低渗和固定,就可获得大量的有丝分裂细胞。本法已在临床医学、病毒学、药理学、遗传毒理学等方面广泛应用。

三、实验材料、仪器与试剂

1. 材料

人的外周血。

2. 仪器

2 mL 灭菌注射器、离心管、吸管、试管架、量筒、培养瓶、试剂瓶、酒精灯、烧杯、载玻片、切片盒、天平、离心机、恒温培养箱、恒温水浴锅显微镜等。

3. 试剂

(1) RPMI1640 培养基:称取 RPMI1640 粉末 10.5 g,用 1000 mL 双蒸水溶解,溶液出现混浊或难以溶解时,可用干冰或 CO_2 气体处理,如 pH 值降至 6.0 时,则可溶解而呈透明状。每 1000 mL 溶液加 $NaHCO_3$ 1.0~1.2 g,以干冰或 CO_2 气体校正 pH 值至 7.0~7.2。立即以 5 号或 6 号细菌漏斗过滤灭菌,分装待用。

(2) 肝素:作为抗凝剂使用。称取该粉末 160 mg(每毫克含 126 U),用 40 mL 生理盐水溶解,此溶液的浓度为 500 U/mL。

(3) 秋水仙素(40 μg/mL):作为有丝分裂的阻止剂,它能改变细胞质的黏度,抑制细胞分裂时纺锤体形成,使细胞分裂停留在中期。称取秋水仙素 4 mg,用 100 mL 生理盐水溶解,用 6 号细菌漏斗过滤,然后放入冰箱 4 ℃保存。使用时用 1 mL 注射器吸取该溶液 0.05~0.1 mL,加入 5 mL 的培养物中,其最终浓度为 0.4~0.8 μg/mL。

(4) 植物凝血素(PHA):淋巴细胞有丝分裂的刺激剂。提取 PHA 的方法有两种:一种比较简单,直接用四季豆的浸出液;另一种较复杂,最后制品为粉末。如用之得当,两种方法均可获得良好的效果。

① 盐水浸取法:最好用皮色四季豆,但其他颜色如红斑色、黑色、黄色、白色的四季豆亦可。取豆子 20 g,用水洗净可能黏附在种子外面的化学药物。先在水中浸泡过夜(4 ℃),次日倒去水分,将豆子放入组织搅碎器内,加 30 mL 生理盐水,开动搅碎器使之成为黏糊状,向搅碎器再加 70 mL 生理盐水,混合均匀。置于冰箱保存 24 h。然后以 3000 r/min 离心 15 min,取上清液,用生理盐水稀释 10 倍,5 号细菌滤斗过滤,分装于小瓶,冰冻保存。

② 乙醇乙醚提取法:取四季豆 50 g,先用生理盐水洗净。将豆浸入 60 mL 盐水中,保存于 4 ℃冰箱内,24 h 后用组织搅碎器将其磨成匀浆,再加 140 mL 盐水,置于 4 ℃冰箱中保存 24 h,取出后以 6000 r/min 离心 20 min,吸取上清液,调 pH 值至 5.6(用 0.1 mol/L HCl 调),之后,每 100 mL 上清液加 40 mL 无水乙醇,加以搅拌,以 3000 r/min 离心 15 min,取上清液,弃去沉淀。在每 100 mL 上清液中加 170 mL 10%乙醚无水乙醇(10 mL 乙醚+90 mL 无水乙醇)以 3000 r/min 离心 15 min,取沉淀,放入培养皿中,在含有硅胶的抽气干燥器中抽气 2~4 天,沉淀物逐渐变得干硬。将沉淀物研磨成粉末,以 0.85%NaCl 溶液配成 1%的溶液,此 PHA 溶液经细菌漏斗过滤后分装在小瓶中,冰冻保存。使用时每 5 mL 培养物加 0.1 mL 即可。如果在得到沉淀物后的干燥及研磨等过程中充分保持灭菌操作,那么配成的 PHA 溶液便无须用细菌漏斗过滤。

(5) 抗菌素。

青霉素(以每瓶 40×10^4 U 为例):以 4 mL 生理盐水(或培养基)稀释,则每毫升含 10×10^4 U。取 1 mL,加入 100 mL 培养基中,则最终浓度为 100 U/mL。

链霉素(以每瓶 50×10^4 U 为例):以 2 mL 生理盐水(或培养基)稀释,则每毫升含 25×10^4 U。取 0.4 mL(含 10 U),加入 1000 mL 培养基中,则每毫升含 100 U(即 100 μg)。

(6) Giemsa 染液:取 0.5 g Giemsa 粉末,加 33 mL 纯甘油,在研钵中研细,置于 56 ℃恒温水浴锅中保温 90 min,再加入 33 mL 甲醇,充分搅拌,用滤纸过滤,收集在棕色细口瓶中保存,作为原液。用时以磷酸盐缓冲液(pH7.4)1∶10 稀释。

(7) 0.1 mol/L 磷酸盐缓冲液(pH7.4)。

(8) Carnoy 固定液。

四、实验方法与步骤

1. 培养液的分装

在无菌室或接种罩内,用移液管将培养液和其他各试剂分装于培养瓶。每瓶量为:RPMI1640 培养基 4 mL,小牛血清 1 mL,PHA0.2 mL,肝素 0.05 mL。

双抗(青霉素加链霉素)培养液中最终浓度各为:100 U/mL。

用 3.5%$NaHCO_3$ 溶液调 pH 值到 7.2～7.4,分装到 20 mL 培养瓶中,用橡皮塞塞紧,待用或置于 0 ℃条件下保存。用前从冰箱内取出,放入 37 ℃恒温水浴锅中温育 10 min。

2. 采血

用 2 mL 灭菌注射器吸取肝素(500 U/mL)0.05 mL,湿润管壁。用碘酒和乙醇消毒皮肤,自肘静脉采血约 0.3 mL,在酒精灯火焰旁,自橡皮塞向培养瓶内(内含有生长培养基 5 mL)接种,轻轻摇动几次,置于(37±0.5) ℃恒温培养箱内培养。

3. 培养

置于 37 ℃恒温培养箱内培养 66～72 h,培养过程中每隔一定时间要轻轻摇动一次。

4. 秋水仙素处理

培养终止前在培养物中加入浓度为 40 μg/mL 的秋水仙素 0.05～0.1 mL,最终浓度为 0.4～0.8 μg/mL,置于恒温箱培养中处理 2～4 h。

5. 低渗处理

低渗液的种类较多,如 0.075 mol/L 的 KCl 溶液、0.95%的柠檬酸钠溶液,用蒸馏水稀释 4 倍的 Hanks 液,也可直接用蒸馏水。秋水仙素处理完毕后,小心地从恒温培养箱取出培养瓶,用滴管吸弃上清液,培养物沉积在瓶底,然后加入温育的低渗液 5 mL,用滴管轻轻冲打成细胞悬液,装入离心管中,置于 37 ℃恒温培养箱内处理 30 min,使红细胞破碎,白细胞膨胀。

6. 离心

1000 r/min 离心 5 min,弃去上清液,收集白细胞。

7. 固定

每只离心管中加入 Carnoy 固定液 2～4 mL,片刻后用滴管轻轻冲打成细胞悬液,在室温中固定 20 min 后,离心,吸弃上清液,留下白细胞。

8. 再固定

加入 Carnoy 固定液 2 mL,用吸管轻轻打散,室温下继续固定 20 min(过夜也可以)。

9. 再离心

除去上清液,留下白细胞制片。

10. 制片

向上述离心管中滴入 Carnoy 固定液 0.5 mL,用滴管小心冲打成悬液,从冰箱的冰格中或冰水中取出载玻片,每片滴加悬液 1～3 滴,用嘴轻轻吹散,用电吹风吹干,或在酒精灯火焰上微微烤干。

11. 染色

用 0.1 mol/L 磷酸盐缓冲液(pH7.4)稀释后的 Giemsa 染液染色 20 min,然后倒去染液,用蒸馏水轻轻冲洗。

12. 镜检

待稍干后,在显微镜下检查。先用低倍镜寻找良好的分裂相,然后用高倍镜观察。

13. 封片

用加拿大树胶封片。选择染色体清晰、分散度好的细胞进行显微摄影，进行核型分析。

五、实验注意事项

(1) 接种的血样越新鲜越好，最好是在采血后 24 h 内进行培养，如果不能立刻培养，应于 4 ℃存放，避免保存时间过久，影响细胞的活力。

(2) 在培养中成败的关键，除了至关重要的 PHA 的效价外，培养的温度和培养液的酸碱度也十分重要。人体外周血淋巴细胞培养最适温度为(37+0.5) ℃。培养液的最适 pH 值为 7.2～7.4。

(3) 培养过程中，如发现血样凝集，可将培养瓶轻轻振荡，使凝块散开，继续放回 37 ℃恒温箱培养内培养。

(4) 制片过程中，如发现细胞膨胀得不大，细胞膜没有破裂，染色体聚集成一团伸展不开，可将固定时间延长数小时或过夜。

六、实验结果

人类每个体细胞有 46 条染色体，22 对常染色体和 1 对性染色体，男子是 46，XY(图 6-3、彩图 14)，女子是 46，XX。

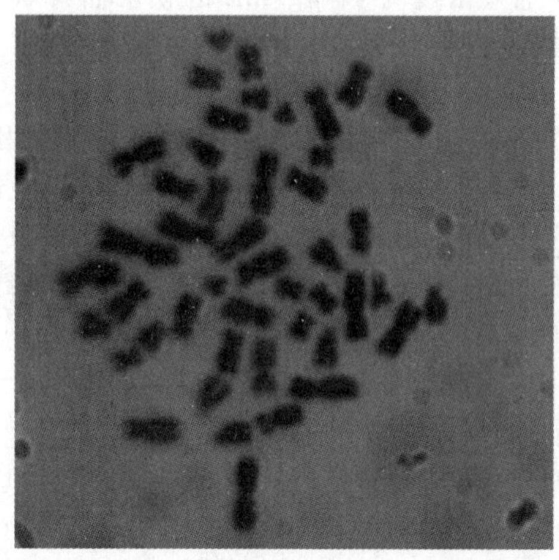

图 6-3　人淋巴细胞染色体(46，XY)

求取以下三个参数：

$$染色体的相对长度=\frac{单个染色体长度\times 1000}{22\text{ 条常染色体总长}+1\text{ 条 X 染色体长度}}$$

$$臂比率=\frac{长臂长度}{短臂长度}$$

$$着丝粒指数=\frac{短臂长度}{染色体全长}\times 100$$

可以将人的 46 条染色体分成 A、B、C、D、E、F、G 七组，作为进一步识别和鉴定染色体的依据。

（何玉池）

6.4　人类染色体 G 带显带技术

一、实验目的

(1) 掌握动物染色体 G 带显带技术。

(2) 了解染色体 G 带在细胞遗传分析中的意义。

二、实验原理

把制备好的染色体标本经过胰蛋白酶、NaOH、柠檬酸盐或尿素等试剂处理后，经过 Giemsa 染色后在染色体上显示出明暗相间的横纹，带纹分布在整个染色体上，这就是染色体的 G 带。因为它主要是被 Giemsa 染料染色后而显带，所以称之为 G 显带技术。Giemsa 染料是由噻嗪染料和曙红组成的混合物，染色体在染色时形成噻嗪-曙红沉淀物，染色过程首先由两个噻嗪分子同 DNA 结合，然后与一个曙红分子结合。其次需要一个有助于染料沉淀物积累的疏水环境。通过胰蛋白酶预处理就可以除去阴性 G 带区的疏水蛋白或者使其变为疏水状态，造成染色体蛋白质的差异而产生 G 带。

三、实验材料、仪器与试剂

1. 材料

人外周血淋巴细胞染色体玻片。

2. 仪器

恒温培养箱、恒温水浴锅、显微镜、染色缸、镊子、烧杯、擦镜纸、量筒、天平等。

3. 试剂

(1) pH6.8 磷酸缓冲液：溶液 A，0.1 mol/L Na_2HPO_4。溶液 B，0.1 mol/L NaH_2PO_4。取 46.3 mL 溶液 A 和 53.7 mL 溶液 B，混合即得。

(2) pH7.0 ICN 液：NaCl 0.80 g、KCl 0.02 g、$Na_2HPO_4 \cdot 12H_2O$ 0.30 g、KH_2PO_4 0.02 g，加蒸馏水至 100 mL。

(3) pH7.0 GKN 液：葡萄糖 0.1 g、KCl 0.04 g、NaCl 0.80 g、$NaHCO_3$ 0.035 g，加蒸馏水至 100 mL。

(4) 0.25% Trypsin 溶液：称取 250 mg 胰蛋白酶，溶于 100 mL ICN 液中。

(5) Giemsa 原液。

四、实验方法与步骤

(1) 先将制备好的染色体玻片在室温下干燥 1～2 周，然后将其置于 60 ℃烘箱中 16～24 h，之后转入 37 ℃培养箱备用。

(2) 将玻片置于已经预热到 37 ℃的 0.25%胰蛋白酶溶液中 0.5～1.5 min(处理时间随气温和标本片龄而变化)。胰蛋白酶溶液可以从染色体上抽取蛋白特定的组成部分，除去疏水蛋白，使其构型变得更加疏水。

(3) 将玻片立即放入 GKN 溶液中漂洗 30 s。

(4) 用 Giemsa 原液与 pH6.8 的磷酸盐缓冲液按 1∶10 配制染色液，染色 15～20 min，然后冲洗玻片，干燥后显微观察。

五、实验注意事项

(1) 胰蛋白酶浓度和处理时间随气温高低有所不同。一般规律是标本存放时间越长，在胰蛋白酶中处理时间越长。太新鲜的标本，染色体会出现毛茸现象。片龄很长的标本往往会出现斑点状的染色体。

(2) 温度越高，反应的速度就越快，一般是室温，但温度必须稳定至少 20 min。

(3) 如果细胞呈紫蓝色，说明胰蛋白酶的作用时间不够，如果细胞呈桃红色，说明作用时间刚好。

六、实验结果

人的染色体 G 带带纹比较丰富(图 6-4)，通过染色体分带技术，可以在染色体上显示出各种带型。结合正常人的各染色体 G 带特征，依次找出 1～22 号染色体和性染色体。

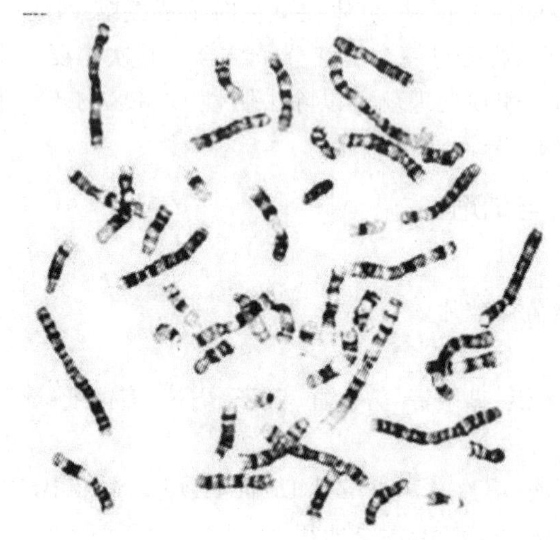

图 6-4　正常人的各染色体 G 带特征

(何玉池)

6.5　染色体核仁组织区的显示

一、实验目的

(1) 掌握银染法显示核仁组织区的原理和方法。

(2) 了解核仁组织区在细胞中的分布情况。

二、实验原理

染色体上为 5.8 S rRNA、18 S rRNA 和 28 S rRNA 编码的基因(rDNA)所在的部位，称为核仁组织区(NOR)。在间期细胞中，这一区域的染色质参与形成核仁，由于核仁直至前期结束才完全消散，所以这一部分染色质常常来不及完全收缩，在中期染色体上，比其他染色质更疏松，因而被淡染，即表现为次缢痕结构。当 NOR 在间期转录时，产生一种与转录活动有关的酸性蛋白，富含巯基和二硫键，能将染液中的银离子还原为金属银而显示为黑色。所以银染法可在中期染色体上显示具有转录活性的 NOR 数目，而且染色的深黑程度还可以反映出基因的活性高低。

三、实验材料、仪器与试剂

1. 材料

新鲜制备的小鼠染色体标本。

2. 仪器

显微镜、烫片台、培养箱、烘箱、载玻片、盖玻片、镊子、洗耳球等。

3. 试剂

50% $AgNO_3$溶液、明胶水溶液(2 g 明胶溶于 98 mL 双蒸水，加热融化冷却后再加入 1 mL 甲酸)等。

四、实验方法与步骤

(1) 把染色体标本置于烘箱中，70°C 老化 2 h。

(2) 在载玻片上滴加 50% $AgNO_3$溶液 6 滴、明胶水溶液 3 滴，用洗耳球轻轻吹动，使两种溶液混匀，小心加上盖玻片。

(3) 将玻片置于 60 ℃烫片台，处理至液体为棕黄色为止，自来水冲洗，空气干燥，镜检。

五、实验注意事项

(1) 滴加 $AgNO_3$溶液和明胶水溶液后，要轻轻使用洗耳球，避免会吹出气泡，影响观察。

(2) 使用 $AgNO_3$溶液要小心，不要滴洒在地面、桌面、手和衣物上，否则会生成黑色污渍而难以除去。

六、实验结果

间期核及染色体为金黄色，染色体上有成对的黑色小点，即为银染后的核仁组织区。

七、作业与思考题

(1) 绘图表示在显微镜下观察到的细胞核结构，并标明核仁等结构。

(2) 间期核内出现核仁有何生理意义？

(宋　鹏)

第7部分　细胞重大生命活动的研究

7.1　细胞生长、细胞分裂与细胞周期

7.1.1　细胞毒和细胞活力测定

一、实验目的

（1）了解细胞毒和细胞生长测定的原理。

（2）掌握几种细胞毒和细胞生长测定的方法。

二、实验原理

细胞生长检测的方法很多，包括碱性磷酸酶检测法（AKP法）、AlamarblueTM摄入法、NAG法、XTT法、[^{3}H]-脱氧胸苷掺入法、三磷酸腺苷检测法（ATP法）、直接计数法等。其中，AKP法和ATP法的检测需要荧光分光光度计，[^{3}H]-脱氧胸苷掺入法具有放射性，直接计数法工作量较大。这些方法存在的问题限制了它们的广泛使用，优点在于它们容易实现，可行性高，并且96孔培养板的使用使得很多稀释物和化合物能被快速测定出来。有些方法则通过测定细胞利用放射性标记的胸腺嘧啶合成DNA的能力来评估药物对细胞群体增殖潜力的影响。

染料排斥试验是一种基于正常活细胞对台盼蓝、萘黑、赤藓红等染料的排斥能力而对活细胞数量进行检测的实验。当细胞膜的完整性受到损伤时，会有染料被吸入细胞，活的细胞由于没有染料进入而显得透明，而且周围有折射环，而没有活性的细胞则被染成深蓝色且细胞周围没有折射环。台盼蓝是排斥试验中最常用的一种染料。台盼蓝排斥试验是一种利用细胞对环境的反应来快速评估细胞活性的方法。它是既简单，又最常用的细胞活力检测方法。数出死细胞总数及未被侵染的细胞（活细胞）数，未被侵染的细胞占总细胞数的百分比即活细胞率。

活细胞率＝活细胞总数/（活细胞总数＋死细胞总数）×100％

MTT的化学名称为3-(4,5-二甲基噻唑-2)-2,5-二苯基四氮唑溴盐，商品名为噻唑蓝。它可接受氢原子而发生显色反应。活细胞中的线粒体具有琥珀酸脱氢酶，能够使外源性的MTT还原为难溶性的蓝紫色结晶物，而死细胞缺乏线粒体活性，因此无此活性。蓝紫色结晶物可以溶解在二甲基亚砜中，应用酶标仪在570 nm波长处可以检测其吸光度值，并根据吸光度值的高低判断细胞数量的多少。在一定数量的细胞范围内，吸光度值与细胞数量成正比。

MTT 法与其他检测细胞活性的方法具有良好的相关性。MTT 法以其灵敏度高、重复性好、操作简便、经济安全而得到广泛应用。由于该法与测定细胞增殖的[^{3}H]-脱氧胸苷掺入法在测定细胞增殖时结果平行，且操作简单、快速、无同位素污染，自建立之后已广泛用于研究细胞增殖、细胞损伤、细胞凋亡。MTT 法在抗癌药物的研究中应用较广。通过比较对照与处理组间细胞的存活率，可以判断抗肿瘤药物的作用强度。

细胞存活率＝实验组吸光度值/对照组吸光度值×100％

增殖的活细胞内部环境的还原性高于非活细胞。四氮唑盐被用来测量这种还原态。在这些盐中，XTT(二甲氧唑黄)比 MTT 更受欢迎，因为 XTT 的溶解性更好，XTT 是一种类似于 MTT 的四氮唑化合物，作为线粒体脱氢酶的作用产物，被活细胞还原成水溶性的橙黄色甲臜产物。但 XTT 也有一些缺点，它对细胞有毒害，会破坏细胞，使得测定的活细胞数减少，所以测定时通常要加入吩嗪硫酸甲酯(PMS)以快速还原有害物质，XTT/PMS 测定有以下特点：①使用方便，免去洗涤细胞；②检测快速；③灵敏度高，甚至可以测定较低浓度的细胞；④检测细胞密度的线性范围大；⑤重复性高。目前，该法已广泛应用于测定不同的生长因子、细胞因子、营养成分等物质促进细胞增殖的作用，也适用于测定抗癌药物或其他生长抑制因子的细胞毒性。

四氮唑化合物被活细胞还原成一种甲臜类产物 MTS，这种产物能在培养基中溶解。MTS 相对于 XTT 的优点是它的溶解性更好且无毒，缺点是需要加入 PMS 来还原。

SRB(磺酰罗丹明 B)测定基于染料与细胞蛋白质碱性氨基酸的结合，然后通过比色法估算出蛋白质的总量，而蛋白质总量与细胞数是联系在一起的。这种测定方法已被广泛地应用在贴壁生长或悬浮培养细胞蛋白质含量的测定中。相对于其他方法，这种方法的优点是线性好，灵敏度高，缺点是需要 TCA(三氯乙酸)来固定细胞。

ATP 对活的细胞来说是最重要的能量来源，它通过荧光酶-荧光素试剂处理后，可用光度计定量测量，光度计是通过它产生的荧光来测量的。通常凋亡的细胞由于细胞完整性被破坏而出现 ATP 水平的下降。ATP 细胞活性测定基于两个步骤。第一步是 ADP 对腺苷激酶来说作为一个基底物质加入，在这种酶的作用下，ADP 被转变为 ATP。第二步是荧光酶催化 ATP 与荧光素作用产生光。发出的光强度用光度计或 β-液相闪烁计数器测量。当在微孔板中培养的细胞测量结束后，有必要使用白壁的微孔板做这个实验，白壁的微孔板适合冷光的测量。

将[^{3}H]-脱氧胸苷掺入正在复制的 DNA，然后通过测定细胞的放射性强度，了解细胞 DNA 合成的状况。由于在测定过程中使用了放射性物质，所以它需要全面的样品准备过程，需要把样品放在琼脂上培养。这种方法既适用于悬浮生长的细胞，也适用于贴壁生长的细胞。

三、实验材料、仪器与试剂

1. 材料

Hela 细胞或其他细胞株。

2. 仪器

CO_2 培养箱、倒置显微镜、超净工作台、血细胞计数板、实验计数器、酶联免疫检测仪、酶标仪、生物发光仪、微量移液器、枪头、Eppendorf 管、吸管、96 孔培养板、24 孔培养板、玻璃闪烁瓶、LS6500 液体闪烁计数器等。

3. 试剂

0.4％台盼蓝溶液、RPMI1640 培养液、小牛血清、胰蛋白酶、含 L-谷氨酰胺的 RPMI1640

培养基、10%胎牛血清(FBS)、胰蛋白酶-EDTA液、XTT钠盐、噻唑蓝(MTT)、吩嗪硫酸甲酯(PMS)、MTS试剂粉末(产自Promega公司)、三氯乙酸(TCA)、1%谷氨酰胺、1%青链霉素、三羟甲基氨基甲烷、乙酸、磺酰罗丹明B、荧光色素-荧光色素酶试剂、含5%胎牛血清的DMEM培养液、0.1 mol/L Tris缓冲液(pH9.0)、琼脂、叠氮化钠、杜氏磷酸盐缓冲液(DPBS)、0.25%胰蛋白酶、二甲基亚砜(DMSO)、MTT溶液等。

四、实验方法与步骤

(一) 台盼蓝排斥试验

(1) 用胰蛋白酶处理或重悬浮处理细胞。确保细胞的重悬浮处理充分,以免细胞团聚而使计数不准确。

(2) 在500 μL Eppendorf管中充分混匀50 μL细胞悬浮液和50 μL台盼蓝溶液,然后将混匀的溶液放置1~2 min。

(3) 用微量移液器吸取1∶1的细胞悬液和台盼蓝染液的混合物,把混合物滴到血细胞计数板的小室边缘。

(4) 将计数板放在显微镜载物台上,低倍镜下(10×)进行计数。

(二) MTT法检测细胞活力

(1) 用0.25%胰蛋白酶消化Hela细胞,并用含有10%小牛血清的RPMI1640培养基制成单个细胞悬液,以每孔10^3~10^4个细胞接种于96孔培养板上,体积为200 μL,并分为两组。

(2) 在CO_2培养箱中37 ℃、5% CO_2以及饱和湿度的条件下,培养3~5天。

(3) 在培养结束后,一组每孔加入MTT溶液20 μL,在37 ℃继续孵育4 h,终止培养,小心吸取孔内的上清液(对悬浮细胞要求离心,离心后弃去上清液)并弃去,然后加入150 μL DMSO,振荡10 min,使紫色结晶溶解;另一组用0.25%胰蛋白酶消化,并用培养基调整,使体积达到200 μL,细胞悬液在计数板上计数细胞。

(4) 在酶联免疫检测仪上,于570 nm波长处检测各孔吸光度值,记录结果。

(三) XTT/PMS测定

准备两个96孔培养板,一个用于培养细胞(A),一个用于稀释样品(B)。

1. 在A板中准备细胞

(1) 这种方法能用在培养贴壁型或悬浮型生长的细胞。

(2) 将细胞株培养在RPMI1640培养基里,加入10%FBS、1%谷氨酰胺和1%青链霉素或其他合适的培养基。

(3) 收集细胞时,细胞必须处在对数生长期(300×10^{-3}~500×10^{-3}个/mL)贴壁培养的细胞,应在细胞群长到最大值的80%时用胰蛋白酶处理。

(4) 每个96孔培养板收集100000个细胞,用培养基加到10 mL,保证里面有10% FBS、1%谷氨酰胺和1%青链霉素。

(5) 从含有100000个细胞的10 mL培养基中,吸取100 μL到每个孔,约含有1000个细胞。

(6) 第一排孔不加任何东西,第二排孔做空白对照(细胞未加药品)。

(7) 对于贴附的细胞,应等待1 h让细胞重新黏附到一起,然后加入药品。

实验中每个孔板加培养基的量取决于细胞被放到孔板后加入药品的量。如100 μL的培养基中含有1000个细胞和100 μL药品,因此要在每个孔板中加200 μL培养基。

2. B 培养板药品的准备

(1) 用微量移液器吸取 125 μL RPMI1640 培养基到 96 孔培养板的每一个孔中。

(2) 在每一排孔内加 125 μL 药品。混匀后，转移 125 μL 到第二排孔，重复这个操作直到最后一排。这样，第一排的药物浓度是 x，第二排的药物浓度是 $x/2$，以此类推。

(3) 从 B 板孔的第 10 排孔吸取 100 μL 含药品的溶液到 B 板孔的最后一排，这样低浓度不会影响后面的转移。

(4) 所有的转移完成后，在对照组中加入 100 μL RPMI1640 培养基。现在每个孔都含有 10%FBS 的培养基。

(5) 在空的一排孔中加入 200 μL 培养基，然后开始培养。

3. 检测过程

(1) 加热 5 mL 纯的 RPMI1640 培养基至 50 ℃，这个温度有利于 XTT 盐充分溶解。

(2) 在 5 mL RPMI1640 培养基中加入 5 mg XTT 粉末(注意 1 mg 都不能多)。

(3) 准备 5 mmol/L PMS 溶液，在含有 0.5 mg PMS 的瓶中加入 326 μL 热的 DPBS。

(4) 加 25 μL 5 mmol/L PMS 到含有 5 mL 培养基与 5 mg XTT 的溶液中。

(5) 将溶液倒入储液器，用一个多通道移液器，在每一个板孔中加 50 μL 上述溶液。1 mL 细胞培养基对应 0.25 mL XTT/PMS 溶液，这个比例不能有差错。先前的步骤中提到过一个每板孔加 200 μL 培养基的 96 孔培养板，须在每个孔加 50 μL XTT/PMS 溶液。

(6) 在 37 ℃培养 2～4 h。

(7) 使用酶标仪测定吸光度，参考波长范围为 450～630 nm。

(四) MTS/PMS 测定

(1) 1 mL 杜氏磷酸盐缓冲液加入 2 mg MTS 粉末。每个 96 孔培养板加 4 mg MTS 到 2 mL DPBS 里。

(2) 准备好 0.92 mg/mL 的 PMS 溶液。

(3) 迅速加 100 μL PMS 到 MTS 溶液中，然后才加到培养的细胞中。

(4) 把溶液倒入储液器，用多通道移液器在每个孔内加 20 μL 上述溶液。

(5) 将培养板放在 37 ℃、5%CO_2湿润的 CO_2 培养箱中培养 1～4 h。

(6) 使用酶标仪测定吸光度，参考波长范围为 490～630 nm。

(五) 磺酰罗丹明 B(SRB)测定

(1) 制备 50%的 TCA 溶液，然后加 50 μL 这种冷的溶液(4 ℃)到每个含有 200 μL 培养基和细胞的孔中，使每个孔中的 TCA 浓度都达到 10%。

(2) 将 96 孔培养板在 4 ℃下放置 1 h。

(3) 然后在每个孔中加 70 μL 1%乙酸配制的 0.4% SRB 溶液，加完后将培养板放在室温下 30 min。

(4) 用 1%乙酸清洗培养板 5 次以去除未固定的 SRB。

(5) 制备好 10 mmol/L 的三羟甲基氨基甲烷溶液，然后在每个培养孔中加 200 μL 这种溶液以溶解固定的 SRB，再把 96 孔培养板放在振荡器上振荡至少 10 min。

(6) 用酶标仪检测 492 nm 波长处的吸光度。

(六) ATP 细胞活性测定

(1) 取对数生长期的细胞，用 0.25%胰蛋白酶消化分散成单个细胞悬液，调整细胞密度为

2×10^5个/mL。

(2) 在24孔培养板每孔加1 mL细胞悬液。

(3) 把培养板放入37 ℃、5%CO_2培养箱中培养5～7天。

(4) 取出培养板，吸出培养液，用无血清培养液洗一次，每孔加1 mL 2%三氯乙酸(TCA)，并用吸管轻轻吹打细胞。

(5) 吸取100 μL ATP抽提液，加入1 mL试管中，再加等量Tris缓冲液中和，调pH值至7.8。

(6) 吸取20 μL中和的ATP样品，加入0.5 mL试管中，将试管放入生物发光仪的样品槽中，立刻加入荧光色素-荧光色素酶试剂，反应5 s，测定ATP样品发光强度。

(7) 以ATP相对含量为横坐标，发光强度为纵坐标，绘制标准曲线。

(七) $[^3H]$-脱氧胸苷掺入测定

1. 细胞的准备

(1) 将3.5 mL 3%的琼脂和16.5 mL含20%乳牛血清的RPMI1640培养基混合，制成0.5%琼脂培养基。

(2) 在24孔培养板每个孔内加入500 μL琼脂混合物。然后把培养板置于4 ℃ 10 min。

(3) 在培养板(含0.4%琼脂混合物)中加入含20%乳牛血清的RPMI1640培养基，打散，最终细胞的浓度要为10000个/mL。

(4) 在每一个凝固底层的孔中加1 mL制备好的细胞悬浮液。

(5) 把培养板放入37 ℃、5%CO_2培养箱培养24 h。

2. 测定过程

(1) 将叠氮化钠以4000 μg/mL的浓度加到对照组的孔中。

(2) 将药品以计划的浓度加到所有剩余的培养孔中。

(3) 加药后培养73 h。

(4) 培养结束后，在每个孔里滴5 μL$[^3H]$-脱氧胸苷。

(5) 培养24 h。

(6) 将每个培养孔中的琼脂层转移到15 mL离心管中，然后在每管中加PBS直到体积为13 mL。

(7) 把试管加热煮沸30 min，然后在1000 r/min的速度下离心5 min。

(8) 弃去上清液，用冷PBS清洗沉淀物2次。

(9) 将试管离心，收集沉淀物，然后用5%TCA清洗沉淀块。

(10) 将每个沉淀块放到0.3 mL 0.075 mmol/L的KOH中，用吸管吸几下，使沉淀溶解。

(11) 将每个溶解的沉淀转移到含有5 mL闪烁液的闪烁瓶中。

(12) 用LS6500液体闪烁计数器测出每个瓶的放射性。

五、实验结果

(一) 台盼蓝排斥试验

未被侵染的且周围有亮环的细胞是活细胞，而被染成深蓝色且周围无亮环的细胞是无活性的细胞。

(二) MTT法检测细胞活力

在酶联免疫检测仪上，570 nm波长处检测各孔吸光度值，记录结果。

（三）XTT/PMS 测定

使用酶标仪测定吸光度，参考波长范围为 450～630 nm。

（四）MTS/PMS 测定

使用酶标仪测定吸光度，参考波长范围为 490～630 nm。

（五）磺酰罗丹明 B(SRB)测定

使用酶标仪检测 492 nm 波长处的吸光度。

（六）ATP 细胞活性测定

吸取 20 μL 中和的 ATP 样品，加入 0.5 mL 试管中，将试管放入生物发光仪的样品槽中，立刻加入荧光色素-荧光色素酶试剂，反应 5 s，测定 ATP 样品发光强度。以 ATP 相对含量为横坐标，发光强度为纵坐标，绘制标准曲线。

（七）[^{3}H]-脱氧胸苷掺入测定

用 LS6500 液体闪烁计数器测出每个瓶的放射性。

六、实验注意事项

(1) 台盼蓝染色时间不要太长，否则对活细胞有毒性作用，会导致死亡细胞数增加。

(2) 酶联免疫检测仪检测的吸光度值仅在适当的细胞浓度时与细胞数目呈线性关系。因此，在实验时必须将细胞调整到适当浓度。

(3) 血清物质会干扰吸光度值测定，因此，在显色后应尽可能将孔内残余培养基吸净。

(4) 设空白对照。与试验孔平行设定不加细胞仅加培养基的空白对照孔，其他实验步骤保持一致。比色时，以空白孔调零。

(5) 加热 RPMI 培养基对于 XTT 的溶解十分重要且要求苛刻。若溶解不完全，XTT 盐会影响实验结果。XTT 加入后的培养时间可变化，最好比 4 h 长。

(6) XTT/PMS 培养基一定要新鲜配制，在 37 ℃活化。

(7) MTS/PMS 加入后的培养时间可变，可能要比原先建议的 1～4 h 长。

(8) 加入 TCA 固定的要求十分严格，否则会导致细胞的移去而不是固定，也将影响随后的结果。

(9) 放射性实验必须严格执行放射性同位素试验操作规程，防止放射性污染。

(10) 所有实验用具做好标记，禁止乱放，以防污染。

七、作业与思考题

(1) 通过实验简述以上各测定方法的主要特点。

(2) 计算细胞存活率。

(3) 绘制细胞活性测定的标准曲线。

（白占涛、何建民）

7.1.2　小鼠 M 期染色体的制备与观察

一、实验目的

(1) 掌握动物骨髓细胞染色体制片的制备方法。

(2) 观察和了解小鼠 M 期染色体的数目及形态特征。

二、实验原理

染色体是细胞分裂时期遗传物质存在的特定形式，是染色质紧密包装的结果。染色体是有机体遗传信息的载体，对染色体的研究在生物进化、发育、遗传和变异中有十分重要的作用。染色体的形态结构在细胞增殖周期中是不断地运动变化的，一般在有丝分裂中期，染色体的形态最典型、最易辨认和区分。因此，制备染色体标本获取的是有丝分裂中期细胞。将适量的秋水仙素溶液注入动物腹腔内，可以阻止分裂细胞纺锤丝的形成，从而积累大量处于分裂中期的细胞。骨髓细胞是一种增殖细胞，利用上述原理，通过常规的制片方法，观察小鼠骨髓细胞的染色体。

三、实验材料、仪器与试剂

1. 材料

体重为 18～25 g 的小白鼠。

2. 仪器

显微镜、冰箱、恒温箱、恒温水浴锅、离心机、注射器、解剖剪、镊子、微量移液器、载玻片、烧杯等。

3. 试剂

0.1%秋水仙素、0.075 mol/L KCl 低渗溶液、Giemsa 染液(Giemsa 原液与 pH6.8 磷酸盐缓冲液体积比为 1∶9)、Carnoy 固定液、生理盐水、蒸馏水等。

四、实验方法与步骤

(1) 0.1%秋水仙素注射。称出小白鼠的体重，取材前小鼠按 2 μg/g 剂量腹腔注射秋水仙素溶液，3～4 h 后采用颈椎脱臼法处死。

(2) 取出小鼠后肢的股骨，剔除附着的肌肉，剪去股骨两端关节。

(3) 收集骨髓细胞。用注射器吸取 37 ℃预热的生理盐水 2 mL，将针头插入骨髓腔中冲洗骨髓，使冲洗液从股骨的另一端流出。收集冲洗液到离心管中，1000 r/min 离心 10 min，弃去上清液。

(4) 低渗处理。将 7 mL 37 ℃预热的低渗液加入离心管中，用吸管混匀，再置于 37 ℃恒温水浴锅中保温 30 min。低渗液可使细胞膨胀，染色体分散，便于观察。

(5) 预固定。取出离心管，加入 1 mL Carnoy 固定液，用吸管将细胞轻轻吹打均匀，1000 r/min离心 10 min，弃去上清液。

(6) 固定。向沉淀物中加入 Carnoy 固定液 5 mL，用吸管轻轻吹打均匀，室温静置 15 min，1000 r/min 离心 10 min，弃去上清液。

(7) Carnoy 固定液重新固定。沿离心管壁缓慢加入 Carnoy 固定液 5 mL，用滴管小心将细胞团块打散，继续固定 20 min。

(8) 制备细胞悬液。离心，弃去上清液，留下沉淀物，加 Carnoy 固定液 0.3 mL，用吸管轻轻吹打，制成均匀的细胞悬液。

(9) 滴片。在干净、预冷的载玻片上以较高高度滴 2～3 滴细胞悬液，自然干燥或在酒精灯上烘干。注意在滴片时要有一定的高度，在可控制范围内越高越好，使细胞膜破裂后易于使染色体散开，并尽量使滴片上的细胞分布均匀，不要重叠。

(10) 染色。在玻片标本上滴加 Giemsa 染液并铺匀，染色 30 min，用自来水缓缓冲去染液至干净，晾干，镜检。

五、实验结果

小鼠的染色体呈 U 形，形态上多为端着丝粒染色体。可配成 20 对，共 40 条染色体。

六、实验注意事项

(1) Carnoy 固定液和 Giemsa 染液须现配现用。

(2) 低渗液处理时间可以稍长一些，低渗处理后的细胞吹打时动作要轻，离心速度不能高于1000 r/min。

(3) 注射秋水仙素时一定要适量适时，过多或处理时间过长都会导致染色体过度缩短或裂解，过少或处理时间过短又达不到停滞细胞分裂的效果。

七、作业与思考题

(1) 绘制小鼠骨髓细胞 M 期染色体图，并注明染色体数目。

(2) 低渗液处理和低温滴片各起什么作用？

（宋　鹏）

7.1.3　动物细胞中早熟染色体凝集的诱导和观察

一、实验目的

(1) 学习细胞融合技术。

(2) 了解染色体提前凝集的原理。

(3) 熟悉间期细胞和前期细胞提前凝集成染色体的特征。

二、实验原理

分裂期细胞内，存在一种称为成熟促进因子(maturation promoting factor，MPF)的物质，与间期细胞融合后可以诱导后者的染色质提前凝集成染色体，这种现象称为早熟染色体凝集(premature chromosome condensation，PCC)。由于间期染色质的存在状态不同，提前凝集后表现出的形态特征也有所区别。G_1 期的染色质 DNA 尚未开始复制，提前凝集后表现出单条细线状；S 期的 DNA 正在复制，提前凝集后表现为粉末状；G_2 期 DNA 已经复制完成，提前凝集后表现为双线性，类似中期染色体的形态，但比中期染色体要细长。

花萼海绵诱癌素 A(calyculin A)是从海绵中提取的一种丝氨酸/苏氨酸磷酸酶抑制剂，将它添加到培养淋巴细胞的培养液中，几个小时后，收集细胞，常规空气干燥法制片，显微镜法可以观察到间期染色质凝集现象。推测花萼海绵诱癌素 A 的加入可能使得细胞内某些蛋白的丝氨酸/苏氨酸位点始终保持磷酸化，在分裂间期激活 MPF，使得染色质凝集。

三、实验材料、仪器与试剂

1. 材料

Hela 细胞或 CHO 细胞。

2. 仪器

CO_2培养箱、细胞培养瓶、水浴锅、离心机、酒精灯、显微镜、计数器、注射器、烧杯、玻璃板、载玻片、滴管、牙签、纱布、5 mL 离心管。

3. 试剂

含10%小牛血清的DMEM培养液、无血清DMEM培养液、50%PEG溶液(取一定量PEG粉末至试管中，高压灭菌后冷却至50 ℃，加入等体积无菌的预热至50 ℃的无血清DMEM培养液，混匀，置于37 ℃保温待用)、0.05 μg/mL秋水仙素(4 ℃保存)、D-Hanks液、0.25%胰蛋白酶、1 mmol/L花萼海绵诱癌素A、0.4%KCl溶液、Carnoy固定液、Giemsa染液、1/15 mol/L磷酸盐缓冲液(pH6.8)、Giemsa工作液等。

四、实验方法与步骤

(一) 细胞融合法诱导细胞染色体凝集

1. M期细胞培养与收集

将长成单层的Hela或CHO细胞按1∶3传代进行培养，待细胞即将长满时用终浓度为0.05 μg/mL的秋水仙素处理4 h。倒去培养液，加入5 mL D-Hanks液，水平方向晃动培养瓶，使中期细胞脱离细胞壁，转移培养液到离心管中，计数，备用。

2. 间期细胞培养与收集

取未加秋水仙素的培养瓶，倒掉培养液，用0.25%胰蛋白酶消化2～3 min，倒掉酶液，加入5 mL D-Hanks液吹打成单个分离细胞，转移至离心管中，计数，备用。

3. 细胞融合

M期细胞和间期细胞1∶1混合(各约为10^6个)，1000 r/min离心8 min，弃去上清液。在37 ℃水浴中一滴滴加入50%PEG溶液0.5 mL，同时轻轻振荡，时间控制在90 s，迅速加入4.5 mL无血清DMEM培养液以终止PEG作用，37 ℃水浴静置15 min，离心，弃去上清液。加入3～4 mL含10%小牛血清的DMEM培养液，悬浮细胞，37 ℃水浴中温育45 min。

4. 常规空气干燥法制片

离心，低渗处理，Carnoy固定液固定，制片，干燥，Giemsa工作液染色，镜检。

(二) 化学试剂法诱导哺乳类动物细胞早熟染色体凝集

(1) 采血及培养。

(2) 培养32 h后，培养液中加入花萼海绵诱癌素A使得终浓度为50 nmol/L，继续培养。

(3) 收集细胞：用吸管将瓶中的细胞轻轻吹散，转移培养液到离心管中，平衡后1500 r/min离心8 min，弃上清液。

(4) 低渗处理：加入0.4%KCl溶液4 mL，用吸管轻轻吹打成细胞悬液，37 ℃下低渗20 min，加入新鲜的Carnoy固定液2滴，混匀后1500 r/min离心8 min，弃上清液。

(5) 固定：沿管壁缓缓加入Carnoy固定液4 mL，吹打均匀，室温静置20 min，1500 r/min离心8 min，弃上清液。

(6) 重复步骤(5)两次。

(7) 沉淀物中加入Carnoy固定液0.5 mL，用吸管吹打成细胞悬液。

(8) 滴片：在预冷的载玻片上滴加2滴细胞悬液，立即置于酒精灯上微微加热干燥。

(9) 染色：用Giemsa工作液染色15 min，流水冲洗，空气干燥。

(10) 镜检。

五、实验注意事项

(1) 收集 M 期细胞时不需要酶解消化，贴壁细胞分裂至中期会变圆，很容易从壁上脱落。

(2) 胰蛋白酶消化贴壁细胞时要把握好消化时间，将培养瓶底对光观察，细胞间出现较大裂缝并且竖立的时候会有大片细胞滑落，表示已经酶解合适。

(3) 倒掉酶液时不要全部倒光，瓶底适当残留一些酶液，因为酶液里会有较多消化下来的细胞。

(4) 花萼海绵诱癌素 A 有毒，操作时要非常小心，避免沾到皮肤。

六、实验结果

(1) 低倍镜下可以看到 PCC 染色体和 M 期染色体结合在一起。

(2) 高倍镜下观察到的单条染色体为 G_1 期的 PCC，成双的染色体片断或粉末状的染色体为 S 期的 PCC，G_2 期的 PCC 也为成双的染色体，但较中期染色体要细长。

七、作业与思考题

(1) 试说明 PCC 的理论和实际意义。

(2) 寻找非中期染色体，并说明是属于什么时期的 PCC。

(3) 查阅资料分析花萼海绵诱癌素 A 与 PCC 现象之间的关系。

（白占涛）

7.1.4　细胞同步化

一、实验目的

(1) 了解细胞同步化的基本原理及意义。

(2) 初步掌握几种同步化操作技术。

(3) 熟悉细胞同步化在生命科学领域中的应用。

二、实验原理

细胞同步化(synchronization)是利用药物和其他方法使细胞停止在细胞周期某个时期的技术。同步生长的细胞群为研究细胞周期分析、细胞周期相关蛋白的分析、DNA 复制与修复有关酶表达、有丝分裂、细胞分化和死亡等细胞生长、代谢方面的问题提供了一个极佳的系统。在细胞培养过程中，细胞多处于不同的细胞周期时相中。不同时相的细胞对药物干预存在不同的反应，会影响实验的重复性，因此需要制备细胞周期一致的细胞。细胞同步化是解决该问题的好方法。

常见同步化方法如下。

1. 选择同步法

选择同步法分为有丝分裂选择法和细胞沉降分离法两种。

1) 有丝分裂选择法

单层贴壁生长的细胞，当其处于有丝分裂期时细胞形态变圆，与培养瓶壁的附着能力下降，松散地附着在瓶壁上，此时加以轻柔的机械处理，如摇晃或拍打培养瓶就可以分离出有丝分裂期的细胞。以该方式分离出来的 90%～98%的细胞处于有丝分裂期。但是采用这种方法得到的细胞数量较少，因为每次处于细胞分裂期的细胞数较少，最终得到分裂期的细胞数量不到全部细胞数量的 2%。

2）细胞沉降分离法

在细胞周期进程中，细胞体积呈线性增加，细胞在某一离心力场中的沉降速度与其半径的平方成正比，据此，可通过密度梯度离心法沉降分离出不同时相的细胞。最大的细胞在底层，最小的细胞在最上层，分层收集可获得大小不同的细胞。该方法无须使用化学试剂，操作时间短，可以直接比较同一来源的细胞中收集到的不同细胞周期时相的细胞组分，同时可以进行细胞同步培养。该方法适合于悬浮培养的细胞。

2. 诱导同步法

诱导同步法分为饥饿同步化法和分裂抑制剂阻断法两种。

1）饥饿同步化法

当细胞培养基中缺乏某种必需营养成分时，细胞会被可逆性地俘获在细胞中期的某一时期，如当 CHO 细胞培养在缺乏异亮氨酸的培养基中时有可能可逆性地被俘获在 G_1 期，一旦条件恢复，正常细胞便能重新获得生长能力且存活率较高。

2）分裂抑制剂阻断法

某些化学物质可使细胞停滞在细胞周期的某一时期，消除抑制后可以获得同步化生长的细胞。常用的方法如下。

(1) DNA 阻断法：任何一种 DNA 合成抑制剂均能将细胞停滞在 S 期。例如，过量的胸腺嘧啶羟基脲能阻止三磷酸脱氧核苷酸的合成，阻止细胞进入 S 期。选用 DNA 合成抑制剂可以可逆地抑制 S 期细胞 DNA 的合成而不影响其他细胞周期运转，最终可将细胞群体阻断在 G_1/S 期交界处。优点是同步化程度高，适用于任何培养体系，可将几乎所有的细胞同步化。缺点是产生非均衡生长，个别细胞体积增大。

(2) 分裂中期阻断法：秋水仙素、秋水仙胺等化学试剂能抑制微管的聚合，因而能有效地抑制有丝分裂装置的形成和功能行使，将细胞阻断在细胞分裂中期，即使细胞同步于 M 期，优点是生长均衡，缺点是可逆性差。

除上述方法外，也可使用手工挑选法、过滤法、膜淘洗法、通气法、温度处理法或辐射处理法获得同步生长的细胞。在选择使用何种方法进行细胞同步化之前应考虑三个因素：细胞类型、需要同步化的细胞时相以及所需的细胞量。在某些情况下，为了提高同步化效率，可将两种或多种同步化方法结合使用。无论采用何种同步化方法都会对细胞的生理过程造成一定的影响，因此在选用某种方法时必须清楚这种方法的作用机制，尽量选择对实验目的影响小的方法。不同的处理使细胞处于不同的时相中，血清饥饿、异亮氨酸剥夺和洛伐他汀使细胞停留在 G_0 和 G_1 期；艾菲地可宁、羟基脲和胸苷可使细胞阻滞于 S 期；洛可达唑使细胞停止在 M 期。

三、实验材料、仪器与试剂

1. 材料

Hela 细胞。

2. 仪器

培养瓶、微量移液器、枪头、小烧杯、10 mL 吸管橡皮头、超净工作台、CO_2 培养箱、倒置显微镜、离心机等。

3. 试剂

无血清培养液、胎牛血清、RPMI1640 培养基、胰蛋白酶(0.25%、0.1%)、2 mmol/L 胸苷、

PBS 缓冲液(pH7.4)等。

四、实验方法与步骤

1. 血清饥饿法(将细胞周期阻滞在 G_0/G_1)

(1) 用 0.25%胰蛋白酶消化对数生长期的 Hela 细胞,收集细胞,6000 *g* 离心 5 min,弃上清液。

(2) 用 37 ℃预温、pH7.4 的 PBS 缓冲液或无血清培养基洗涤细胞两次,重悬于培养液中。培养液中血清浓度低于 0.5%。

(3) 在 CO_2培养箱中 37 ℃、5% CO_2以及饱和湿度的条件下,培养 24～28 h。

(4) 弃去无血清培养液,加入正常血清浓度的培养液,使细胞重新进入细胞周期。细胞约在 12 h 后进入 S 期。

2. 胸苷法(诱导细胞停滞在 G_1/S 期交界)

(1) 添加含 2 mmol/L 胸苷的新鲜培养液于培养对数生长期 Hela 细胞的培养瓶中。

(2) 在 CO_2培养箱中 37 ℃、5% CO_2以及饱和湿度的条件下,培养 12 h。

(3) 弃去含有胸苷的培养液,用等量的完全培养液洗涤贴壁细胞 2 次。更换新鲜培养液,在 37 ℃的 CO_2培养箱中孵育 16 h。

(4) 弃去培养液,再加入 2 mmol/L 胸苷的新鲜培养液,并孵育 12～14 h。

(5) 重复步骤(3)。

3. 有丝分裂摇落法(将细胞截获于 M 期)

(1) 取覆盖瓶底 70%～80%的 Hela 细胞 1 瓶,弃去原培养液,用无血清培养液冲洗。然后加入 3 mL 0.1%胰蛋白酶消化 5 min。轻扣培养瓶,使松动细胞游离下来。

(2) 600 *g* 离心 5 min,并调整细胞浓度至 2.5×10^5个/mL,种入培养瓶,于 37 ℃的 CO_2培养箱中孵育 6 h。

(3) 摇动培养瓶,弃去贴壁的细胞,更换培养液 2 次。加入培养液继续培养 10 h。

(4) 在 10 h 结束后,轻轻摇动或轻扣培养瓶,收集 M 期细胞,600 *g* 离心 5 min,并用培养液将细胞浓度调整至 2.5×10^5个/mL。

(5) 种入培养瓶,于 37 ℃的 CO_2培养箱中孵育 2 h,细胞进入 G_1期。

五、实验注意事项

(1) 血清饥饿法必须注意无血清培养液处理细胞的时间,时间过长将引起细胞不可逆进入 G_0期或凋亡。

(2) 有丝分裂摇落法必须注意胰蛋白酶的摇落时间,过长的消化时间将引起其他周期的细胞增加。

六、实验结果

根据以上三种方法操作得到不同时相的同步化细胞,用流式细胞仪检测细胞群体的细胞周期的均一性。

七、作业与思考题

(1) 描述不同时期的同步化现象。

（2）作用方式不同，同步化结果也不同，其原因是什么？

（白占涛）

7.1.5 细胞周期的流式细胞仪检测

一、实验目的

（1）学习并掌握运用流式细胞仪检测细胞周期的方法。

（2）了解流式细胞仪在细胞生命领域的应用。

二、实验原理

流式细胞仪技术（flow cytometry，FCM）是20世纪70年代发展起来的一种集激光技术、计算机技术、细胞荧光化学技术、免疫化学技术等技术为一体的新技术，它广泛用于细胞特征分析和细胞分选实验。利用该技术可以进行细胞周期分析、DNA倍体分析、细胞凋亡和凋亡相关蛋白检测、细胞内外因子的检测、造血干细胞检测、染色体检测、细胞膜电位和胞内pH值检测等各种基础研究领域。

细胞周期是指从一次细胞分裂结束开始，经过物质准备，直到下一次细胞分裂结束的生命活动过程，分为细胞间期和细胞分裂期（mitosis，M）。细胞间期是物质准备和积累阶段，分裂期则是细胞分裂的实施过程。其中，间期又可以划分为DNA合成前期（G_1，gap 1）、DNA合成期（S，synthesis）和DNA合成后期（G_2，gap 2）。在此期间的任务主要是完成染色质中的DNA复制和相关蛋白质的合成。整个细胞周期表示为：G_1期→S期→G_2期→M期。根据各个时期发生的事件可以看出，细胞内DNA含量也相应地发生周期性变化。在G_1期，细胞开始合成RNA和蛋白质，但DNA含量仍然保持二倍体，进入S期后，开始合成DNA，此时细胞核内DNA的含量介于G_1期和G_2期之间，即介于二倍体与四倍体之间，在S期完成之后进入G_2期及M期，此时DNA含量为四倍体状态。因此，可将DNA在不同时期内的变化作为检测指标，检测细胞周期状态。碘化丙啶（propidium iodide，简称PI）是一种双链DNA的荧光染料。碘化丙啶和双链DNA结合后可以产生荧光，荧光强度和双链DNA的含量成正比。细胞内的DNA被PI染色后，可以用流式细胞仪对细胞进行DNA含量测定，然后根据DNA含量的分布情况，进行细胞周期分析。碘化丙啶染色后，假设G_1/G_0期细胞的荧光强度为1，那么含有双份基因组DNA的G_2/M期细胞的荧光强度的理论值为2，正在进行DNA复制的S期细胞的荧光强度为1～2。

本实验就用PI标记DNA的方法，运用流式细胞仪测定细胞内DNA的相对含量，进而检测细胞周期。但由于PI不能直接透过活细胞膜进入细胞内，因此需要用乙醇在细胞膜上打孔，使PI进入细胞并将细胞固定；另外，PI可同时与胞内的DNA、RNA结合，因此需要用RNA酶降解RNA后方可检测DNA。

三、实验材料、仪器与试剂

1. 材料

培养的Hela细胞或Jurkat细胞。

2. 仪器

CO_2培养箱、离心机、冰箱、微量移液器、离心管、流式细胞仪、24孔培养板等。

3. 试剂

PI 染液：称(量)取 PI 5 mg、RNase A 2 mg、1.0% TritonX-100 0.25 mL、生理盐水 65 mL、柠檬酸钠 100 mg，加蒸馏水至 100 mL，调 pH 值至 7.2～7.6，用棕色瓶分装，4 ℃避光保存。PBS 缓冲液、细胞培养基、70%乙醇(保存在 4 ℃)等。

四、实验方法与步骤

(1) 细胞样品的准备：

在做此实验之前，提前一天将 $(0.5\sim1)\times10^6$ 的细胞接种于 24 孔培养板，37 ℃，5% CO_2 下培养 24 h，之后采取如下步骤。①对于贴壁细胞：小心收集细胞培养液到一离心管内备用。用胰蛋白酶消化细胞，至细胞可以轻轻用移液管或枪头吹打下来时，加入前面收集的细胞培养液，吹打下所有的贴壁细胞，并轻轻吹散细胞，再次收集到离心管内。1000 r/min 离心5 min，沉淀细胞。②对于悬浮细胞：1000 g 左右离心 5 min，沉淀细胞。对于这两种细胞，在离心前，取出细胞悬液进行细胞计数，将细胞数调整在 $(1\sim5)\times10^6$ 个/mL。

(2) 向细胞沉淀中加入 5 mL PBS 缓冲液，1000 r/min 离心 5 min，弃上清液，再重复一次。

(3) 弃上清液，加入 5 mL 预冷的 70%乙醇，吹打均匀，4 ℃固定过夜。

(4) 1000 r/min 离心 5 min，收集固定细胞，弃上清液，加 3 mL 预冷的 PBS 重悬细胞。

(5) 再次离心，弃去 PBS。

(6) 加入 1 mL PI 染液，4 ℃、避光孵育染色 30 min。

(7) 上机检测。PI 用 488 nm 激发波长激发，由 630 nm 带通滤光片接收，收集 10000 个细胞，分析 PI 荧光直方图上细胞各个周期的百分率。

五、实验注意事项

(1) 本实验所用染料为荧光染料，需要在避光条件下操作与保存。

(2) 细胞悬液制备好后，要检测细胞质量，确认是否聚集或细胞碎片过多，再进行细胞计数，保证细胞浓度在 10^6 个/mL 左右。

六、实验结果

图中的数据代表的意义依次是：G_1/G_0 期、S 期、G_2/M 期的细胞分别占细胞总数的

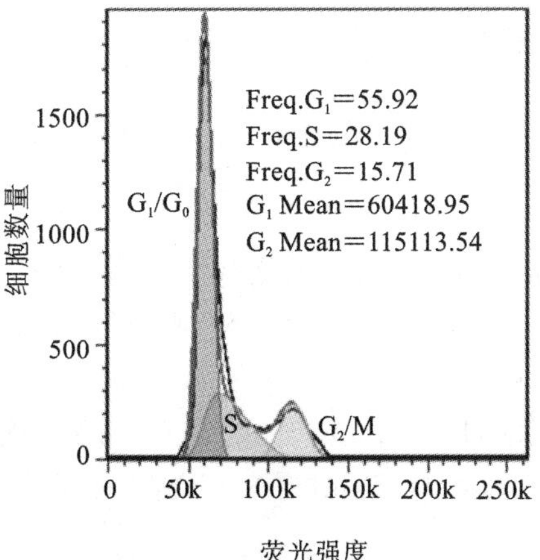

图 7-1　PI 荧光直方图

55.92%、28.19%、15.71%；G_1/G_0 期荧光强度为 60418.95，G_2/M 期的荧光强度为 115113.54。二者之间的荧光强度比 115113.54/60418.95 等于 1.91，约等于 2，这就是说 G_2/M 期 DNA 含量为 G_1/G_0 期的 2 倍。

七、作业与思考题

（1）标明你所测的样品中各周期时相所占的百分比。

（2）流式细胞仪检测细胞周期的原理是什么？除了 PI 染料，是否还有其他的染料可用？

（白占涛）

7.2 细胞分化

7.2.1 植物细胞的脱分化与再分化

一、实验目的

（1）了解和掌握植物组织培养的方法及要点。

（2）经无菌操作，将胡萝卜储藏根培养成愈伤组织。

（3）经无菌操作，将菊花花瓣培养成完整植株。

二、实验原理

植物组织培养的理论依据是分化了的植物根、茎、叶细胞往往具有细胞全能性。所谓细胞全能性是指植物体任何一个细胞都携带着一套能发育成完整植株的全部遗传信息，在离体培养条件下，这些信息可以表达，产生出完整植株。而要使细胞的全能性表达出来，须在一定条件下进行离体培养，给予一定的营养与激素，经过脱分化产生愈伤组织。愈伤组织是一种能迅速增殖的无特定结构和功能的细胞团。愈伤组织经过进一步的分化培养，提供不同的营养和激素成分，又可再生出完整的小植株，这个过程是愈伤组织再分化的过程。

三、实验材料、仪器与试剂

1. 材料

胡萝卜块根、菊花花瓣。

2. 仪器

电子天平、高压灭菌锅、超净工作台、培养箱或培养室、烧杯、搅拌棒、容量瓶、量筒、移液管、三角瓶(100 mL)、培养皿、镊子、解剖刀、手术剪、酒精灯、滤纸、牛皮纸、橡皮筋等。

3. 试剂

1 mol/L NaOH、1 mol/L HCl、0.1%升汞、70%乙醇、蔗糖、琼脂、6-苄基氨基嘌呤(6-BA)、2,4-二氯苯氧乙酸钠(2,4-D)、萘乙酸(NAA)等。

四、实验方法与步骤

（一）胡萝卜愈伤组织的诱导

1. 培养基母液的配制

配制培养基前为了使用方便以及用量准确，常将大量元素、微量元素、铁盐、有机物质、激素类分别配制成一定比例培养基配方的母液。配制培养基时，只需要按预先计算好的量吸取母液即可。配制母液的过程中需注意，各种化学物质必须充分溶解后才能混合，以避免药物间出现化学反应产生沉淀。配好的母液要标记好配制日期以及药物的浓度。

2. MS 培养基的配制与分装

取大烧杯一个，先加入约 300 mL 蒸馏水，根据所配培养基的要求，从各母液取大量元素、微量元素、铁盐、维生素、激素等，最后定容到所需的量。用 1 mol/L NaOH 或 1 mol/L HCl 调 pH 值至 5.8，每升培养基中加入 6.5 g 琼脂粉和 30 g 蔗糖，加热并不断搅拌，待琼脂完全溶解，呈透明状即可。将配制好的培养基分装于清洗干净、烘干的 100 mL 三角瓶中，培养基高度约 1 cm 时封好瓶口。

基本培养基中添加的激素种类是根据培养材料及培养目的的不同来确定的。一般 MS 培养基中附加 2 mg/L 2,4-D 和 0.2 mg/L 6-BA 适合胡萝卜块根愈伤组织的诱导。

3. 灭菌

将分装好的培养基、蒸馏水、培养皿、滤纸及接种用具放入高压灭菌锅进行灭菌消毒。当压力升到 0.5 kg/cm^2时，打开放气阀，放气 5 min 后，再把放气阀关上，当压力升到 0.11 MPa 时，开始计时，这时保持高压灭菌 20 min。灭菌后培养基放置 2～3 天，瓶内水分吸干后即可使用。

4. 外植体消毒

用自来水将胡萝卜块根反复冲洗干净，切取中间 5 cm 的一段，在超净工作台上，用 70% 乙醇浸泡 30 s，然后用无菌水冲洗后，再用 0.1%升汞消毒 15 min，倒去升汞后，用无菌水冲洗 3～5 次。

5. 接种

在经紫外消毒的超净工作台上，把消毒好的材料放到培养皿中，用镊子和解剖刀将材料切成 5 mm^3的组织块（注意每块都应带有形成层），接种在含激素的 MS 培养基上。接种后，将材料名称、日期及姓名等信息写在包头纸或培养瓶上。

6. 培养

将接种好的材料放在 26～28 ℃的条件下黑暗培养 2～3 周，即可出现愈伤组织，培养 4～5 周，愈伤组织达到高峰。期间每周观察培养物的形态变化。

（二）菊花花瓣的脱分化与再分化

1. 培养基的配制

适合菊花花瓣分化培养的培养基为 MS＋3 mg/L 6-BA＋0.1 mg/L NAA＋30 g 蔗糖＋7 g琼脂粉，用 1 mol/L NaOH 或 1 mol/L HCl 调 pH 值至 5.8。

2. 外植体的选择和消毒

选取新鲜的菊花花瓣，用洗衣粉洗净表面，将菊花的花瓣用自来水冲洗 30 min，用 70%乙醇浸泡 30 s，再用 0.1%升汞分别消毒 10 min，无菌水冲洗 4～5 次，用无菌滤纸吸干水分。

3. 接种培养

在无菌条件下将花瓣头尾剪去，接种到 MS+3 mg/L 6-BA+0.1 mg/L NAA 的诱导培养基上。培养温度为(25±2) ℃，光照强度为 2000 lx，光照时间为 12 h/d，空气相对湿度为 65%左右。培养 15 天后出现愈伤组织，继续培养 10 天左右开始分化出不定芽。继续增殖培养达到所需芽丛数。当芽长到 1～2 cm 时，在无菌条件下分割芽，转入 MS+0.5 mg/L NAA 的生根培养基上，继续培养 1 周左右，就可长出白根，形成完整植株。

4. 移栽

待试管苗长出完整根系后，在培养室放置 2 天，再将这些组织培养的小植株连瓶放置在移栽的环境中适应几天后，从瓶中取出具有根、茎、叶的完整幼苗，移栽于经过除菌剂处理的含有机质丰富的土壤中，遮阴培养，约 2 周后新根长出即可成活。

五、实验注意事项

(1) 接种用的工具、器皿及培养基必须经过高压灭菌。

(2) 接种前超净工作台要用紫外消毒 20 min，接种者在进入超净工作台前要用肥皂洗净双手，然后用 70%酒精棉球对手进行消毒。

六、作业与思考题

(1) 观察接种的外植体在接种 1 周后产生愈伤组织的颜色和质地，计算愈伤组织诱导率。

愈伤组织诱导率=(形成愈伤组织的材料数/总接种材料数)×100%

(2) 每隔一周观察并记录培养物的生长情况。

(3) 分析影响愈伤组织诱导和分化的主要因素。

(武　燕)

7.2.2　血细胞的分化和不同类型血细胞的观察

一、实验目的

(1) 掌握微量采血及血涂片制作的方法，观察和识别血液中的红细胞、各类白细胞，单核细胞以及淋巴细胞。

(2) 了解血细胞分化的基本知识，目前研究中的主要科学问题及其在临床应用中的意义。

二、实验原理

血液中的各种血细胞均是造血干细胞在体内特定的环境下增殖与分化的结果(图 7-2)。处在不同分化程度的造血细胞与其周围的基质细胞相互作用，以及在各种细胞因子的作用下，完成了这一涉及细胞增殖、分化、凋亡和迁移等复杂调控过程，最终产生多种具有一定数量和特定功能的细胞类型。其中包括髓系的红细胞、巨噬细胞、巨核细胞、嗜酸性粒细胞、嗜碱性粒细胞、中性粒细胞、树突状细胞，以及淋巴系的 T 淋巴细胞、B 淋巴细胞、NK 细胞和树突状细胞等。在人胚胎发育的 6 周到 4 个月(小鼠胚胎发育 12～15 天)是胎儿肝造血的活跃时期。此后，肝中的造血干细胞迁至骨髓，成为主要的造血器官。

各类血细胞在血液中所占比例不同。其中，红细胞所占比例最大，在显微镜下最易观察到。经瑞氏-Giemsa 染液染色后，在显微镜下比较容易找到并辨认的是嗜酸性粒细胞、嗜碱性

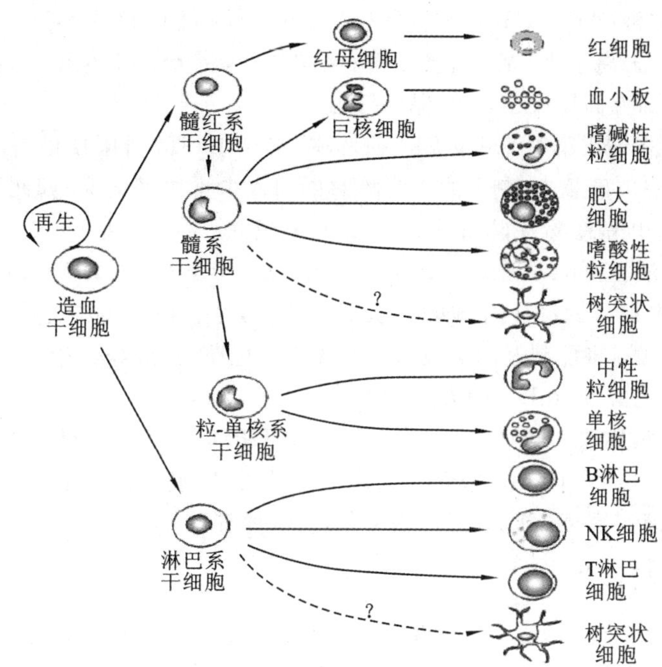

图 7-2　造血干细胞分化

粒细胞和中性粒细胞 3 种白细胞，单核细胞以及体积比红细胞稍大的淋巴细胞。

在外周血中，还存在极少量的造血干/祖细胞以及处于不同分化阶段的血细胞，由于它们数量少，结构特征不明显，因此，很难从形态学上分辨出来。但是，可以根据其细胞表面的特异标志膜蛋白（如 CD34 等），用流式细胞仪进行分析和分选出来。用同样的技术，还可以分析和研究血液中不同的淋巴细胞及其亚群，如众所周知的可被 HIV 感染，带有 CD4 表面抗原的 T 淋巴细胞。

鉴于血液在医学临床诊断和治疗中的重要作用，特别是造血干细胞在骨髓移植和多种疾病治疗中的独特功效，近年来人们加大了对造血干细胞体外扩增和定向分化成多种血细胞的研究力度，发现并证实了一系列与之相关的调控信号通路。同时，由小鼠和人的胚胎干细胞体外诱导产生造血干细胞的研究，也取得了很大的进展。

由于成熟的血细胞呈游离状态且具有各自的表征，因此，它们也是研究细胞分化及其调控机制很好的实验材料。本实验以小鼠（或人）的外周血为实验材料，观察不同类型的血细胞。同时，应用免疫荧光技术，显示 CD4 等抗体标记呈阳性的淋巴细胞。有条件的实验室，还可以进一步用流式细胞仪分析和分选这一细胞亚群。流式细胞术是目前在细胞生物学和免疫学等领域研究中经常使用的实验技术。

三、实验材料、仪器与试剂

1. 材料

小鼠（或人血）。

2. 仪器

普通光学显微镜、荧光显微镜或流式细胞仪、微量毛细吸管、酒精棉球、载玻片和血推片等。

3. 试剂

（1）肝素：用生理盐水将肝素配制成 800 U/mL 的无菌溶液，置于 4 ℃保存备用。

(2) 红细胞裂解液($Tris-NH_4Cl$):称取 Tris 2.06 g,NH_4Cl 7.7 g,置于 1 L 烧杯中,向烧杯中加入约 800 mL 去离子水,充分搅拌溶解;滴加盐酸,将 pH 值调至 7.2,然后加去离子水将溶液定容至 1 L;高温高压灭菌,4 ℃保存备用。

(3) 瑞氏染液:将瑞氏染料 0.1 g 放入研钵中,加少量甲醇研磨使染料溶解,然后将已溶解的染料倒入洁净的玻璃瓶内,剩下的未溶解的再加入少量甲醇研磨;如此继续操作,直至全部染料溶解完为止,甲醇总量为 60 m L;配制的染料密封保存。

(4) Giemsa 染液:Giemsa 粉 0.5 g,甘油(AR)33 mL,甲醇(AR)33 mL。将 Giemsa 粉 0.5 g放入研钵中,先加入少量甘油,研磨至无颗粒为止,然后将全部甘油倒入,放置于 56 ℃温箱中,2 h 后,加入甲醇,将配制好的染液密封保存于棕色瓶内(最好于 0～4 ℃保存)。

(5) 促染剂:纯乙醇 60 mL+10 mL 冰乙酸。

(6) PBS 缓冲液:称取 NaCl 8 g,KCl 0.2 g,Na_2HPO_4 1.42 g,KH_2PO_4 0.27 g,置于 1 L 烧杯中,向烧杯中加入约 800 mL 去离子水,充分搅拌溶解,滴加浓盐酸将 pH 值调至 7.4,然后加去离子水将溶液定容至 1 L,高温高压灭菌,室温保存。

四、实验方法与步骤

(1) 小鼠眼内眦取血 100 μL,加入装有 10 μL 肝素的离心管中轻轻摇匀,抗凝。

(2) 取 10 μL 全血用于制作血涂片,做染色和细胞形态观察。

(3) 其余 90 μL 移入 10 mL 细胞离心管中,加红细胞裂解液 6 mL,混匀,室温作用 10 min。以 1500 r/min 离心 8 min。弃上清液,用 PBS 洗细胞 1 次。以 1500 r/min 离心 5 min。弃上清液,将细胞重悬于 100 μL PBS 中,制成白细胞悬液,细胞计数并取 10 μL 制作血涂片,做染色和细胞形态观察。

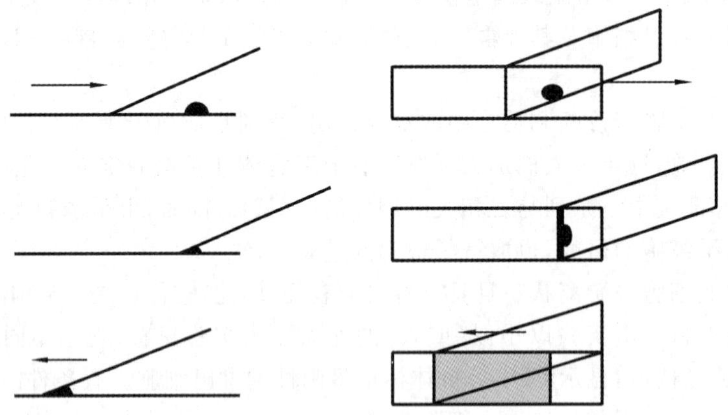

图 7-3 血细胞涂片制作示意图

(4) 取 2×10^5～2×10^6 细胞(体积 50～100 μL),加入荧光分子 FITC(或 PE、APC、Cy3、Cy5 和 PerCP 等)标记的 CD4 抗体,室温避光作用 30 min。向离心管中加入 1 mL PBS,以 1500 r/min 离心 5 min。弃上清液,再用 1 mL PBS 洗细胞 1 次,以 1500 r/min 离心 5 min。弃上清液,将细胞悬于 500 μL PBS 中,FACS 检测;或将细胞悬于 50 μL PBS 中,滴在载玻片上,荧光显微镜下观察。

(5) 血涂片的制作(图 7-3)与瑞氏-Giemsa 双染色:

① 取全血 10 μL 或白细胞悬液 10 μL,置于载玻片的一端,左手持载玻片,右手以边缘平滑的推片的一端从血滴前方后移接触血滴,血滴即沿推片散开。然后使推片与载玻片夹角保

持 30°～45°平稳地向前移动。载玻片上保留下一薄层血膜，用甲醛固定。

② 血涂片制成后可手持载玻片在空气中挥动，使血膜快速干燥，减少血细胞的皱缩，干后，加促染剂两滴，晾干。

③染色前，用蜡笔在血膜两侧画线，以防染液溢出。然后将血膜平放在染色架上。加瑞氏染液 2～3 滴。覆盖整个血膜，染色 20 min，自来水冲洗，蒸馏水洗。

④ 复染(1 滴 Giemsa 染液加 8 滴蒸馏水染 3～5 min)，自来水冲洗，蒸馏水洗，晾干，即可将血涂片置于显微镜下进行镜检。

染色时应注意保护血膜尾部细胞，不能划掉。因为体积较大细胞常在此处出现。

(6) 观察与记录：红细胞染成浅红色，中央着色浅，周围较深；中性粒细胞胞核多呈分叶状，被染成深蓝色、胞质染成浅粉红色；嗜酸性粒细胞胞核被染成浅蓝色，颗粒染成亮红色；淋巴细胞胞核被染成深紫色，胞质染成浅天蓝色；单核细胞胞核被染成蓝色，胞质染成天青色；嗜碱性粒细胞染成蓝色。因红细胞的数量占细胞总数的 90%以上，所以在除去红细胞的血涂片中，更易观察到不同类型的白细胞。

免疫标记结果显示了表面抗原 CD4 阳性的细胞，流式细胞仪可进一步分析 CD4 阳性的细胞的数量并可将其从细胞群体中分离纯化，做进一步的研究。

记录观察结果，并对血细胞的分化与其生物学功能进行分析和讨论。

五、实验注意事项

(1) 一张良好的血涂片，要求厚薄适宜，头、体、尾分明，分布均匀，边缘整齐，两侧留有空隙。血涂片制好后最好立即固定染色，以免细胞溶解和发生退行性变。若血膜未干透，则细胞尚未牢固黏附在载玻片上，在染色过程中容易脱落，因此血膜必须充分干燥。

(2) 染色时染液不可过少，以防染料蒸发干燥而沉着于血涂片上难以冲洗干净，冲洗时应用流水将染液冲去，不能先倒掉染液，以免染料沉着于血涂片上。

(3) 染色时应注意保护血膜尾部细胞，不能划掉，因为体积较大细胞常在此处出现。

(4) 免疫标记抗体的用量取决于细胞数量和抗体效价，一般与细胞体积的比例为 1∶(10～100)，具体用量根据生产厂商的推荐用量和预实验决定。

(5) 本实验也可用人血作为实验材料，所用相关抗体一般较小鼠便宜。

(6) 染色过淡可以复染，复染时应先加缓冲液，然后加染液。染色过深可用流水冲洗或浸泡，也可用甲醇脱色。

(屈长青)

7.3　细胞凋亡

7.3.1　细胞凋亡的形态学观察

一、实验目的

(1) 了解几种细胞死亡的方式，学习细胞凋亡对生命体的意义。

(2) 掌握用荧光染料染色法观察凋亡的细胞,以便更加形象、深刻地了解细胞凋亡。

二、实验原理

细胞死亡是生物体一种常见的生理现象。对于单细胞而言,细胞死亡就是个体死亡;对于多细胞生物来说,细胞死亡是其维持正常发育以及生命活动的必要条件。目前,死亡方式主要包括 3 种:细胞凋亡(apoptosis)、自噬性细胞死亡(autophagy)、细胞坏死(necrosis)。这 3 种方式均受到细胞内在基因的调控,但各自具有不同的形态和分子特征。正是因为它们具有各自的特征,让人们更能深入地了解细胞死亡的功能与机制。

细胞凋亡,又称程序性细胞死亡(programmed cell death,PCD),是细胞在一定生理或病理条件下,按照自身程序主动死亡的过程。它是一种生理性保护机制,能够清除体内多余的、受损的或危险的细胞而不对周围的细胞或组织产生损害。细胞凋亡涉及一系列基因的激活、表达以及调控,在胚胎发生、器官发育及机体免疫等过程中起着重要的作用。例如,高等哺乳动物指(趾)间蹼的消失、蝌蚪尾巴的消失、胸腺细胞的选择性成熟与分化、免疫细胞对病原体感染的细胞的杀伤等过程,都涉及或者必须通过细胞凋亡来实现。当前,有关动物细胞凋亡的功能与机制的研究最为深入。

典型的动物细胞凋亡过程,在形态学上具有以下一般特征:细胞体积缩小,与邻近细胞脱离,细胞质及胞浆浓缩,细胞核内染色质固缩并聚集于核膜附近,细胞膜突出形成质膜小泡,脱落后形成凋亡小体,其内可保留完整的细胞器和致密染色质,之后凋亡小体被周围的巨噬细胞等吞噬(图 7-4)。由于在整个过程中,细胞膜保持完整,内含物不会泄露,因此不会引起炎症反应,这与细胞坏死不同,后者的细胞膜会被破坏。人们通常从形态学特征的改变,如细胞核皱缩、染色质凝集、细胞膜翻转等来认识细胞凋亡。本实验主要通过对细胞核内染色质的形态变化来观察细胞凋亡的过程。

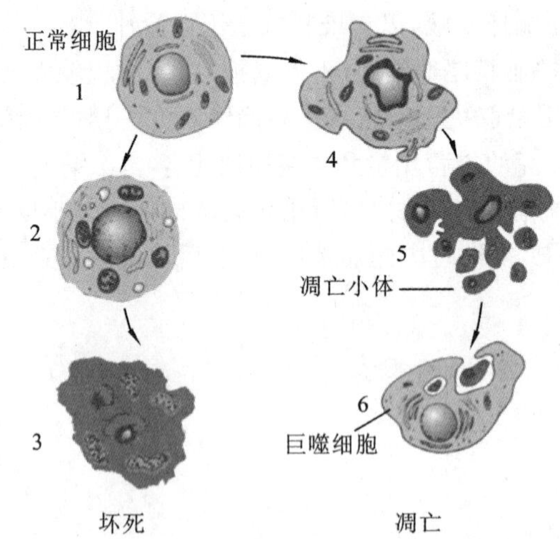

图 7-4 细胞凋亡与坏死的模式图

正常活细胞经染色后,荧光均匀分布,而凋亡的细胞呈致密浓染的颗粒状或块状荧光。在常见的用于染色质染色的染料中,吖啶橙(AO)、4,6-联脒基-2-苯基吲哚(DAPI)、Hoechst 33342(HO 33342)、Hoechst 33358(HO 33358)、碘化丙啶(PI)、溴化乙锭(EB)可以透过完整的细胞膜,对活细胞与死细胞均能染色,而 PI 和 EB 不能透过活细胞膜,只能对死细胞染色。

三尖杉酯碱(HT)是我国自行研制的一种对急性粒细胞白血病、急性单核细胞白血病等有良好疗效的抗肿瘤药物。研究表明，HT 在 0.02～5 μg/mL 范围内作用 2 h，即可诱导 HL-60细胞凋亡，并表现出典型的凋亡特征。

三、实验材料、仪器与试剂

1. 细胞

人早幼粒白血病 HL-60 细胞。

2. 仪器

25 mL 培养瓶、CO_2 培养箱、1.5 mL Eppendorf 管、微量加样器、加样头、荧光显微镜等。

3. 试剂

(1) RPMI1640 完全培养基。

(2) 三尖杉酯碱(HT)：用 PBS 缓冲液(pH 7.4)配制成 1 mg/mL。

(3) 0.067 mol/L PBS 缓冲液(pH6.8)：$Na_2HPO_4 \cdot 12H_2O$ 11.81 g、KH_2PO_4 4.5 g，用蒸馏水溶解并定容至 1000 mL。

(4) Giemsa 染液：Giemsa 粉 0.5 g，甘油 33 mL，将 Giemsa 粉置于研钵内，先用少量甘油与之充分混合，研磨至无颗粒；然后将剩余的甘油混在一起，56 ℃保温 2 h 后，再加入 33 mL 纯甲醇，制备成 Giemsa 原液，保存于棕色瓶内。用时吸出少量用 0.067 mol/L PBS 缓冲液，以 1∶20 的比例稀释成工作液。

(5) EB 溶液：用 PBS 缓冲液(pH 7.4)配制成 100 μg/mL 的溶液，－20 ℃避光保存备用。

(6) AO 溶液：100 μg/mL，4 ℃避光保存备用。

四、实验方法与步骤

1. 细胞培养与凋亡诱导

按浓度为 5×10^5 个/mL HL-60 细胞接种于 25 mL 培养瓶中，加入 6 mL 新鲜的 RPMI1640 完全培养基，37 ℃，5% CO_2 条件下培养 24 h(细胞长至平板的 50%～60%)，在结束前 2.5 h 给细胞培养液中加入终浓度为 1 mg/mL 的三尖杉酯碱储存液，诱导细胞凋亡；同时，设置空白对照孔，即不加三尖杉酯碱诱导以及加入同体积的 PBS 缓冲液作阴性对照。

2. 细胞悬液的准备

将处理好的细胞收集到离心管中，1000 *g* 离心 10 min，用培养基调整细胞密度为 2×10^6～2×10^7 个/mL。

3. 细胞染色

(1) Giemsa 染色：取一滴细胞悬液于载玻片上，涂片，室温晾干之后，用甲醇固定 3～5 min，然后用 Giemsa 工作液染色 10～15 min，染色完成后，用流水冲洗掉染液，吸水纸吸干后，封片镜检。

(2) 荧光染料双染：取 0.1 mL 细胞悬液，以 1∶1 比例加入 EB 溶液、AO 溶液，二者的终浓度均为 2 μg/mL(即各加入 2 μL)，于室温下轻轻混匀，并染色 1 min。然后取一载玻片，用双面胶围成一小室，从离心管中各取以上染色后的细胞悬液 10 μL，加入小室内，盖上盖玻片，荧光显微镜下先用透射光观察，调好焦距和放大倍数，再用紫外激发光，高倍镜下观察，区别三种细胞，并注意三者的比例。

五、实验注意事项

(1) 三尖杉酯碱用量不能太大，作用时间不能太长，否则，细胞以坏死为主。

(2) EB有毒,应小心保存和使用,注意个人保护,操作过程中应戴上橡胶手套或一次性手套,避免接触皮肤。

(3) EB、AO为荧光染料,注意避光。

(4) Giemsa染液染色时应防止形成氧化膜,在染色结束后不用先倒掉染液,直接用水冲洗即可。

六、实验结果

(1) 用Giemsa染液染色后,正常细胞核被染成蓝色或蓝紫色,色泽比较均一,凋亡细胞核固缩,周边化,染色变深,细胞膜褶皱。

(2) 通过荧光染料染色后,在荧光显微镜下,正常细胞的细胞核核质均匀,发出明亮的绿色荧光;而凋亡细胞的染色质凝集,边缘化,发绿色荧光;坏死细胞和凋亡晚期细胞发红色或黄色荧光。

七、作业与思考题

(1) 正常细胞与凋亡细胞在形态上有哪些区别?

(2) 还有哪些染料可以用来显示凋亡细胞的核区域?

(白占涛)

7.3.2 细胞凋亡的DNA ladder检测

一、实验目的

(1) 掌握如何用DNA ladder法检测细胞凋亡,深入理解细胞凋亡的染色质变化特征。

(2) 了解DNA的提取方法。

二、实验原理

细胞在凋亡的过程中,除了形态上发生变化外,细胞内特异性核酸内切酶被活化,染色质DNA在核小体间被特异性切割,降解为180~200 bp的整数倍片段,因此,在凋亡细胞中提取的DNA经琼脂糖凝胶电泳后,这些长度相差200 bp或其整数倍的DNA片段呈现出梯状条带,根据这一特征,通过DNA电泳鉴别细胞凋亡成为最为简便、可靠的方法之一。本实验将介绍此方法。

三、实验材料、仪器与试剂

1. 凋亡细胞

参照前一个实验诱导的HL-60凋亡细胞。

2. 仪器

离心机、水浴锅、电泳仪、凝胶成像系统、Eppendorf管等。

3. 试剂

蛋白酶K(500 μg/mL)、8 mol/L乙酸钾、无水乙醇、70%乙醇、PBS、溴化乙锭(EB)、氯仿。

细胞裂解液:pH8.0,10 mmol/L Tris-盐酸,10 mmol/L NaCl,10 mmol/L EDTA,

1% SDS。

2%琼脂糖凝胶：称取 2 g 琼脂糖粉末，加入 100 mL 1×TAE 电泳缓冲液，微波炉中加热 3～5 min，至琼脂糖融化，冷至 50 ℃左右，加入 EB，使终浓度为 10 μg/mL。将胶溶液倒入备好的电泳板槽内，插好梳子，冷却 30 min 左右，使胶彻底凝固。

四、实验方法与步骤

1. 诱导凋亡细胞

方法同前，同时设置空白对照、阴性对照细胞。

2. DNA 的提取

(1) 收集细胞：取(1～2)×10^6个细胞，离心后，立即用 70%乙醇(－20 ℃)固定 2 h。

(2) 洗涤：取出乙醇固定的细胞，1000 r/min 离心 5 min，去掉上清液，PBS 洗两次。

(3) 裂解细胞：加 400 μL 细胞裂解液，充分混匀，再加 500 μg/mL 蛋白酶 K 100 μL，置于 65 ℃水浴消化 2 h 或过夜。

(4) 蛋白处理：加 75 μL 8 mol/L 乙酸钾，4 ℃静置 15 min，再加 750 μL 氯仿，充分混匀后，10000 r/min 离心 10 min 后，将上清液转移至一新的 Eppendorf 管中。

(5) 沉淀 DNA：加入 750 μL 无水乙醇，上下轻柔颠倒混合，即可见乳白色沉淀，若不明显，可置于－20 ℃过夜，12000 r/min 离心 10 min，去上清液。

(6) 洗涤 DNA：加 1 mL 70%乙醇，混匀，10000 r/min 离心 5 min，去上清液。

(7) 溶解 DNA：根据 DNA 沉淀的大小，加一定量的蒸馏水或 TE，37 ℃溶解。

(8) 测定 DNA 浓度。

3. DNA 电泳

(1) 2%琼脂糖凝胶电泳(80 V)2 h。

(2) 凝胶成像。

五、实验注意事项

(1) 凝胶成像时，染色用的溴化乙锭(EB)具有一定的毒性，实验结束后，应对含 EB 的溶液进行净化处理再行弃置，以避免污染环境和危害人体健康。

(2) DNA 也可以用试剂盒进行提取。

六、实验结果

出现梯状电泳条带，最小的条带为 180～200 bp，其他的条带为其整倍数大小。坏死细胞则出现弥散的电泳条带，无清晰可见的条带。正常细胞 DNA 基因条带因相对分子质量大，迁移距离短，故停留在加样孔附近。

七、作业与思考题

(1) 在凋亡的细胞中，为什么会出现 DNA ladder 现象？除此之外，还会有哪些特征？

(2) 比较凋亡细胞与坏死细胞的异同。

（白占涛）

7.3.3 细胞凋亡的流式细胞仪检测

一、实验目的

学习、掌握通过流式细胞仪运用 Annexin V-FITC/PI 双染色法检测凋亡细胞的原理与方法。

二、实验原理

流式细胞术(FCM 法)已经成为生命科学研究中的一门常用技术,应用 FCM 法可以定性、定量检测凋亡细胞并同时获得多项参数。

在正常细胞中,磷脂酰丝氨酸(phosphatidylserine,PS)分布于细胞膜内侧,而细胞凋亡早期,PS 由细胞膜内侧翻转到细胞膜外侧(图 7-5),成为巨噬细胞清除凋亡细胞的标志。根据这种特性,采用流式细胞仪通过 PS 的移位,分析细胞凋亡情况。

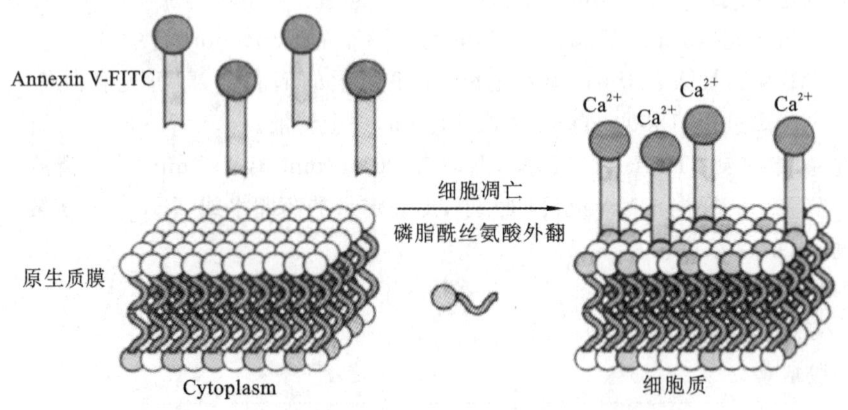

图 7-5 细胞凋亡过程中磷脂酰丝氨酸外翻示意图

Annexin V-FITC/PI 双染色法是目前较为流行的检测细胞凋亡的方法。Annexin V 是一种钙依赖性的磷脂结合蛋白,对 PS 具有较高亲和性。它可以较为敏感地检测细胞膜表面的翻转的 PS,可采用异硫氰酸荧光素(FITC)标记的 Annexin V 与 PS 结合。因为细胞坏死时也会发生 PS 外翻,所以 Annexin V 常与鉴定细胞死活的荧光染料如碘化丙啶(PI)合并使用。PI 是一种核酸染料,在正常活细胞中,PI 不进入细胞质,在凋亡中晚期的细胞和死细胞中,PI 能够透过细胞膜而使细胞核红染。因此将 Annexin-V 与 PI 匹配使用,就可以将凋亡早晚期的细胞以及死细胞区分开来。在流式细胞仪得到的双变量散点图上,正常活细胞均低染,凋亡细胞 Annexin 高染、PI 低染,坏死细胞均高染。该方法快速可靠,不需要固定细胞,是目前较为理想的检测细胞凋亡的方法。

三、实验材料、仪器与试剂

1. 凋亡细胞

本实验用 Jurkat 细胞做诱导的凋亡细胞。

2. 仪器

6 孔培养板或 10 mL 细胞培养瓶、CO_2 培养箱、普通光学显微镜、离心机、离心管、1.5 mL

Eppendorf 管、一次性 12 mm×75 mm Falcon 试管、微量加样器、加样头、流式细胞仪等。

3. 试剂

(1) RPMI1640 完全培养基。

(2) Annexin V-FITC/PI 双染色法凋亡检测试剂盒。

(3) PBS 缓冲液：含 0.1%NaN_3，过滤后 2～8 ℃保存。

四、实验方法与步骤

(1) 细胞培养及诱导凋亡：按浓度为 5×10^5 个/mL Jurkat 细胞接种于 6 孔培养板中，加入 3 mL 新鲜的 RPMI1640 完全培养基，37 ℃，5% CO_2 条件下培养 24 h(细胞长至平板的 50%～60%)，在结束前 5～6 h 给细胞培养液中加入终浓度为 3 μg/mL 的三尖杉酯碱储存液，诱导细胞凋亡；同时，设置空白对照孔，即不加三尖杉酯碱诱导和阴性对照孔加同体积的 PBS 缓冲液。

(2) 细胞收集：将细胞转入离心管中，1500 r/min 离心 5 min，弃上清液。

(3) 加入预冷的 PBS 缓冲液，吹打均匀，离心。在离心过程中，将试剂盒中的 10×Binding Buffer 缓冲液稀释为 1×Binding Buffer 工作液。

(4) 弃上清液，再用 1×Binding Buffer 缓冲液制成 1×10^6 个/mL 的悬液。

(5) 在细胞悬液中加入 5 μL Annexin V-FITC，轻轻混匀后于 2～8 ℃ 避光条件下孵育 15 min。

(6) 加入 10 μL PI 后轻轻混匀，于 2～8 ℃ 避光条件下孵育 5 min。

(7) 将细胞悬液转到一次性已做好标记的 12 mm×75 mm Falcon 试管(样本管、阴性对照、空白对照)中，每种管测定时，还需要做 3 种对照：①单纯的细胞悬液，不加任何荧光染料；②只加 Annexin V-FITC 染料；③只加 PI 染料。

(8) 在 1 h 内用流式细胞仪检测。

五、实验结果

(1) 对于正常细胞，由于膜完整，PS 不翻转，两种染料均不染色。

(2) 对于早期凋亡细胞，由于膜完整，细胞核不会被 PI 染色，但 PS 翻转，所以被 Annexin V-FITC 染为绿色。

(3) 对于晚期凋亡细胞或坏死细胞，由于细胞膜被破坏，PI 可以进入细胞核，再者，PS 发生翻转，所以细胞表现为核呈红色，包膜呈绿色。

六、实验注意事项

(1) Annexin V-FITC 和 PI 染液应该避光存放和使用。

(2) 离心管装的试剂在开盖前请短暂离心，将盖内壁上的液体甩至管底，避免开盖时液体洒落。

(3) PI 有毒，应小心保存和使用，注意个人保护，操作过程中应戴上橡胶手套或一次性手套，避免接触皮肤。

七、作业与思考题

试想在流式检测时，样本管、阴性对照、空白对照三类样本都需要做 3 种对照：①单纯的细胞悬液，不加任何荧光染料；②只加 Annexin V-FITC 染料；③只加 PI 染料。这样做的目的是什么？

（白占涛）

7.3.4 线粒体膜电位检测细胞凋亡

一、实验目的

学习、掌握线粒体膜电位检测法检测凋亡细胞的原理与方法。

二、实验原理

细胞凋亡过程中线粒体膜电位会发生变化，采用流式细胞仪对线粒体膜电位进行检测也可以分析细胞凋亡情况。JC-1(5,5′,6,6′-tetrachloro-1,1′,3,3′-tetraethyl-imidacarbocyanine iodide)是一种广泛用于检测线粒体膜电位(mitochondrial membrane potential)$\Delta\Psi_m$ 的理想荧光探针，可以检测细胞、组织或纯化的线粒体膜电位。JC-1 有单体和多聚体两种存在状态，低浓度时，以单体形式存在，用流式检测时，可检测到绿色荧光，高浓度时，以多聚体形式存在，可检测到红光。因 JC-1 浓度的变化，在单体和多聚体之间形成一个可逆的转变过程。正常细胞，膜电位正常时，JC-1 通过线粒体膜极性进入线粒体内，并因浓度升高而形成发射红色荧光的多聚体，而对凋亡细胞，线粒体跨膜电位去极化，JC-1 从线粒体内释放，浓度降低，逆转为发射绿色荧光的单体形式。故而可以通过检测绿色和红色荧光来定性(细胞群的偏移)、定量(细胞群的荧光强度)检测线粒体膜电位的变化，进而作为细胞凋亡早期的一个检测指标。JC-1单体的最大激发波长为 514 nm，最大发射波长为 527 nm；JC-1 聚合物(J-aggregates)的最大激发波长为 585 nm，最大发射波长为 590 nm。用流式细胞仪检测($E_x=488$ nm；$E_m=530$ nm)细胞凋亡的情况，绿色荧光通过 FITC 通道(通常为 FL1)来检测；红色荧光通过 PI 通道(通常为 FL2)来检测。正常细胞{FL-1 亮，FL-2 亮；R1}，凋亡细胞 {FL-1 亮，FL-2 暗；R2}，设门的位置根据细胞种类、实验条件等不同而变化，实验需设未经处理的正常细胞为阴性对照组和阳性对照组，根据阴性和阳性对照组的双参数散点图来设定门的位置。

三、实验材料、仪器与试剂

1. 凋亡细胞

参照前一个实验诱导的凋亡细胞，本实验用 Jurkat 细胞。

2. 仪器

6 孔培养板或 10 mL 细胞培养瓶、CO_2 培养箱、普通光学显微镜、离心机、离心管、1.5 mL Eppendorf 管、一次性 12 mm×75 mm Falcon 试管、微量加样器、加样头、流式细胞仪、JC-1 线粒体检测试剂盒等。

3. 试剂

(1) RPMI1640 完全培养基。

(2) PBS 缓冲液、二甲基亚砜(DMSO)等。

四、实验方法与步骤

(1) 按试剂盒的要求配制溶液，在 JC-1 粉末中加入 125 μL DMSO 使其充分溶解，配成

JC-1 储存液，再根据实验的量分装，于－20 ℃保存。

(2) 根据样本量配制 JC-1 使用液。工作液应根据样本量现配现用，多余的工作液不能储存后继续使用。

(3) 制备浓度为 1×10^6 个/mL 的细胞悬液，浓度不宜过高，因为超过该浓度容易造成细胞的凋亡。

(4) 诱导细胞进行凋亡的处理，同时保留一份未经诱导的细胞作为对照。

(5) 凋亡处理结束后，每个无菌的 15 mL 聚苯乙烯离心管中加入 1 mL 细胞悬液，室温下，400 *g* 离心 5 min，弃上清液。

(6) 每管加入 0.5 mL 新配的 JC-1 工作液，充分混匀后置于 37 ℃的 CO_2 培养箱，孵育10～15 min。

(7) 按以下步骤洗涤细胞两次。

第一次：每管加体积为 2 mL 的 1×分析缓冲液，轻轻悬浮细胞，振荡或用加样头使细胞分散，以免细胞聚集成块。400*g*，室温离心 5 min，弃上清液。

第二次：每管加体积为 21 mL 的 1×分析缓冲液，轻轻悬浮细胞，振荡或用枪头使细胞分散，以免细胞聚集成块。400*g*，室温离心 5 min，弃上清液。

(8) 每管加体积为 0.5 mL 的 1×分析缓冲液，轻轻悬浮细胞，上机检测。

五、实验注意事项

(1) JC-1 避光保存及使用，工作液现配现用，不宜保存后继续使用。

(2) 细胞培养的数量不宜超过 1×10^6，否则细胞会产生自然凋亡而影响检测。

(3) 对 pH 值变化过于敏感的细胞建议用胎牛血清取代缓冲液孵育染色及洗涤，或延长观测时间。

六、实验结果

如图 7-6 所示，A～C 为对照，细胞亚群(R1)在 FL-2 和 FL-1 通道同时显示 JC-1 的荧光

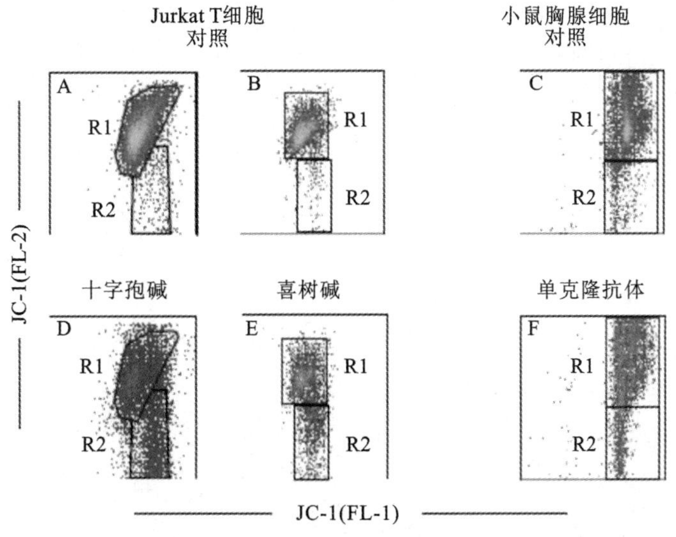

图 7-6　凋亡与线粒体膜电位关系图

信号。D～ F 显示 JC-1 在 FL-2 通道荧光信号降低的细胞亚群(R2)显著增加，证明线粒体膜电位 $\Delta\Psi_m$ 下降，细胞发生凋亡。凋亡与线粒体膜电位的去极化相关。细胞凋亡时线粒体膜电位发生去极化，JC-1 进入线粒体以单体形式存在，仅在 FL-1 通道有荧光。

七、作业与思考题

线粒体膜电位变化的检测原理是什么？

（白占涛）

附　　录

附录 A　常用染料及染色剂配制

1. 天然染料(natural dyestuff)

天然染料多从植物体中提取出来，其成分复杂，常见的种类有苏木精、洋红、石蕊等。

1.1 苏木精

苏木精是从南美的豆科植物苏木(热带豆科植物)干枝中用乙醚浸制出来的一种色素，是常用的染料之一。苏木精不能直接染色，必须暴露在通气的地方，使它变成氧化苏木精(又叫苏木素)后才能使用，这个过程叫做“成熟”。苏木精的“成熟”过程需时较长，配制后时间愈久，染色力愈强。被染材料必须经金属盐作媒染剂作用后才有着色力。所以在配制苏木精染剂时都要用媒染剂。常用的媒染剂有硫酸铝铵、钾明矾和铁明矾等。

苏木精是淡黄色到锈紫色的结晶体，易溶于乙醇，微溶于水和甘油，是染细胞核的优良材料，它能把细胞中不同的结构分化出各种不同的颜色。分化时组织所染的颜色因处理的情况而异，用酸性溶液(如盐酸-乙醇)分化后呈红色，水洗后仍恢复青蓝色，用碱性溶液(如氨水)分化后呈蓝色，水洗后呈蓝黑色。

1.2 洋红

洋红又叫胭脂红或卡红。一种热带产的雌性胭脂虫干燥后，磨成粉末，提取出虫红，再用明矾处理，除去其中杂质，就制成洋红。单纯的洋红不能染色，要经酸性或碱性溶液溶解后才能染色。常用的酸性溶液有冰乙酸或苦味酸，碱性溶液有氨水、硼砂等。

洋红是细胞核的优良染料，染色的标本不易褪色。用作切片或组织块染色都适宜，尤其适宜于小型材料的整体染色。用洋红配成的溶液染色后能保持几年。洋红溶液出现浑浊时要过滤后再用。

2. 人工染料(synthetic dyestuff)

人工染料，即苯胺染料或煤焦油染料，多从煤焦油中提取获得，是苯的衍生物，种类很多，应用极广。它的缺点是经日光照射容易褪色，苯胺蓝、亮绿、甲基绿等更易褪色。在制片中注意掌握酸碱度，并避免日光直射，也能经几年不褪色。

2.1 酸性染料

2.1.1 酸性品红

酸性品红是酸性染料，呈红色粉末状，能溶于水，略溶于乙醇(0.3%)。它是良好的细胞质染色剂，在动物制片上应用很广，在植物制片上用来染皮层、髓部等薄壁细胞和纤维素壁。它跟甲基绿同染，能显示线粒体。

组织切片在染色前先浸在呈酸性的水中，可增强它的染色力。酸性品红容易跟碱起作用，所以染色过度，易在自来水中褪色。

2.1.2 刚果红

刚果红是酸性染料，呈枣红色粉末状，能溶于水和乙醇，遇酸呈蓝色。它能作染料，也用作指示剂。在植物制片中常作为苏木精或其他细胞染料的衬垫剂。用来染细胞质时，能把胶质或纤维素染成红色。在动物组织制片中用来染神经轴、弹性纤维、胚胎材料等。刚果红可以跟苏木精作二重染色，也可用作类淀粉染色，由于它能溶于水和乙醇，所以洗涤和脱水处理要迅速。

2.1.3 甲基蓝

甲基蓝是弱酸性染料，能溶于水和乙醇。甲基蓝在动植物的制片技术方面应用极广。与伊红合用能染神经细胞，也是细菌制片中不可缺少的染料。它的水溶液是原生动物的活体染色剂。甲基蓝极易氧化，因此用它染色后不能长久保存。

2.1.4 固绿

固绿是酸性染料，能溶于水（溶解度为4%）和乙醇（溶解度为9%）。固绿是一种染含有浆质的纤维素细胞组织的染色剂，在染细胞和植物组织上应用极广。它和苏木精、番红并列为植物组织学上三种最常用的染料。

2.1.5 苏丹Ⅲ

苏丹Ⅲ是弱酸性染料，呈红色粉末状，易溶于脂肪和乙醇（溶解度为0.15%）。苏丹Ⅲ是脂肪染色剂。

2.1.6 伊红

这类染料种类很多。常用的伊红Y，是酸性染料，它呈红色的小结晶或棕色粉末状，溶于水（15 ℃时溶解度达44%）和乙醇（无水乙醇中溶解度为2%）。伊红在动物制片中广泛应用，是很好的细胞质染料，常用作苏木精的衬染剂。

2.2 碱性染料

2.2.1 碱性品（复）红

碱性品红是碱性染料，呈暗红色粉末或结晶状，能溶于水（溶解度为1%）和乙醇（溶解度为8%）。碱性品红在生物学制片中用途很广，可用来染色胶原纤维、弹性纤维、嗜复红性颗粒和中枢神经组织的核质。在生物学制片中用来染维管束植物的木质化壁，还用作原球藻、轮藻的整体染色。在细菌学制片中，常用来鉴别结核杆菌。

2.2.2 结晶紫

结晶紫是碱性染料，能溶于水（溶解度为9%）和乙醇（溶解度为8.75%）。结晶紫在细胞学、组织学和细菌学等方面应用极广，是一种优良的染色剂。它是细胞核染色常用的，用来显示染色体的中心体，并可染淀粉、纤维蛋白、神经胶质等。凡是用番红和苏木精或其他染料染细胞核不能成功时，用它能得到较好的效果。用番红和结晶紫作染色体的二重染色，染色体染成红色，纺锤丝染成紫色，所以也是一种显示细胞分裂的优良染色剂。用结晶紫染纤毛，效果也很好。用结晶紫染色的切片，缺点是不易长久保存。

2.2.3 龙胆紫

龙胆紫是混合的碱性染料，主要是结晶紫和甲基紫的混合物。在必要时，龙胆紫能跟结晶紫互相替用。医药上用的紫药水，主要成分是甲基紫，需要时能代替龙胆紫和结晶紫。

2.2.4 中性红

中性红是弱碱性染料，呈红色粉末状，能溶于水（溶解度为 4%）和乙醇（溶解度为 1.8%）。它在碱性溶液中呈现黄色，在强碱性溶液中呈蓝色，而在弱酸性溶液中呈红色，所以能用作指示剂。中性红无毒，常用作活体染色的染料，用来染原生动物和显示动植物组织中活细胞的内含物等。陈久的中性红水溶液常用作显示尼尔体的常用染料。

2.2.5 番红

番红是碱性染料，能溶于水和乙醇。番红是细胞学和动植物组织学常用的染料，能染细胞核、染色体和植物蛋白质，还能染孢子囊。

2.2.6 亚甲基蓝

亚甲基蓝是碱性染料，呈蓝色粉末状，能溶于水（溶解度为 9.5%）和乙醇（溶解度为 6%）。亚甲基蓝是动物学和细胞学染色上十分重要的细胞核染料，其优点是染色不会过深。

2.2.7 甲基绿

甲基绿是碱性染料，呈绿色粉末状，能溶于水（溶解度为 8%）和乙醇（溶解度为 3%）。甲基绿是很有价值的细胞核染色剂，细胞学上常用来染染色质，跟酸性品红一起可用作植物木质部的染色。

2.2.8 本尼迪克溶液

本尼迪克溶液的配制方法：把硫酸铜溶液缓缓倒入柠檬酸钠-碳酸钠溶液中，边加边搅拌，如果产生沉淀，要过滤。本尼迪克溶液配制后能长期使用（存放时间较久而产生沉淀时，取上清液使用，不必重新配制）。本尼迪克溶液用来测试食物、血液和尿中的葡萄糖，可测出 0.15%～0.20%的葡萄糖。这种溶液跟未知物一同加热时，如果未知物中有葡萄糖，会形成红色的氧化亚铜沉淀物。

3. 斐林(Fehling)试剂

（1）把 34.5 g 硫酸铜溶于 500 mL 蒸馏水中。

（2）把 125 g 氢氧化钾（钠）和 173 g 酒石酸钾钠溶解在 500 mL 蒸馏水中。

上述两种溶液应分别保存。在检测葡萄糖时，将它们等量混合，加入待测物的试管内，加热至沸腾。如果待测物中含葡萄糖，会形成红色的氧化亚铜沉淀。

4. 检查淀粉的试剂

鲁哥氏(Lugol's)溶液(碘液)

取 6 g 碘化钾，溶于 20 mL 蒸馏水中，搅拌至溶解后，加入 4 g 碘，待碘充分溶解，再加入 80 mL 蒸馏水，储存在棕色试剂瓶内。

碘液用来测试食物样品或叶片中的淀粉，也用作染色剂，例如可染色鞭毛、纤毛和细胞核等。

5. 检查蛋白质的试剂

5.1 米伦(Millon)试剂

在 60 mL 浓硝酸（相对密度为 1.42）中溶解 40 g 汞（水浴加温可助溶），溶解后加入两倍体积的蒸馏水稀释，静置澄清后，取上清液备用。这种试剂可长期保存。在待测物中加入少量米伦试剂，加热，如果有蛋白质，会出现红色。这种试剂不能用来测定尿中的蛋白质。

5.2 双缩脲试剂

分别配制10%氢氧化钠溶液和1%硫酸铜溶液。在3 mL待测物中加入1 mL 10%氢氧化钠溶液和1滴1%硫酸铜溶液。如果有蛋白质,会出现紫色。

6. 检查脂肪的试剂

苏丹Ⅲ(Ⅳ)乙醇饱和溶液

取0.2 g苏丹Ⅲ(或苏丹Ⅳ),放入纯乙醇中,加热,使它充分溶解,成为饱和乙醇溶液,过滤后密闭在试剂瓶内保存备用。

7. 酸碱指示剂

7.1 酚酞试剂和试纸

酚酞试剂:取1 g酚酞,溶解在100 mL 60%乙醇里,装在试剂瓶内密闭保存。酚酞试纸:取1 g酚酞,溶解在100 mL 95%乙醇里,加入100 mL蒸馏水。把滤纸条放入酚酞溶液中浸湿后,取出,放在无氨气影响处晾干。

酚酞试剂(试纸)pH值变色范围为8.2～10,在酸性和中性溶液中为无色,在碱性溶液中呈深红色。

7.2 红、蓝石蕊试纸

取市售石蕊1 g,放入80 mL 10%乙醇中搅拌使溶解,然后过滤。把滤液分成两份。一份滴入稀磷酸或稀硫酸,到出现红色为止。另一份滴入稀氢氧化钠溶液,到出现蓝色为止。在上述制备的溶液中分别浸湿滤纸条,随后取出滤纸条,放在避光处、无酸碱性气体影响的地方晾干,即成红、蓝两种石蕊试纸。

红石蕊试纸在碱性溶液中变蓝,蓝石蕊试纸在酸性溶液中变红。

8. 检查二氧化碳的试剂

检查二氧化碳的试剂,可用溴代麝香草酚蓝溶液和石灰水。

8.1 溴代麝香草酚蓝溶液

取0.1 g溴代麝香草酚蓝,溶解在100 mL蒸馏水中,滴入少量0.1%氢氧化钾溶液,使它成为弱碱性溶液而呈蓝色。

溴代麝香草酚蓝溶液pH值变色范围是6.0(黄)～7.6(蓝)。待测物中如果有二氧化碳,会形成碳酸而使溶液变成黄色。

8.2 石灰水

在蒸馏水中加入生石灰(氧化钙),边加边搅拌,直到加入的生石灰不再溶解,呈饱和状态时为止。在石灰水澄清后,倾出上清液,用滤纸过滤,放在密闭瓶内保存。

如果测定的物质中有二氧化碳,会生成碳酸钙,使石灰水变浑浊。

9. 检查细胞生活力的试剂

检查细胞有无生活力,可用中性红-甲基蓝试剂。配制的方法是先分别配制1%中性红溶液和1%甲基蓝溶液,这两种溶液各取一份混合。该试剂可使活细胞的液泡染上红色,而使死细胞全部染成蓝色。

10. 细菌染色剂

10.1 齐氏(Ziehl)石炭酸品红染液

甲液:取石炭酸 5 g,溶解在 95 mL 蒸馏水中。

乙液:取 0.3 g 碱性品红,放入研钵中研磨,逐渐加入 10 mL 95%乙醇,继续研磨,使它溶解。

将甲液和乙液混合后,摇匀,过滤,装瓶,备用。

10.2 罗氏(Loeffler's)美蓝染液

甲液:取 5 g 美蓝,溶于 100 mL 95%乙醇中,制成美蓝乙醇饱和溶液。

乙液:取氢氧化钾 0.01 g(或 1%氢氧化钾溶液 1 mL),溶液也可用于放线菌染色,0.1%浓度可用于酵母菌染色。

10.3 革兰氏(Gram's)染液

用此液染色应先用甲液染色,再加乙液固定,用丙液处理,最后用丁液复染。四种液体的配方如下。

甲液(结晶紫液):

(1) 结晶紫 2 g,95%乙醇 20 mL;

(2) 草酸铵 0.8 g,蒸馏水 80 mL。

使用前将(1)、(2)液相混,静置 48 h 后使用。

乙液(碘液):碘 1 g,碘化钾 2 g,蒸馏水 300 mL。将碘化钾溶于少量蒸馏水中,然后加入碘,待碘全部溶解后,加水稀释至 300 mL。

丙液:95%乙醇。

丁液(番红花红液):2.5%番红花红乙醇溶液 10 mL,蒸馏水 100 mL。

11. 细菌特殊染色剂

11.1 芽孢染液

用此配方染色时用甲液染色后,再用乙液复染。

甲液:取 5 g 孔雀绿,加入少量蒸馏水使它溶解后,用蒸馏水稀释到 100 mL,即成孔雀绿染液。

乙液:取番红花红 0.5 g,加入少量蒸馏水使它溶解后,用蒸馏水稀释到 100 mL,即成番红花红复染液。

11.2 荚膜染液

此配方先用甲液染色,后用乙液复染。

甲液:取结晶紫 0.1 g,溶于少量蒸馏水后,加水稀释到 100 mL,再加入 0.25 mL 冰乙酸-结晶紫染液。

乙液:取硫酸铜 31.3 g,溶于少量蒸馏水后,加水稀释到 100 mL,即成 20%硫酸铜脱色剂。

11.3 鞭毛染液

甲液:饱和明矾溶液 2 mL,5%石炭酸溶液 5 mL,20%丹宁酸溶液 2 mL。

乙液:碱性品红 11 g,95%乙醇 100 mL。

使用前取甲液 9 mL 和乙液 1 mL 相混,过滤即可。

12. 植物细胞壁染色剂

12.1 纤维素细胞壁染液(Ⅰ)

取固绿 0.1 g,溶于 100 mL 95%乙醇中,即成 0.1%固绿乙醇溶液。

该液能染色纤维素细胞壁,还可用于动植物的浆质染色剂。

12.2 纤维素细胞壁染液(Ⅱ)

氯化锌 20 g,碘化钾 6.5 g,碘 1.5 g,蒸馏水加至 100 mL。先把氯化锌溶于少量蒸馏水中,再加入 6.5 g 碘化钾、1.5 g 碘,完全溶解后,用蒸馏水稀释到 100 mL,即成碘-氯化锌溶液。该染液能把细胞壁染成紫色,胞质染成淡黄色,胞核染成棕色。

12.3 纤维素细胞壁染液(Ⅲ)

甲液:取 1 g 碘和 1.5 g 碘化钾,溶于 100 mL 蒸馏水中,即成 1%碘液。

乙液:取 7 份硫酸和 3 份蒸馏水相混,即成 66.5%硫酸溶液。

染色时,在材料上滴加甲液,再加一滴乙液,纤维素细胞壁就染成黄色。

12.4 木质化细胞壁染液(Ⅰ)

硫酸化苯胺(或盐酸化苯胺)1 份,蒸馏水 70 份,95%乙醇 30 份,硫酸 30 份,将上述各组分相混即成。将细胞材料放入混合液里染色,可使木质化细胞壁呈鲜黄或姜黄色。

12.5 木质化细胞壁染液(Ⅱ)

取间苯三酚 4~5 g,溶于 100 mL 95%乙醇中,即成间苯三酚乙醇溶液。先在材料上滴 1 滴浓盐酸,然后滴间苯三酚-乙醇溶液 1 滴,木质化的细胞壁就染上樱红或紫红色。

12.6 木质化细胞壁染液(Ⅲ)

取 1 g 番红,溶于 99 mL 蒸馏水中,即成 1%番红溶液。

13. 细胞质染色剂

13.1 伊红染液

伊红染液一般配有水溶液和乙醇溶液两种。

(1) 取 1 g 伊红,溶于 99 mL 蒸馏水中,即成 1%伊红水溶液(市售红墨水内含伊红成分,可以用红墨水稀释液来代替本溶液)。

(2) 取 1 g 伊红,溶于 99 mL 70%乙醇中,即成 1%伊红乙醇溶液。

13.2 甲基蓝染液

取 1 g 甲基蓝,溶于 29 mL 70%乙醇中,加入 70 mL 蒸馏水,即成 1%甲基蓝染液。

13.3 亮绿染液

取 0.5 g 亮绿,溶解在 100 mL 蒸馏水中,即成 0.5%亮绿溶液。

14. 细胞核染色剂

14.1 甲基绿染液

取 1 g 甲基绿,溶于 99 mL 蒸馏水中,加入 1 mL 冰乙酸。本染液能染细胞核,还可用来染木质化细胞壁。

14.2 龙胆紫染液

取 1 g 龙胆紫,溶于少量 2%乙酸溶液中,加 2%乙酸溶液,直到溶液不呈深紫色为止。

14.3 美蓝(亚甲基蓝)染液

取 0.5 g 美蓝,溶于 30 mL 95%乙醇中,加 100 mL 0.01%氢氧化钾溶液,保存在棕色瓶内。此溶液能染细胞核,还可用来染细菌和神经组织等。

14.4 硼砂-洋红染液

取 4 g 硼砂,溶于 96 mL 蒸馏水中。再加入 2 g 洋红,加热溶解后煮沸 30 min,静置 3 天,用 100 mL 70%乙醇冲淡,放置 24 h 后过滤。此染液能染细胞核,还用来染糊粉粒和一般动物、植物的整体染色,如水螅、血吸虫等整体标本。

14.5 德氏(Delafield's)苏木精染液

甲液:取 1 g 苏木精,溶于 6 mL 无水乙醇中,即成苏木精乙醇溶液。

乙液:取 10 g 铵矾,溶于 90 mL 蒸馏水中,即成 10%铵矾水溶液。

取甲液逐滴加入乙液中,用纸遮盖,放在阳光明亮处,使它充分氧化。3~4 天后将溶液过滤,在滤液中加入 25 mL 甘油和 25 mL 甲醇,保存在密闭玻璃瓶内。静置 1~2 个月,待该液颜色变深时过滤,可长久保存。

本染液是染色体的优良染色剂,除能染细胞核外,还用来染纤维素、细胞壁和动植物组织。

14.6 席夫(Schiff)试剂

称取 0.5 g 碱性品红,加到 100 mL 煮沸的蒸馏水中,再微微加热 5 min,不断搅拌,使它溶解。待溶液冷却到 50 ℃时过滤,滤液中加入 10 mL 1 mol/L 盐酸。冷却到 25 ℃时加入 0.5 g 偏重亚硫酸钠或无水亚硫酸氢钠。把溶液装入棕色试剂瓶内,摇荡后,塞紧瓶塞,放在黑暗中 24 h。待溶液颜色褪到淡黄色时,加入 0.5 g 活性炭,用力摇荡 1 min,过滤后把滤液储存在棕色试剂瓶内,塞紧瓶塞,滤液应该是无色的。使用时勿让溶液长时间暴露在空气中和见光(瓶外用黑纸或暗盒遮光)。如溶液变成红色,即失去染色能力。

碱性品红是较强的核染色剂,在孚尔根氏(Feulgen)反应中作为组织化学试剂,以检查 DNA。

15. 染色体染色剂

15.1 乙酸-洋红染液

取 45 mL 冰乙酸,加蒸馏水 55 mL,煮沸后徐徐加入洋红 1 g,搅拌均匀后加入 1 颗铁锈钉,煮沸 10 min,冷却后过滤,储存在棕色瓶内。

15.2 乙酸-地衣红染液

取 45 mL 乙酸,与 55 mL 蒸馏水相混,加热,徐徐加入地衣红粉末 1~2 g,搅拌溶解后,缓缓煮沸 2 h。冷却后过滤,储存在棕色瓶里。

15.3 龙胆紫染液

取 1 g 龙胆紫,用少量蒸馏水溶解后,加蒸馏水稀释到 100 mL,保存在棕色瓶内。

15.4 甲苯胺蓝染液

取 0.5 g 甲苯胺蓝,溶解在 100 mL 蒸馏水中,即成 0.5%甲苯胺蓝水溶液。

16. 线粒体染色剂

16.1 詹纳斯绿 B(Janu's green B)乙醇饱和溶液

取 125 mL 詹纳斯绿 B,加入 62.5 mL 无水乙醇中,搅拌,即成詹纳斯绿 B-乙醇饱和溶液。

(1) 取詹钠斯绿B-乙醇饱和溶液，按1：30000比例加蒸馏水稀释，用来染原生动物线粒体。

(2) 取詹钠斯绿B-乙醇饱和溶液，按1：10000比例加蒸馏水稀释，用来染新鲜蛙血线粒体。

16.2 詹钠斯绿B中性红染液

先配制詹钠斯绿B和中性红的乙醇饱和溶液。詹钠斯绿B乙醇饱和溶液配方同上。中性红乙醇饱和溶液配制方法：取125 mL中性红，加到50 mL无水乙醇中，搅拌。

在10 mL生理盐水(两栖类生理盐水浓度为0.65%，哺乳类生理盐水浓度为0.9%)中，加入詹钠斯绿B乙醇饱和溶液0.7～1 mL，中性红乙醇饱和溶液2 mL，混合即成。

17. 其他常用染色剂

17.1 溴酚蓝

0.05%溴酚蓝配制方法：取溴酚蓝0.1 g，加0.05 mol/L氢氧化钠溶液3.0 mL使溶解，再加水稀释至200 mL，即得。变色范围pH2.8～4.6(黄～蓝绿)。

17.2 EB

EB(溴化乙锭，ethylene dibromide)，一般是配成5～10 mg/mL的储存液。

10 mg/mL溴化乙锭配法：溴化乙锭200 mg，加双蒸水20 mL，充分搅拌使之完全溶解至溶液呈澄清红色，分装，4 ℃保存。

注：①溴化乙锭是强诱变剂并有中度毒性，使用含有这种染料的溶液时务必戴上手套，注意保护自己。

②EB见光容易分解，所以在做实验时尽量避光使用。

17.3 DTT(二硫苏糖醇)

用20 mL 0.01 mol/L乙酸钠溶液(pH5.2)溶解3.09 g DTT，过滤除菌后分装成1 mL小份，－20 ℃储存。使用时稀释。

17.4 Giemsa

Giemsa粉1 g，分析纯甘油33 mL，分析纯甲醇33 mL。配制方法：将1 g Giemsa粉放入研钵中，加少许甘油，在研钵中研磨，直至无颗粒为止；然后将剩余甘油倒入，在60～65 ℃温箱中保温2 h(持续搅拌)后，加入甲醇搅拌均匀，过滤后保存于棕色瓶中。在制成后的一周内，每天摇一摇Giemsa原液。一般2周后使用为好，可长期保存。工作液：临时用时将储存液与pH7.2的1/15 mol/L磷酸盐缓冲液按照1：20混合。

17.5 0.1%酚红指示剂

称取酚红2 g，置于研磨器中，先用数滴5.6% $NaHCO_3$ 溶液溶解并研磨，再加进该5.6% $NaHCO_3$ 溶液使最终体积为100 mL，瓶装保存，备用。

17.6 0.5%乙酸洋红(acetic carmine)染液

取洋红1 g，乙酸90 mL，蒸馏水110 mL。将90 mL乙酸加入110 mL蒸馏水，煮沸，然后将火焰移去，立即加入1 g洋红，使之迅速冷却，过滤，加饱和氢氧化镁水溶液(媒染剂)数滴，直至呈葡萄酒色。室温保存。加铁使洋红沉淀于组织而着色。此染液室温存放时间越长效果越好。

17.7 0.4%台盼蓝染液

称取台盼蓝(trypan blue)粉0.4 g，溶于100 mL生理盐水中，加热使之完全溶解，用滤纸过滤除渣，装入瓶内室温保存。

17.8 0.2%考马斯亮蓝 G250 染液

取甲醇 46.5 mL，乙酸 7.0 mL，考马斯亮蓝 0.2 g，加蒸馏水定容至 100 mL。

17.9 联苯胺混合液

联苯胺 0.2 g，95%乙醇 100 mL，3%过氧化氢 2 滴。此溶液随用随配。

17.10 防荧光褪色固片介质基本配方

a. DABCO（防荧光褪色固片介质）

将 0.233 g DABCO 溶解于 800 μL H_2O 中（终浓度 0.21 mol/L），加入 200 μL 1 mol/L Tris-盐酸（pH8.0）（终浓度 0.02 mol/L）和 9 mL 的甘油，并混匀，分成每小份 100 μL，于 −20 ℃避光保存，解冻使用后，不能再冻存。注意 DABCO 有毒，应参考制造商提供的使用指南。

b. 二氢盐酸邻苯二胺防荧光褪色固片介质

将 50 mg 二氢盐酸邻苯二胺溶解于 5 mL PBS 缓冲液（pH7.4）中，用 0.5 mol/L 碳酸盐-碳酸氢盐缓冲液（pH9.0）调节 pH 值至 8.0，加入 45 mL 甘油，混匀后过孔径为 0.22 μm 的滤膜，除菌，分装后 −20 ℃避光保存，解冻使用后，不能再冻存。

附录 B 常用细胞固定液

用化学或物理方法迅速杀死细胞的过程称为固定。固定的目的是尽可能使细胞中的各种细胞器以及大分子结构保持生活状态，并且牢固地固定在它们原来所在的位置上。固定的方法有物理方法和化学方法两大类。物理方法是采用冷冻、干燥、微波等手段来保持细胞结构，化学方法是用化学试剂对选取材料进行处理，使细胞尽可能地保持生活时的结构和成分。现通常使用化学方法进行固定，有时用物理-化学双固定。固定剂的作用是破坏细胞的酶系统，防止细胞自溶；稳定细胞物质成分；稳定各种细胞结构的空间构型。良好的固定液必须具备以下条件：穿透组织速度快，能将细胞内含物凝固成不溶解物质，不会造成细胞收缩或膨胀，硬化组织程度适中，增加细胞内含物的折光度，增加媒染和染色的能力，具有保存剂的作用。

按照固定特点，可以将固定剂分为非凝固型固定剂和凝固型固定剂。为了达到固定的目的，有时也把几种固定剂混合，即混合型固定剂。一般而言，非凝固型固定剂优于凝固型固定剂，混合型固定剂优于单纯固定剂，必须依据固定剂的性能和研究目的选择合适的固定剂。

固定时需注意以下几点。

（1）固定剂应有足够的量，一般为组织块体积的 10～15 倍。

（2）如所固定的材料外表有不易穿透的物质，可将材料先在含乙醇的溶液中固定几分钟，再移入水溶性的固定液中。

（3）材料固定后若不立即下沉，可将其中气泡抽出。

（4）固定时间因材料大小、固定剂种类而异，从一到几十小时不等，有时中间需要更新固定剂，某些固定剂对组织的硬化作用较强，作用时间应严加控制，不能过长。

（5）一般固定剂都以新配制的为好，用过的不能再用。有些固定剂由甲、乙两液合并，一定要在使用前才混合。

(6) 固定完毕，根据所用固定剂的不同，用水和乙醇冲掉残余的固定剂，以免固定剂形成沉淀，影响后续染色效果。

1. 凝固型固定剂

凝固型固定剂固定时使蛋白沉淀，可能导致构象的变化。

1.1 乙醇(ethyl alcohol)

乙醇作固定剂能快速固定，易渗透而不封阻免疫反应位点。可能导致构象变化，导致蛋白质损失、收缩，造成人为假象，常用70%～100%乙醇。

1.2 铬酸(chromic acid)

铬酸易潮解，为强氧化剂，渗透力弱，易使组织发生收缩。一般与其他成分配成混合固定液。一般配制成0.5%～1%铬酸溶液。

1.3 苦味酸(picric acid)

苦味酸渗透力弱，易使组织发生收缩，易爆炸，一般与其他成分配成混合固定液，一般用50%和70%乙醇清洗。

1.4 乙酸(acetic acid)

乙酸渗透力强，可使组织产生膨胀作用。

2. 非凝固型固定剂

非凝固型固定剂固定材料时使蛋白相互交联，主要有四氯化碳、戊二醛、聚甲醛及戊二醛与聚甲醛的混合液等。非凝固型固定剂必须用缓冲液来配制，常用的缓冲液也有磷酸盐缓冲液和二甲砷酸钠缓冲液，固定液应偏酸，容易渗透。

2.1 甲醛(formaldehyde)

甲醛在水中的溶解度为37%～40%，是很好的硬化剂及强还原剂，渗透力弱。甲醛固定液配方如下。

(1) 甲醛固定液配方：

NaH_2PO_4	4 g
Na_2HPO_4	6.5 g
甲醛溶液(37%～40%)	100 mL
蒸馏水	900 mL

(2)10%中性甲醛：

甲醛溶液(37%～40%)	10 mL
蒸馏水	至100 mL

2.2 重铬酸钾(potassium dichromate)

重铬酸钾为强氧化剂，强硬化剂，渗透力弱，常与其他固定剂混合使用。一般配制成1%～3%重铬酸钾溶液。

2.3 锇酸(osmic acid)

锇酸为强氧化剂，中性，渗透力极弱，是唯一能固定脂类分子的化学固定剂。有强烈的电子染色作用，用它固定的样品图像反差较好。固定的时间一般为1～2 h。1% OsO_4 溶液配方如下。

OsO_4	0.5 g
0.1 mol/L 二甲砷酸钠缓冲液	50 mL

2.4 多聚甲醛(paraformaldehyde)

多聚甲醛为白色固体,固定能力较弱,可以保持酶及蛋白的活性。免疫荧光定位常用,一般用缓冲液配制成4%固定液。

2.5 戊二醛(glutaraldehyde)

戊二醛能与蛋白质分子的氨基和肽键交联,是最常用的非凝固型固定剂,可以部分保持酶和蛋白质的活性,固定能力比甲醛强。常用于电镜制片的固定。

3. 混合型固定剂

配制混合型固定剂的原则为:优缺点互补;膨胀与收缩相互平衡;强氧化剂与还原剂应分别配制。

3.1 FAA 固定液

FAA 固定液是非常常用的植物组织固定液,又称万能固定液,但对染色体固定效果不佳,固定时间最短为 24 h,也可以作为保存液,其配方如下。

50%或 70%乙醇-乙酸-甲醛溶液(37%～40%),体积比为 90∶5∶5。

或 50%乙醇-乙酸-甲醛溶液(37%～40%),体积比为 89∶6∶5。

3.2 Carnoy 固定液

Carnoy 固定液有极快的渗透力,固定时间为 12～24 h。此固定液需现配现用。配方如下。

冰乙酸-无水乙醇-氯仿,体积比为 1∶6∶3。

或冰乙酸-无水乙醇,体积比为 1∶3。

3.3 乙酸甲醇固定液

冰乙酸-甲醇,体积比为 3∶1。

3.4 Carnoy-Lebrhm 固定液

冰乙酸	3 份
三氯甲烷	1 份
二氯化汞	至饱和

3.5 Navaschjn 固定液

此固定液广泛用于植物组织和细胞的固定,固定效果优良,配方如下。

A 液:10%铬酸	15 mL
冰乙酸	10 mL
蒸馏水	75 mL
B 液:甲醛溶液(37%～40%)	40 mL
蒸馏水	60 mL

使用前将 A 液和 B 液等量混合。

3.6 Sanfelice 固定液

此固定液适宜固定染色体和纺锤体,配方如下。

A 液:10%铬酸	13 mL
冰乙酸	8 mL
蒸馏水	79 mL

B液：甲醛溶液　　64 mL

　　蒸馏水　　36 mL

使用前将A液和B液等量混合。

3.7 高锰酸钾固定液

柠檬酸三钠	60 mmol/L
氯化钾	25 mmol/L
氯化镁	35 mmol/L
高锰酸钾	125 mmol/L

pH7.4～7.8，装入棕色瓶中，4 ℃冰箱保存，有效期为2个月左右。

3.8 Champy液

Champy固定液主要用于固定动物细胞线粒体。配方如下。

3%重铬酸钾-甲醛溶液(37%～40%)，体积比为4∶1。

3.9 Helly固定液

该固定液常用于线粒体的固定。配方如下。

重铬酸钾	2.5 g
升汞	6.0 g
硫酸钠	1.0 g
甲醛溶液(37%～40%)(用时现加)	5 mL
蒸馏水	至100 mL

3.10 高尔基体固定液

甲醛溶液(37%～40%)	15 mL
氯化镉	1 g
蒸馏水	至100 mL

3.11 Bouin固定液

该固定液渗透迅速，固定均匀，组织收缩少，染色后能显示一般的微细结构，适宜固定组织学和胚胎学的材料，其配方如下。

苦味酸饱和水溶液	75份
甲醛溶液(37%～40%)	25份
冰乙酸	5份

3.12 Flemming液

2%四氧化锇水溶液	4份
1%铬酸溶液	15份
冰乙酸	1份

3.13 Gilson固定液

该固定液适用于肉质菌类，特别是柔软胶质状的材料，如木耳等，也广泛用于无脊椎动物和一般组织和蛙胚的固定。其配方如下。

$HgCl_2$	20 g
80%硝酸	15 mL
冰乙酸	4 mL

60%乙醇	100 mL
蒸馏水	880 mL

3.14 Hermann 固定液

1%氯化铂溶液	6 mL
1%锇酸	32 mL
冰乙酸	4 mL
蒸馏水	38 mL

3.15 Methacarn 固定液

无水甲醇	60 mL
氯仿	30 mL
冰乙酸	10 mL

3.16 Orth 固定液

重铬酸钾	2.5 g
甲醛溶液(37%～40%)	10 mL
蒸馏水	100 mL

3.17 Susa 固定液

$HgCl_2$	2.5 g
NaCl	0.5 g
三氯乙酸	2.0 g
乙酸	4 mL
甲醛溶液(37%～40%)	20 mL
蒸馏水	至 100 mL

3.18 Zenker 固定液

重铬酸钾	2.5 g
$HgCl_2$	5 g
Na_2SO_4	1 g
冰乙酸(现加)	5 mL
蒸馏水	95 mL

3.19 磷酸-戊二醛固定液

0.2 mol/L 磷酸盐缓冲液	50 mL	50 mL
25%戊二醛	10 mL	12 mL
蒸馏水	至 100 mL	至 100 mL
戊二醛终浓度	2.5%	3%

调 pH 值至 7.2。

3.20 戊二醛-多聚甲醛混合固定液

0.1 mol/L 二甲砷酸钠缓冲液(pH7.2)	50 mL
2.5%戊二醛	4 mL
4%多聚甲醛	46 mL
双蒸水	至 100 mL

3.21 B5(乙酸钠-升汞-甲醛)固定液

多用于固定淋巴组织。染色前应进行脱汞、沉淀处理。

无水乙酸钠	1.25 g
升汞	6.0 g
蒸馏水	90 mL

使用前加入甲醛 10 mL

附录C 封片剂和粘贴剂

一、封片剂

1. 甘油封片剂

明胶	5 g
10%甘油	35 mL
蒸馏水	30 mL
石炭酸	0.5～1 g

2. 树脂类封片剂

树脂类封片剂包括加拿大树胶、香柏油、液体石蜡。

二、粘贴剂

1. 蛋白粘贴剂

新鲜鸡蛋清液	25 mL
甘油	25 mL
石炭酸	0.5 g

搅动打成泡沫,静置后撇去表面一层泡沫物,石炭酸起防腐作用。

2. 明胶粘贴剂

明胶粉末	1 g
蒸馏水(37～40 ℃)	100 mL
石炭酸	2 g
甘油	15 mL

100 mL 蒸馏水中,加明胶 1 g,加热熔化后再加入 2 g 石炭酸和 15 mL 甘油,搅拌均匀,趁热过滤到玻璃瓶中低温保存。

3. 甲醛-明胶粘贴剂

36%～40%甲醛	2.5 mL
明胶	0.5 g
蒸馏水	至 100 mL

先用少许蒸馏水加热溶解,再加甲醛,最后补充蒸馏水至 100 mL。

4. 多聚赖氨酸粘贴剂

多聚赖氨酸溶于蒸馏水中,浓度为 0.5 mg/mL。

附录D 常用缓冲液的配制

1. 乙醇-乙酸铵缓冲液(pH3.7)

取5 mol/L乙酸溶液15.0 mL,加乙醇60 mL和水20 mL,用10 mol/L氢氧化铵溶液调节pH值至3.7,加水稀释至1000 mL,即得。

2. 三羟甲基氨基甲烷缓冲液(pH8.0)

取三羟甲基氨基甲烷12.14 g,加水800 mL,搅拌溶解,并稀释至1000 mL,用6 mol/L盐酸调节pH值至8.0,即得。

3. 三羟甲基氨基甲烷缓冲液(pH8.1)

取氯化钙0.294 g,加0.2 mol/L三羟甲基氨基甲烷溶液40 mL使溶解,用1 mol/L盐酸调节pH值至8.1,加水稀释至1000 mL,即得。

4. 三羟甲基氨基甲烷缓冲液(pH9.0)

取三羟甲基氨基甲烷6.06 g,加盐酸赖氨酸3.65 g、氯化钠5.8 g、乙二胺四乙酸二钠0.37 g,再加水溶解使成1000 mL,调节pH值至9.0,即得。

5. 巴比妥缓冲液(pH7.4)

取巴比妥4.42 g,加水使溶解并稀释至400 mL,用2 mol/L盐酸调节pH值至7.4,过滤,即得。

6. 巴比妥缓冲液(pH8.6)

取巴比妥5.52 g与巴比妥钠30.9 g,加水使溶解成2000 mL,即得。

7. 巴比妥-氯化钠缓冲液(pH7.8)

取巴比妥钠5.05 g,加氯化钠3.7 g及水适量使溶解,另取明胶0.5 g,加水适量,加热溶解后并入上述溶液中。然后用0.2 mol/L盐酸调节pH值至7.8,再加水稀释至500 mL,即得。

8. 甲酸钠缓冲液(pH3.3)

取2 mol/L甲酸溶液25 mL,加酚酞指示液1滴,用2 mol/L氢氧化钠溶液中和,再加入2 mol/L甲酸溶液75 mL,加水稀释至200 mL,调节pH值至3.3,即得。

9. 邻苯二甲酸缓冲液(pH5.6)

取邻苯二甲酸氢钾10 g,加水900 mL,搅拌使溶解,用氢氧化钠试剂调节pH值至5.6,加水稀释至1000 mL,混匀,即得。

10. 氨-氯化铵缓冲液(pH8.0)

取氯化铵1.07 g,加水使溶解成100 mL,再加稀氨水调节pH值至8.0,即得。

11. 氨-氯化铵缓冲液(pH10.0)

取氯化铵5.4 g,加水20 mL溶解后,加浓氨水35 mL,再加水稀释至100 mL,即得。

12. 硼砂-氯化钙缓冲液(pH8.0)

取硼砂0.572 g与氯化钙2.94 g,加水约800 mL溶解后,用1 mol/L盐酸约2.5 mL调节pH值至8.0,加水稀释至1000 mL,即得。

13. 硼酸-氯化钾缓冲液(pH9.0)

取硼酸3.09 g,加0.1 mol/L氯化钾溶液500 mL使溶解,再加0.1 mol/L氢氧化钠溶液

210 mL，即得。

14. 乙酸盐缓冲液(pH3.5)

取乙酸铵 25 g，加水 25 mL 溶解后，加 7 mol/L 盐酸 38 mL，用 2 mol/L 盐酸或 5 mol/L 氨水准确调节 pH 值至 3.5，用水稀释至 100 mL，即得。

15. 乙酸-锂盐缓冲液(pH3.0)

取冰乙酸 50 mL，加水 800 mL 混合后，用氢氧化锂调节 pH 值至 3.0，再加水稀释至 1000 mL，即得。

16. 乙酸-乙酸钠缓冲液(pH3.6)

取乙酸钠 5.1 g，加冰乙酸 20 mL，再加水稀释至 250 mL，即得。

17. 乙酸-乙酸钠缓冲液(pH3.7)

取无水乙酸钠 20 g，加水 300 mL 溶解后，加溴酚蓝指示液 1 mL 及冰乙酸 60～80 mL，至溶液从蓝色转变为纯绿色，再加水稀释至 1000 mL，即得。

18. 乙酸-乙酸钠缓冲液(pH3.8)

取 2 mol/L 乙酸钠溶液 13 mL 与 2 mol/L 乙酸溶液 87 mL，加 1 mL 含铜 1 mg 的硫酸铜溶液 0.5 mL，再加水稀释至 1000 mL，即得。

19. 乙酸-乙酸钠缓冲液(pH4.5)

取乙酸钠 18 g，加冰乙酸 9.8 mL，再加水稀释至 1000 mL，即得。

20. 乙酸-乙酸钠缓冲液(pH4.6)

取乙酸钠 5.4 g，加水 50 mL 使溶解，用冰乙酸调节 pH 值至 4.6，再加水稀释至 100 mL，即得。

21. 乙酸-乙酸钠缓冲液(pH6.0)

取乙酸钠 54.6 g，加 1 mol/L 乙酸溶液 20 mL 溶解后，加水稀释至 500 mL，即得。

22. 乙酸-乙酸钾缓冲液(pH4.3)

取乙酸钾 14 g，加冰乙酸 20.5 mL，再加水稀释至 1000 mL，即得。

23. 乙酸-乙酸铵缓冲液(pH4.5)

取乙酸铵 7.7 g，加水 50 mL 溶解后，加冰乙酸 6 mL 与适量的水，配制成 100 mL，即得。

24. 乙酸-乙酸铵缓冲液(pH6.0)

取乙酸铵 100 g，加水 300 mL 使溶解，加冰乙酸 7 mL，摇匀，即得。

25. 磷酸盐缓冲液

取磷酸二氢钠 38.0 g，磷酸氢二钠 5.04 g，加水 1000 mL，混匀，即得。

26. 磷酸盐缓冲液(pH2.0)

甲液，取磷酸 16.6 mL，加水至 1000 mL，摇匀；乙液，取磷酸氢二钠 71.63 g，加水使溶解成 1000 mL。取上述甲液 72.5 mL 与乙液 27.5 mL 混合，摇匀，即得。

27. 磷酸盐缓冲液(pH2.5)

取磷酸二氢钾 100 g，加水 800 mL，用盐酸调节 pH 值至 2.5，即得。

28. 磷酸盐缓冲液(pH5.0)

取 0.2 mol/L 磷酸二氢钠溶液一定量，用氢氧化钠溶液调节 pH 值至 5.0，即得。

29. 磷酸盐缓冲液(pH5.8)

取磷酸二氢钾 8.34 g 与磷酸氢二钾 0.87 g，加水使溶解成 1000 mL，即得。

30. 磷酸盐缓冲液(pH6.5)

取磷酸二氢钾 0.68 g,加 0.1 mol/L 氢氧化钠溶液 15.2 mL,加水稀释至 100 mL,即得。

31. 磷酸盐缓冲液(pH6.6)

取磷酸二氢钠 1.74 g,磷酸氢二钠 2.7 g 与氯化钠 1.7 g,加水使溶解成 400 mL,即得。

32. 磷酸盐缓冲液(含胰酶)(pH6.8)

取磷酸二氢钾 6.8 g,加水 500 mL 使溶解,用 0.1 mol/L 氢氧化钠溶液调节 pH 值至6.8;另取胰酶 10 g,加水适量使溶解,将两液混合后加水稀释至 1000 mL,即得。

33. 磷酸盐缓冲液(pH6.8)

取 0.2 mol/L 磷酸二氢钾溶液 250 mL,加 0.2 mol/L 氢氧化钠溶液 118 mL,用水稀释至 1000 mL,摇匀,即得。

34. 磷酸盐缓冲液(pH7.0)

取磷酸二氢钾 0.68 g,加 0.1 mol/L 氢氧化钠溶液 29.1 mL,用水稀释至 100 mL,即得。

35. 磷酸盐缓冲液(pH7.2)

取 0.2 mol/L 磷酸二氢钾溶液 50 mL 与 0.2 mol/L 氢氧化钠溶液 35 mL,加新沸过的冷水稀释至 200 mL,摇匀,即得。

36. 磷酸盐缓冲液(pH7.3)

取磷酸氢二钠 1.9734 g 与磷酸二氢钾 0.2245 g,加水使溶解成 1000 mL,调节 pH 值至 7.3,即得。

37. 磷酸盐缓冲液(pH7.4)

取磷酸二氢钾 1.36 g,加 0.1 mol/L 氢氧化钠溶液 79 mL,用水稀释至 200 mL,即得。

38. 磷酸盐缓冲液(pH7.6)

取磷酸二氢钾 27.22 g,加水使溶解成 1000 mL,取 50 mL,加 0.2 mol/L 氢氧化钠溶液 42.4 mL,再加水稀释至 200 mL,即得。

39. 磷酸盐缓冲液(pH7.8)

甲液,取磷酸氢二钠 35.9 g,加水溶解并稀释至 500 mL;乙液,取磷酸二氢钠 2.76 g,加水溶解并稀释至 100 mL。取上述甲液 91.5 mL 与乙液 8.5 mL 混合,摇匀,即得。

40. 磷酸盐缓冲液(pH7.8～8.0)

取磷酸氢二钾 5.59 g 与磷酸二氢钾 0.41 g,加水使溶解成 1000 mL,即得。

41. 平衡盐溶液

平衡盐溶液(balance salt solution,BSS)主要由无机盐和葡萄糖组成,具有维持渗透压,调节酸碱平衡,为细胞生存提供所需能量和无机盐离子成分的作用,还可以用作洗涤组织细胞,配制各种培养液的基础溶液。一些 BSS 内含有少量酚红作为 pH 变化的指示剂,溶液变酸时呈黄色,变碱时呈紫红色,中性时呈桃红色。

(1) Ringer 溶液:

NaCl	8.5 g(变温动物用 6.5 g)
KCl	0.42 g
$CaCl_2$	0.25 g
蒸馏水	1000 mL

(2) PBS 溶液:

PBS 储存液(10×):

NaCl	8.5 g
KCl	0.20 g
$Na_2HPO_4 \cdot H_2O$	1.56 g
KH_2PO_4	0.24 g
三蒸水	100 mL

PBS 工作液：

PBS 储存液	50 mL
三蒸水	450 mL

高压灭菌，4 ℃保存。

(3) Hanks 液：

原液 A：(a) $CaCl_2$	2.8 g
蒸馏水	100 mL
(b) NaCl	160 g
KCl	8.0 g
$MgSO_4 \cdot 7H_2O$	2.0 g
$MgCl_2 \cdot 6H_2O$	2.0 g
蒸馏水	900 mL

将(a)和(b)混合后，加蒸馏水定容至 1000 mL，用滤纸过滤，再加 2 mL 氯仿防腐，置于 4 ℃冰箱中备用。

原液 B：$Na_2HPO_4 \cdot 12H_2O$	3.04 g
KH_2PO_4	1.2 g
葡萄糖	20.0 g
酚红	0.2 g

将上述物质溶于 800 mL 蒸馏水中，用滤纸过滤，然后加 0.5%酚红 80 mL，再加水至 1000 mL，最后加入 2 mL 氯仿防腐，置于 4 ℃冰箱中备用。

使用液：

按照 A、B、双蒸水体积比为 1∶1∶15，混匀分装后包扎好瓶口，经 113 ℃湿热灭菌 20 min，高压灭菌 15 min 后置于 4 ℃冰箱中保存。使用时用 5.6%$NaHCO_3$调节 pH 值至所需要求。

(4) D-Hanks 液：

NaCl	8.0 g
KCl	0.40 g
$Na_2HPO_4 \cdot H_2O$	0.06 g
KH_2PO_4	0.06 g
$NaHCO_3$	0.35 g
酚红	0.02 g

以上成分依次溶于 500 mL 三蒸水中，完全溶解后补足三蒸水至 1000 mL。

(5) Tyrode 溶液：

NaCl	8.00 g
KCl	0.20 g

$CaCl_2$ 0.20 g

$MgCl_2 \cdot 6H_2O$ 0.10 g

$NaH_2PO_4 \cdot 2H_2O$ 0.05 g

$NaHCO_3$ 1.00 g

葡萄糖 1.00 g

三蒸水 1000 mL

(6) Earle 溶液:

NaCl 6.80 g

KCl 0.40 g

$CaCl_2$ 0.20 g

$MgSO_4 \cdot 7H_2O$ 0.20 g

$NaH_2PO_4 \cdot 2H_2O$ 0.14 g

$NaHCO_3$ 2.20 g

葡萄糖 1.00 g

酚红 0.02 g

三蒸水 1000 mL

(7) Dulbecco 溶液:

NaCl 8.00 g

KCl 0.20 g

$CaCl_2$ 0.10 g

$MgCl_2 \cdot 6H_2O$ 0.10 g

$NaH_2PO_4 \cdot 2H_2O$ 1.42 g

KH_2PO_4 0.20 g

酚红 0.02 g

三蒸水 1000 mL

42. 磷酸盐缓冲液

(1) Sorensen 磷酸盐缓冲液:

A 液:1/15 mol/L Na_2HPO_4溶液

$Na_2HPO_4 \cdot 2H_2O$ 11.86 g

蒸馏水 至 1000 mL

B 液:1/15 mol/L KH_2PO_4溶液

KH_2PO_4 9.078 g

蒸馏水 至 1000 mL

分装在棕色瓶内,置于 4 ℃冰箱中保存,用时 A、B 两液各按不同比例混合,即可得所需 pH 值的缓冲液(表D-1)。

表 D-1 Sorensen 磷酸盐缓冲液的配制

pH	A 液/mL	B 液/mL	pH	A 液/mL	B 液/mL
5.29	2.5	97.5	6.81	50.0	50.0
5.59	5.0	95.0	6.98	60.0	40.0

续表

pH	A 液/mL	B 液/mL	pH	A 液/mL	B 液/mL
5.91	10.0	90.0	7.17	70.0	30.0
6.24	20.0	80.0	7.38	80.0	20.0
6.47	30.0	70.0	7.73	90.0	10.0
6.64	40.0	60.0	8.04	95.0	5.0

(2) 磷酸钾缓冲液(0.1 mol/L):

A 液:K_2HPO_4(1 mol/L)

B 液:KH_2PO_4(1 mol/L)

用时 A、B 两液各按不同比例混合,定容至 1000 mL,即可得所需 pH 值的缓冲液(表 D-2)。

表 D-2 磷酸钾缓冲液的配制

pH	A 液/mL	B 液/mL	pH	A 液/mL	B 液/mL
5.8	8.5	91.5	7.0	61.5	38.5
6.0	13.2	86.8	7.2	71.7	28.3
6.2	19.2	80.8	7.4	80.2	19.8
6.4	27.8	72.2	7.6	86.6	13.4
6.6	38.1	61.9	7.8	90.8	9.2
6.8	49.7	50.3	8.0	94.0	6.0

(3) 磷酸钠缓冲液(0.1 mol/L)(25 ℃):

A 液:Na_2HPO_4(1 mol/L)

B 液:NaH_2PO_4(1 mol/L)

用时 A、B 两液各按不同比例混合,定容至 1000 mL,即可得所需 pH 值的缓冲液(表 D-3)。

表 D-3 磷酸钠缓冲液的配制

pH	A 液/mL	B 液/mL	pH	A 液/mL	B 液/mL
5.8	7.9	92.1	7.0	57.7	42.3
6.0	12.0	88.0	7.2	68.4	31.6
6.2	17.8	82.2	7.4	77.4	22.6
6.4	25.5	74.5	7.6	84.5	15.5
6.6	35.2	64.8	7.8	89.6	10.4
6.8	46.3	53.7	8.0	93.2	6.8

43. M 缓冲液

咪唑(imidazole) 3.404 g

KCl 3.7 g

$MgCl_2 \cdot 6H_2O$ 101.65 mg

EGTA[乙二醇双(α-氨基乙基)醚四乙酸] 380.35 mg
EDTA(乙二胺四乙酸) 29.224 mg
巯基乙醇 0.07 mL
甘油 297 mL
蒸馏水 至 1000 mL

用 1 mol/L 盐酸调节 pH 值至 7.2,室温保存。

44. Tris-盐酸缓冲液(25 ℃)

A 液:0.1 mol/L 三羟甲基氨基(Tris)溶液

B 液:0.1 mol/L 盐酸

分装在棕色瓶内,置于 4 ℃冰箱中保存,用时 A 液取 50 mL,B 液按所需 pH 值在表 D-4 中选择体积量,混匀后用蒸馏水定容至 100 mL,即可得所需 pH 值的缓冲液。

表 D-4 Tris-盐酸缓冲液的配制

pH	A 液/mL	B 液/mL	pH	A 液/mL	B 液/mL
7.10	50.0	45.7	8.10	50.0	26.2
7.20	50.0	44.7	8.20	50.0	22.9
7.30	50.0	43.4	8.30	50.0	19.9
7.40	50.0	42.0	8.40	50.0	17.2
7.50	50.0	40.3	8.50	50.0	14.7
7.60	50.0	38.5	8.60	50.0	12.4
7.70	50.0	36.5	8.70	50.0	10.3
7.80	50.0	34.5	8.80	50.0	8.5
7.90	50.0	32.0	8.90	50.0	7.0
8.00	50.0	29.2			

45. 巴比妥-盐酸缓冲液(18 ℃)

A 液:0.04 mol/L 巴比妥钠溶液

B 液:0.2 mol/L 盐酸

根据所需 pH 值将一定比例的 A、B 液混合,然后定容至 1000 mL(表 D-5)。

表 D-5 巴比妥-盐酸缓冲液的配制

pH	A 液/mL	B 液/mL	pH	A 液/mL	B 液/mL
6.8	100	18.4	8.4	100	5.21
7.0	100	17.8	8.6	100	3.82
7.2	100	16.7	8.8	100	2.52
7.4	100	15.3	9.0	100	1.65
7.6	100	13.4	9.2	100	1.13
7.8	100	11.47	9.4	100	0.70
8.0	100	9.39	9.6	100	0.35
8.2	100	7.21			

46. 柠檬酸-柠檬酸钠缓冲液(0.1 mol/L)

A 液(0.1 mol/L)

柠檬酸　　2.1 g

蒸馏水　　100 mL

B 液(0.1 mol/L)

柠檬酸钠($C_6H_5O_7Na_3 \cdot 2H_2O$)　　2.94 g

蒸馏水　　100 mL

根据所需 pH 值将一定比例的 A、B 液混合,然后定容至 100 mL(表 D-6)。

表 D-6　柠檬酸-柠檬酸钠缓冲液的配制

pH	A 液/mL	B 液/mL	pH	A 液/mL	B 液/mL
4.0	33.0	17.0	5.2	18.0	32.0
4.2	31.5	18.5	5.4	16.0	34.0
4.4	28.0	22.0	5.6	13.7	36.3
4.6	25.5	24.5	5.8	11.8	38.2
4.8	23.0	27.0	6.0	9.5	41.5
5.0	20.5	29.5	6.2	7.2	42.8

47. TB 缓冲液的配制

NaCl　　17.4 g

柠檬酸钠　　8.82 g

蒸馏水　　至 1000 mL

48. HEPES 溶液

HEPES 是一种氢离子缓冲剂,能较长时间地维持培养液恒定的 pH 值,对开放培养的细胞作用最为明显。使用液的终浓度为 10～50 mmol/L。

HEPES 储存液(100×):HEPES　　238.3 g

三蒸水　　至 1000 mL

HEPES 使用液(10 mmol/L):储存液　　1 mL

培养液　　99 mL

49. 常用电泳缓冲液

细胞生物学实验常用的电泳缓冲液配方见表 D-7。

表 D-7　细胞生物学实验常用电泳缓冲液

缓冲液	使用液	储存液
TAE(Tris-乙酸)	1×:0.04 mol/L Tris-乙酸 0.001 mol/L EDTA	50×:Tris-碱　242 g 冰乙酸　57.1 mL 0.5 mol/L EDTA(pH8.0)　100 mL
TPE(Tris-磷酸)	1×:0.09 mol/L Tris-磷酸 0.002 mol/L EDTA	10×:Tris-碱　108 g 1.679 g/mL 磷酸　15.5 mL 0.5 mol/L EDTA(pH8.0)　40 mL

续表

缓冲液	使用液	储存液
TBE(Tris-硼酸)	0.5×:0.045 mol/L Tris-硼酸 0.001 mol/L EDTA	5×:Tris-碱 54 g 硼酸 27.5 g 0.5 mol/L EDTA(pH8.0) 20 mL
碱性缓冲液	1×:50 mmol/L NaOH 1 mmol/L EDTA	10×:0.5 mol/L NaOH 50 mL 0.5 mol/L EDTA(pH8.0) 20 mL
Tris-甘氨酸	1×:25 mmol/L Tris-HCl 0.25 mol/L 甘氨酸 0.1% SDS	5×:Tris-碱 15.1 g 甘氨酸 94 g 10% SDS 50 mL

50. 50%PEG 溶液

取一定量 PEG 粉末至试管中，高压灭菌后冷却至 50 ℃，加入等体积无菌的预热至 50 ℃的无血清 DMEM 培养液，混匀，置于 37 ℃保温待用。

51. 1 mmol/L 花萼海绵诱癌素 A(4 ℃保存)

花萼海绵诱癌素 A　　1 mg

无水乙醇　　1 mL

附录 E　常用培养基的配制

培养基(medium)是供微生物、植物和动物组织生长和维持用的人工配制的养料，一般都含有碳水化合物、含氮物质、无机盐(包括微量元素)以及维生素和水等。有的培养基还含有抗生素和色素。

固体培养基的配制方法：按照配方准备好液体培养基，在高温高压灭菌前，加入 15 g/L 琼脂粉，灭菌后戴上手套摇动容器使琼脂充分混匀，待冷却至 50～60 ℃时，加入热不稳定物质(如抗生素)，摇动容器，充分混匀。

一、常用细菌培养基

1. LB 培养基(Luria-Bertani 培养基)

配制每升培养基，应在 950 mL 去离子水中加入：

细菌培养用胰化蛋白胨(bacto-tryptone)　　20 g

细菌培养用酵母提取物(bacto-yeast extract)　　5 g

氯化钠(NaCl)　　10 g

摇动容器直至溶质完全溶解，用 5 mol/L NaOH 溶液(约 0.2 mL)调节 pH 值至 7.0，加入去离子水至总体积为 1 L，在 1.034×10^5 Pa 高压蒸汽灭菌 20 min。

2. NZCYM 培养基

配制每升培养基，应在 950 mL 去离子水中加入：

NZ 胺(NZ amine)(酪蛋白酶促水解物)　　10 g
氯化钠(NaCl)　　5 g
细菌培养用酵母提取物(bacto-yeast extract)　　5 g
酪蛋白氨基酸(casamino acid)　　1 g
七水合硫酸镁($MgSO_4 \cdot 7H_2O$)　　2 g

摇动容器直至溶质完全溶解,用 5 mol/L NaOH(约 0.2 mL)调节 pH 值至 7.0,加入去离子水至总体积为 1 L,在 1.034×10^5 Pa 高压蒸汽灭菌 20 min。

3. NZYM 培养基

NZYM 培养基除不含有酪蛋白氨基酸外,其他成分与 NZCYM 培养基相同。

4. NZM 培养基

NZM 培养基除不含有酵母提取物外,其他成分与 NZCYM 培养基相同。

5. 高浓度肉汤(Tartof 和 Hobbs,1987)

配制每升高浓度肉汤,应在 900 mL 去离子水中加入:

细菌培养用胰化蛋白胨(bacto-tryptone)　　12 g
细菌培养用酵母提取物(bacto-yeast extract)　　24 g
甘油　　4 mL

摇动容器直至溶质完全溶解,在 1.034×10^5 Pa 高压蒸汽灭菌 20 min,然后使该溶液降温至 60 ℃或 60 ℃以下,再加入 100 mL 经灭菌的 0.17 mol/L 磷酸二氢钾 -0.72 mol/L 磷酸氢二钾溶液(该磷酸缓冲液的配制方法如下:在 90 mL 去离子水中溶解 12.54 g 磷酸氢二钾,然后加入去离子水至总体积为 100 mL,在 1.034×10^5 Pa 高压蒸汽灭菌 20 min。)

6. SOB 培养基

配制每升培养基,应在 950 mL 去离子水中加入:

细菌培养用胰化蛋白胨(bacto-tryptone)　　20 g
细菌培养用酵母提取物(bacto-yeast extract)　　5 g
氯化钠(NaCl)　　0.5 g

摇动容器直至溶质完全溶解,然后加入 10 mL 250 mmol/L 氯化钾溶液(在 100 mL 去离子水中溶解 1.86 g 氯化钾配制成 250 mmol/L 氯化钾溶液),用 5 mol/L NaOH 溶液(约 0.2 mL)调节溶液 pH 值至 7.0,然后加入去离子水至总体积为 1 L,在 1.034×10^5 Pa 高压蒸汽灭菌 20 min。

该溶液在使用前加入 5 mL 经灭菌的 2 mol/L 氯化镁溶液。(2 mol/L 氯化镁溶液的配制方法:在 90 mL 去离子水中溶解 19 g 氯化镁,然后加入去离子水至总体积为 100 mL,在 1.034×10^5 Pa 高压蒸汽灭菌 20 min。)

7. SOC 培养基

SOC 培养基除含有 20 mmol/L 葡萄糖外,其余成分与 SOB 培养基相同。SOB 培养基经高压灭菌后,降温至 60 ℃或 60 ℃以下,然后加入 20 mL 经除菌的1 mol/L葡萄糖溶液。(1 mol/L葡萄糖溶液的配制方法:在 90 mL 去离子水中溶解 18 g 葡萄糖,待糖完全溶解后,加入去离子水至总体积为 100 mL,然后用 0.22 μm 滤膜过滤除菌。)

8. 2×YT 培养基

配制每升培养基,应在 900 mL 去离子水中加入:

细菌培养用胰化蛋白胨(bacto-tryptone)　　16 g

细菌培养用酵母提取物(bacto-yeast extract)	10 g
氯化钠(NaCl)	5 g

摇动容器直至溶质完全溶解,用 5 mol/L NaOH 溶液(约 0.2 mL)调节 pH 值至 7.0,加入去离子水至总体积为 1 L,在 1.034×10^5 Pa 高压蒸汽灭菌 20 min。

9. M9 培养基

配制每升培养基,应在 750 mL 无菌去离子水(冷却至 50 ℃以下)中加入:

5×M9 盐溶液	200 mL
适当碳源的 20% 溶液(如 20%葡萄糖)	20 mL
无菌去离子水	加至 1 L

如有必要,可在 M9 培养基中补加含有适当种类的氨基酸的储存液。

5×M9 盐溶液的配制:在去离子水中溶解下列盐类,终体积为 1 L。

七水合磷酸氢二钠($Na_2HPO_4\cdot 7H_2O$)	64 g
磷酸二氢钾(KH_2PO_4)	15 g
氯化钠(NaCl)	2.5 g
氯化铵(NH_4Cl)	5.0 g

把上述盐溶液分成 200 mL 一份,在 1.034×10^5 Pa 高压蒸汽灭菌 15 min。

10. TB 培养基

A 液:

蛋白胨	12 g
酵母提取物	24 g
甘油	4 mL
蒸馏水	900 mL

B 液:

KH_2PO_4	2.31 g
K_2HPO_4	12.54 g
蒸馏水	至 100 mL

A 液各组分溶解后高压灭菌,冷却至 60 ℃时加入 B 液(高压灭菌或 0.22 μm 滤膜过滤除菌)。

11. YEP 培养基

NaCl	0.5 g
细菌蛋白胨	1 g
酵母提取物	1 g
琼脂粉	1.5 g
蒸馏水	100 mL

注:YEP 液体培养基不添加琼脂粉。

12. YPD 培养基

蛋白胨	20 g
酵母提取物	10 g
葡萄糖	20 g
蒸馏水	至 1000 mL

注：配制平板，加 20 g 琼脂粉，高压灭菌。

13. YPD 培养基

蛋白胨	20 g
酵母提取物	10 g
葡萄糖	20 g
蒸馏水	至 1000 mL

注：配制平板，加 20 g 琼脂粉，高压灭菌。

14. 牛肉膏琼脂培养基

牛肉膏	0.3 g
蛋白胨	1.0 g
NaCl	0.5 g
琼脂粉	1.5 g
蒸馏水	100 mL

在烧杯内加水 100 mL，放入牛肉膏、蛋白胨和 NaCl，用记号笔在烧杯外做上记号后，放在火上加热。待烧杯内各组分溶解后，加入琼脂，不断搅拌以免粘底。等琼脂完全溶解后补足失水，用 10% HCl 或 10% NaOH 溶液调节 pH 值到 7.2～7.6，分装，高压灭菌 30 min。

15. 马铃薯培养基

马铃薯	200 g
蔗糖	20 g
蒸馏水	1000 mL
琼脂粉	20 g

马铃薯去皮，切成块，加水，煮沸 30 min（注意火力的控制，可适当补水），用纱布过滤，补足水至 1000 mL，加入蔗糖和琼脂粉，分装后高压灭菌 20 min。常用于培养酵母菌。

二、细胞生物学常用培养基

1. MS 培养基

配制母液时必须注意，各种化学成分必须一一溶解以后才能混合，以避免化学药品之间出现化学反应而沉淀。把表 E-1 的母液按照编号顺序排号，先加入少量蒸馏水，按照设计好的培养基分别吸取母液，定容，调 pH 值，每升培养基加 6.5 g 琼脂粉和 30 g 蔗糖煮溶，分装后封好瓶口。附加成分，如生长素、细胞分裂素等，按照培养材料和培养目的而定。

表 E-1 MS 培养基母液配制

类别	成 分	每升含量/mg	称取量/mg	母液体积/mL	扩大倍数	每升培养基的吸取量/mL
大量元素	KNO_3	1900	19000	1000	10	100
	NH_4NO_3	1650	165000			
	$MgSO_4 \cdot 7H_2O$	370	3700			
	KH_2PO_4	170	1700			
	$CaCl_2 \cdot 2H_2O$	440	4400			

续表

类别	成　　分	每升含量/mg	称取量/mg	母液体积/mL	扩大倍数	每升培养基的吸取量/mL
微量元素	$MnSO_4 \cdot 4H_2O$	22.30	2230	1000	100	10
	$ZnSO_4 \cdot 7H_2O$	8.6	860			
	H_3BO_3	6.2	620			
	KI	0.83	83			
	$Na_2MoO_4 \cdot 2H_2O$	0.25	25			
	$CuSO_4 \cdot 5H_2O$	0.025	2.5			
	$CoCl_2 \cdot 6H_2O$	0.025	2.5			
铁盐	Na_2-EDTA	37.7	3770	1000	100	10
	$FeSO_4 \cdot 7H_2O$	27.8	2780			
有机物质	甘氨酸	2.0	100	500	50	10
	盐酸硫胺素	0.4	20			
	盐酸吡哆素	0.5	25			
	烟酸	0.5	25			
	肌醇	100	5000			

2. 1/2 MS 培养基

MS 培养基的大量元素减半，其他成分含量不变，pH5.8。

3. B5 培养基

B5 培养基配方见表 E-2。

表 E-2　B5 培养基配方

成分	含量/(mg/L)	成分	含量/(mg/L)	成分	含量/(mg/L)
$(NH_4)_2SO_4$	134	H_3BO_3	3.0	$FeSO_4 \cdot 7H_2O$	27.8
KNO_3	2500	$MnSO_4 \cdot 4H_2O$	10	Na_2-EDTA	37.3
$CaCl_2 \cdot 2H_2O$	150	$ZnSO_4 \cdot 7H_2O$	2.0	肌醇	100
$MgSO_4 \cdot 7H_2O$	250	$NaMoO_4 \cdot 2H_2O$	0.25	盐酸硫胺素	10.0
$NaH_2PO_4 \cdot H_2O$	150	$CuSO_4 \cdot 5H_2O$	0.025	盐酸吡哆醇	1.0
KI	0.75	$CoCl_2 \cdot 6H_2O$	0.025	烟酸	1.0

4. BSB 培养基

BSB 培养基：MS 培养基的无机成分与 B5 培养基有机成分的混合物，pH5.8。

5. N6 培养基

N6 培养基配方见表 E-3。

表 E-3 N6 培养基配方

成　　分	含量/(mg/L)	成　　分	含量/(mg/L)
$(NH_4)_2SO_4$	463	$MgSO_4 \cdot 7H_2O$	185
KNO_3	2830	KH_2PO_4	400
$CaCl_2 \cdot 2H_2O$	166	KI	0.8
H_3BO_3	1.6	$FeSO_4 \cdot 7H_2O$	27.8
$MnSO_4 \cdot 4H_2O$	4.4	Na_2-EDTA	37.3
$ZnSO_4 \cdot 7H_2O$	1.5		

6. DPD 培养基

DPD 培养基配方见表 E-4。

表 E-4 DPD 培养基配方(pH5.6)

成　　分	含量/(mg/L)	成　　分	含量/(mg/L)
NH_4NO_3	270	KI	0.25
KNO_3	1480	烟酸	4
$MgSO_4 \cdot 7H_2O$	340	盐酸吡哆素	0.7
$CaCl_2 \cdot 2H_2O$	570	盐酸硫胺素	4
KH_2PO_4	80	肌醇	100
$FeSO_4 \cdot 7H_2O$	27.8	叶酸	0.4
Na_2-EDTA	37.3	甘氨酸	1.4
$MnSO_4 \cdot 4H_2O$	5	生物素	0.04
$NaMoO_4 \cdot 2H_2O$	0.1	蔗糖	2000
H_3BO_3	2	甘露醇	0.3 mol/L
$ZnSO_4 \cdot 7H_2O$	1.5	2,4 -D	1
$CuSO_4 \cdot 5H_2O$	0.015	激动素	0.5
$CoCl_2 \cdot 6H_2O$	0.01		

7. 动物细胞培养基

目前各实验室普遍使用商品化合成培养基(synthetic medium)进行动物细胞培养。合成培养基的主要成分是平衡盐溶液加氨基酸和维生素,这种培养基只能维持细胞的生存,细胞要更好地生长和繁殖,尚须补充天然培养基,如小牛血清。可根据细胞特点选择不同的培养基,添加各种成分。目前最常用的合成培养基主要有 RPMI1640、Eagle's MEM、DMEM 等,配制方法基本相同。

将干粉型合成培养基溶于总量 1/3 的三蒸水中,再用 1/3 水冲洗包装内表面两次,搅拌使其充分溶解,定容至 1000 mL,调节 pH 值,过滤除菌分装后置于 4 ℃冰箱中保存备用。使用前添加小牛血清、谷氨酰胺和抗生素等。

(1) M199 培养基:

M199 粉末　　9.9 g

蒸馏水　　1000 mL

过滤灭菌。

(2) Eagle's MEM 培养基：

Eagle's MEM 干粉	9.9 g
蒸馏水	1000 mL

分装，0.1034 MPa 下灭菌 15 min。使用前每 100 mL E-MEM 液加入 1 mL13%谷氨酰胺。

(3) RPMI 1640 培养基：

RPMI 1640 干粉	10.5 g
蒸馏水	1000 mL

通 CO_2气体，调 pH 值至 7.2，过滤除菌。

(4) DMEM 培养基：

DMEM 干粉	9.96 g
蒸馏水	1000 mL

通 CO_2气体，调 pH 值至 7.2，过滤除菌。

8. 外周血淋巴细胞培养 RPMI 1640 培养基

RPMI 1640	10.5 g(1 包)
小牛血清	200 mL
肝素(500 U/L)	6 mL
PHA	100 mg
青霉素(每瓶 80×10^4 U)，用 4 mL 生理盐水稀释	0.5 mL(终浓度 100 U/mL)
链霉素(每瓶 100×10^4 U)，用 5 mL 生理盐水稀释	0.5 mL(终浓度 100 U/mL)
三蒸水	至 1000 mL
5% $NaHCO_3$	少量

将干粉型培养基溶于总量 1/3 的三蒸水中，再用 1/3 水冲洗包装内表面两次，倒入培养液中，以保证所有干粉都溶解成培养液，搅拌使其溶解，用 5% $NaHCO_3$调节 pH 值为 7.0～7.2，定容至 1000 mL，过滤灭菌，分装至预先高压消毒的培养瓶中。

9. MEM 培养液(含 10%小牛血清)

MEM 粉	9.4 g
$NaHCO_3$	1.5 g
谷氨酰胺	0.292 g
小牛血清(56 ℃灭活 30 min)	110 mL
双蒸水	1000 mL

MEM 粉末加蒸馏水溶解后，用 $NaHCO_3$ 调 pH 值为 7.1(抽滤过程中 pH 值升高 0.2～0.3)，待完全溶解后，用 0.22 μm 滤膜过滤除菌、分装，置于 4 ℃冰箱中保存备用。用前添加灭活的小牛血清、谷氨酰胺和抗生素。

三、常用植物组织培养基

常用植物组织培养基见表 E-5。

表 E-5 常用植物组织培养基(单位:mg/L)

成　分	培养基名称						
	MS	LS	B5	H	N6	White	Miller
NH_4NO_3	1000	1000	1000	1000	1000	1000	1000
$(NH_4)_2SO_4$			134		463		
KNO_3	1900	1900	2500	950	2380	80	1000
KH_2PO_4	170	170		68	400		300
KCl						65	65
$NaH_2PO_4 \cdot H_2O$			150			16.5	
$MgSO_4 \cdot 7H_2O$	370	370	250	185	185	720	35
$CaCl_2 \cdot 2H_2O$	440	440	150	166	166		
$Ca(NO_3)_2 \cdot 4H_2O$						300	347
Na_2SO_4						200	
$MnSO_4 \cdot 4H_2O$	22.3	22.3	10	25	4.4	7	4.4
$ZnSO_4 \cdot 7H_2O$	8.6	8.6	2	10	1.5	3	1.5
H_3BO_3	6.2	6.2	3		1.6	1.5	1.6
KI	0.83	0.83	0.75		0.8		0.8
$NaMoO_4 \cdot 2H_2O$	0.25	0.25	0.25	0.25			
MoO_3						0.0001	
$CuSO_4 \cdot 5H_2O$	0.025	0.025	0.025	0.025		0.001	
$CoCl_2 \cdot 6H_2O$	0.025	0.025	0.025				
Na_2-EDTA	37.25	37.25	37.25	37.25	37.25		
$FeSO_4 \cdot 7H_2O$	27.85	27.85	27.85	27.85	27.85		
$Fe_2(SO_4)_3$						2.5	
Na-Fe-EDTA							32
甘氨酸	2			2	2	3	2
盐酸硫胺素	0.4	0.4	10	0.5		0.1	0.1
盐酸吡哆素	0.5		1	0.5		0.1	0.1
烟酸	0.5		1	5	0.5	0.3	0.5
肌醇	100	100	100	100		100	
叶酸				0.5			
生物素				0.05			

附录 F 器械的清洗与消毒

细胞生物学实验对所有器皿的清洁程度要求很高，器皿上稍有杂质都会使实验结果出现较大的偏差，甚至导致实验失败，因此器皿的清洗十分重要。

1. 清洗

1.1 清洗剂的选择

一般情况下，可选择市售合成洗涤剂对器皿进行清洗，当器皿内壁附着有难溶物质、用合成洗涤剂无法清洗时，应选用合适的洗涤剂。实验室常用的洗涤剂为重铬酸钾洗液和矽酸钠洗液。

(1) 重铬酸钾洗液。重铬酸钾洗液的成分见表 F-1。重铬酸钾洗液选用耐酸塑料桶或不锈钢桶配制：先将重铬酸钾溶于水(用玻璃棒搅拌助溶，有时不能完全溶解)；缓缓加入浓硫酸，切忌过急，否则将产热而发生危险(禁止将重铬酸液倒入浓硫酸中)；洗液配好后呈棕红色，待变绿色时表明已失效；由于清洗液的腐蚀性极强，配制与使用时必须小心，并做好防护。

表 F-1 重铬酸钾洗液的配方

配 方 成 分	弱液	次强液	强液
重铬酸钾/g	50	100	60
清水/mL	1000	1000	200
浓硫酸/mL	90	160	800
硫酸浓度(体积分数)	8%	14%	80%

(2) 矽酸钠(硅酸钠)洗液：

矽酸钠 80 g

偏磷酸钠 9 g

水 1000 mL

使用时用水稀释 100 倍，将器皿放入洗液中煮沸 20 min，冷却后冲洗，再用 2% HCl 溶液浸泡 2 h 后，用自来水冲洗。矽酸钠洗液较重铬酸钾洗液安全，但价格较贵。

1.2 器皿的清洗

1.2.1 玻璃器皿的清洗

按浸泡→刷洗→浸酸→冲洗程序进行。

(1) 浸泡：新购进的玻璃器皿常带有灰尘，呈弱碱性，或带有铅等有害物质，故先用自来水浸泡过夜，再用水洗；然后用 2%～5%盐酸浸泡过夜或煮沸 30 min，水洗。使用后的玻璃器皿常带有大量的蛋白质附着，干燥后不易刷干净，因此要立即用清水浸泡，以便于刷洗工作能顺利进行。

(2) 刷洗：用软毛刷、优质洗涤剂刷去器皿上的杂质(特别注意刷洗瓶角部位)，然后冲洗晾干。去污粉中含有砂砾，会严重破坏玻璃器皿的光洁度，因此禁止使用去污粉。

(3) 浸酸：浸酸之前要把洗涤剂冲干净。将器皿浸泡于重铬酸钾洗液 24 h，如急用也不得少于 4 h。重铬酸钾洗液由重铬酸钾、浓硫酸及蒸馏水配制而成，具有很强的氧化作用，去污能力很强，经清洁液浸泡后，玻璃器皿残留的未刷新的微量杂质可被完全清除。

(4) 冲洗：先用自来水充分冲洗，吸管等冲洗 10 min，瓶皿需要反复 10 次以上，然后经蒸馏水漂洗 3 次，不留死角。晾干或烘干备用，对已用过的器皿，凡污染者必先经煮沸 30 min 或放于 3%盐酸中浸泡过夜，未污染者可不需灭菌处理，但仍要用重铬酸钾洗液浸泡过夜，冲洗等。

玻璃器皿的洗净标志是水倾倒出之后，器壁上没有水滴附着，否则需重新洗涤。若重洗以后仍挂有水珠，则需要先用洗液浸泡数个小时或用去污粉擦洗，再重新清洗。

1.2.2 塑料器皿的清洗

塑料器皿的清洗按照以下程序进行：自来水充分浸泡→冲洗→2% NaOH 浸泡过夜→自来水冲洗→2%～5%盐酸浸泡 30 min→自来水冲洗→蒸馏水漂洗 3 次→晾干→紫外线照射 30 min(或先用 75%乙醇浸泡、擦拭，再用紫外线照射 30 min)，凡能耐热的塑料器皿，最好经 101.3 kPa(121.3 ℃)高压灭菌。

1.2.3 载玻片和盖玻片的清洁

新购的载玻片和盖玻片都要预先清洗才能使用。一般先将载玻片投入到 1%～2%盐酸中浸泡 24 h，再用流水冲洗 24 h，然后移入 70%乙醇中浸泡备用。浸泡时，不要将整盒载玻片全部投入，而应逐片投入，以使浸泡液完全浸润载玻片表面。如果载玻片与盖玻片贴得太紧，则浸泡液无法达到片子的表面，因而达不到清洁的目的。浸泡后的载玻片和盖玻片，先用清洁纱布擦干净，再放入干净的盒中供制片使用。

用过的载玻片经过清洁处理后方可再次使用，一般用下面的方法处理旧载玻片：将用过的载玻片或切片标本放入皂水中煮沸 5～10 min，在热水中洗去残留的树胶和糨糊；用清水冲洗；在铬酸洗液中浸泡 30 min，用自来水冲洗干净；在 95%乙醇中浸泡 2 h，取出擦干便可使用。

1.2.4 胶塞等橡胶类的处理

新购置的胶塞等橡胶类按以下程序进行处理：先经自来水冲洗→2% NaOH 煮沸 15 min→自来水冲洗→2%～5% HCl 煮沸 15 min→自来水冲洗 5 次以上→蒸馏水冲洗 3 次以上→蒸馏水煮沸 10 min，倒掉沸水让余热烘干瓶塞等，或蒸馏水冲洗晾干，整齐摆放于小型金属盒内经 101.3 kPa 高压灭菌。

1.2.5 金属器械的清洗

新购进的金属器械常涂有防锈油，先用蘸有汽油的纱布擦去油脂，再用水洗净，最后用酒精棉球擦拭，晾干。用过的金属器械应先以清水煮沸消毒，再擦拭干净。使用前以蒸馏水煮沸 10 min，或包装好以 101.3 kPa 高压 15 min。

1.2.6 除菌滤器的处理

用过的滤器将滤膜去除，用三蒸水充分洗净残余液体，置于干燥箱中烘干备用。

2. 包装

包装的目的是防止消毒灭菌后再次遭受污染，所以经清洗烤干或晾干的器材，应严格包装后再进行消毒灭菌处理。包装材料常用包装纸、牛皮纸、硫酸纸、棉布、铝饭盒、玻璃或金属制吸管筒、纸绳等。包装分为局部包装和全包装两类。瓶类用硫酸纸罩住瓶口，外罩 2 层牛皮纸用绳扎紧；小平皿、胶塞、刀剪等器械可装入饭盒，饭盒再用牛皮纸包好，用绳扎好；吸管、滴管口用脱脂棉塞上(不要太紧或太松)，装入消毒桶内，滤器、滤瓶、橡皮管等都要用牛皮纸包好瓶口等，外罩一层牛皮纸包好，再用包布包好；无菌衣、帽、口罩等均以牛皮纸或包布包好，用绳扎好。

3. 消毒灭菌

消毒灭菌的方法分为物理法和化学法两类。前者包括干热、湿热、滤过、紫外线及衍射等，后者主要是指使用化学消毒剂等。

干热灭菌：用于玻璃器皿，分为 160～170 ℃、90～120 min 或 180 ℃、45～60 min。

蒸汽灭菌：用于玻璃器皿、滤器橡胶塞、解剖用具、耐热塑料器具、受热不变性的溶液等，不同物品有效灭菌压力和时间不同。如培养用液、橡胶制品、塑料器皿等用 68 kPa(115 ℃)高压灭菌 10 min，布类、玻璃制品、金属器械等用 103 kPa(121.3 ℃)高压灭菌 15～20 min。

滤过除菌：适于含有不耐热成分的培养基和试剂的除菌，用孔径为 0.22 μm 微孔滤膜可除去细菌和霉菌等，用此滤膜过滤 2 次，可使支原体达到某种程度的去除，但不能去除病毒。

紫外线：紫外线的波长为 200～300 nm，最强是在 254 nm，6～15 m^2 最少有一只紫外灯，高度要在 2.5 m 以下，湿度 45%～60%。对杆菌灭菌效果最好，球菌次之，霉菌、酵母菌最差。实验前照射时间应不低于 30 min。

熏蒸消毒：细胞培养出现多次污染，或实验室两个月一次的常规消毒，均可用高锰酸钾 5～7.5 g 加 40%甲醛溶液 10～15 mL，混合放入一个开放容器内，立即可见白色甲醛烟雾，消毒房间需封闭 24 h，至少封闭 4 h。

煮沸消毒：金属器械和胶塞在水中煮沸 20～30 min，趁热倾去水分即可使用。

化学消毒：化学药品消毒灭菌法是应用能杀死微生物的化学制品进行消毒灭菌的方法。实验室桌面、用具及洗手用的溶液均可用化学药品进行消毒杀菌。常用消毒剂有 2%煤酚皂溶液(来苏尔)、0.25%新洁尔灭、1%升汞、3%～5%甲醛溶液以及 75%乙醇。

附录 G　光学仪器的保养与清洁

显微镜这类光学仪器是由许多光学零件和金属零件所组成的，因而必须按其特点进行维护保养。

一、光学系统

显微镜是由许多透镜、棱镜、反光镜等光学元件构成的。注意防止光学系统的灰尘和污物，经常保持清洁是十分必要的。

1. 附着在一般光学系统上的灰尘和污物部位的识别方法

(1) 用显微镜检查时：如果一面转动各个透镜，进行调换光程，则附着的灰尘和污物由于转动关系就能判断其所处的部位。例如：当目镜转动时灰尘跟着目镜的转动一起转动，则灰尘在目镜的部位而且是在成像面附近。

(2) 照相系统：由于照相透镜或转像棱镜上往往容易沾有灰尘，所以在照相前必须进行检查和清洁。

2. 必要的清洁工具

清洁工具有吹风球、刷子、镊子、棉棒、纱布、清洁剂(乙醚 7 份与纯乙醇 3 份的混合液)、放大镜(也可用目镜倒过来作为放大镜使用)。

3. 光学零件的清洁

(1) 如果在光学元件上附有灰尘,则要用吹风球吹去或用软刷子刷去。

(2) 对于脏污了的地方,将清洁剂(混合剂)蘸在脱脂纱布上或指定的透镜用纸上,自透镜的中心向外进行螺旋式地轻拭。

4. 浸油物镜的清洁

(1) 要养成每次使用显微镜观察或照相结束后及时地把镜头上的油全部拭去的习惯。否则由于油吸收空气中的水分,会改变折射率使解像力下降。

(2) 长期把物镜装在转换器上,不仅会影响镜体和外表,而且也是容易出现故障的原因。

(3) 清洁方法:把清洁剂(混合剂)蘸在透镜用纸上或脱脂棉上,拭去物镜和标本上的油。

5. 防霉、防雾措施

(1) 保持仪器良好的密封性,严禁曝热、酷冷、潮湿,以及水气、尘埃等侵入。

(2) 保持仪器干燥、防潮。正确存放仪器,干燥剂及时还原、勤更换。

6. 对光学零件发霉、生雾的处理

(1) 一般先用脱脂棉蘸上少许蒸馏水将表面的霉洗掉,然后再用脱脂棉蘸上少许混合剂反复轻擦,直至透明、清洁、无痕迹为止。

(2) 对胶合零件,切忌将混合剂渗入胶合层以防脱胶。

(3) 霉斑严重,表面受到腐蚀,影响透光率使像质模糊不清,则要送专门修理厂或制造厂进行擦洗或更换。

二、机械结构

(1) 显微镜上各精密机械机构是实现仪器动作、保证光学系统正确工作的可靠保证,在使用中不宜过分用力和随意乱动,对一些相互配合的运动部分,应经常维护,保持清洁,适当加油润滑、防锈、防腐,零部件切勿随意拆装。

(2) 严禁碰撞冲击和严防潮气及尘埃侵入,以免使光学零件位置发生变化及发霉生雾、锈蚀等。

(3) 金属零件表面油漆部的清洁:对手指印或油沾污的地方,可用混合剂擦拭去掉。

(4) 塑料部件的清洁,用中性洗剂(如肥皂水)沾在布上进行擦拭,不能用有机溶剂擦拭,否则会使塑料溶解产生发白等变化。

注意事项:

(1) 避免腐蚀性液体接触显微镜。

(2) 轻拿轻放,需双手持显微镜搬动。应放置于平稳的台面上,高级设备应配备减震装置。

(3) 更换镜头时用双手,防止镜头跌落。

(4) 切忌干擦镜头,尤其禁止用优质镜头纸以外的工具擦洗镜头。尤其应注意保护镜头的镀膜。

(5) 使用过油镜后,镜头应及时清洁,可用乙醚、二甲苯、苯等有机溶剂作为清洁剂。注意:乙醚高度易燃。

附录H 常用的单位换算

1. 实验室常用体积换算(表 H-1)

表 H-1 实验室常用体积换算

名　　称	换　算　法		
升(L)	1	10^{-3}	10^{-6}
毫升(mL)	10^{3}	1	10^{-3}
微升(μL)	10^{6}	10^{3}	1

2. 实验室常用质量单位换算(表 H-2)

表 H-2 实验室常用质量单位换算

名　　称	换　算　法							
千克(kg)	1	10^{-3}	10^{-6}	10^{-9}	10^{-12}	10^{-15}	10^{-18}	10^{-21}
克(g)	10^{3}	1	10^{-3}	10^{-6}	10^{-9}	10^{-12}	10^{-15}	10^{-18}
毫克(mg)	10^{6}	10^{3}	1	10^{-3}	10^{-6}	10^{-9}	10^{-12}	10^{-15}
微克(μg)	10^{9}	10^{6}	10^{3}	1	10^{-3}	10^{-6}	10^{-9}	10^{-12}
纳克(ng)	10^{12}	10^{9}	10^{6}	10^{3}	1	10^{-3}	10^{-6}	10^{-9}
皮克(pg)	10^{15}	10^{12}	10^{9}	10^{6}	10^{3}	1	10^{-3}	10^{-6}
飞克(fg)	10^{18}	10^{15}	10^{12}	10^{9}	10^{6}	10^{3}	1	10^{-3}
阿克(ag)	10^{21}	10^{18}	10^{15}	10^{12}	10^{9}	10^{6}	10^{3}	1

3. 实验室常用长度单位换算(表 H-3)

表 H-3 实验室常用长度单位换算

名　　称	换　算　法								
米(m)	1	10^{-1}	10^{-2}	10^{-3}	10^{-6}	10^{-9}	10^{-12}	10^{-15}	10^{-18}
分米(dm)	10	1	10^{-1}	10^{-2}	10^{-5}	10^{-8}	10^{-11}	10^{-14}	10^{-17}
厘米(cm)	10^{2}	10	1	10^{-1}	10^{-4}	10^{-7}	10^{-10}	10^{-13}	10^{-16}
毫米(mm)	10^{3}	10^{2}	10	1	10^{-3}	10^{-6}	10^{-9}	10^{-12}	10^{-15}
微米(μm)	10^{6}	10^{5}	10^{4}	10^{3}	1	10^{-3}	10^{-6}	10^{-9}	10^{-12}
纳米(nm)	10^{9}	10^{8}	10^{7}	10^{6}	10^{3}	1	10^{-3}	10^{-6}	10^{-9}
皮米(pm)	10^{12}	10^{11}	10^{10}	10^{9}	10^{6}	10^{3}	1	10^{-3}	10^{-6}
飞米(fm)	10^{15}	10^{14}	10^{13}	10^{12}	10^{9}	10^{6}	10^{3}	1	10^{-3}
阿米(am)	10^{18}	10^{17}	10^{16}	10^{15}	10^{12}	10^{9}	10^{6}	10^{3}	1

附录Ⅰ 实验室常用技术参数

1. 离心机转数与离心力的换算(图Ⅰ-1)

离心机的设计原理是利用驱动旋转时所产生的离心场力加快样品粒子的沉降速度，把样品中不同沉降系数或浮力密度差的物质分离开。

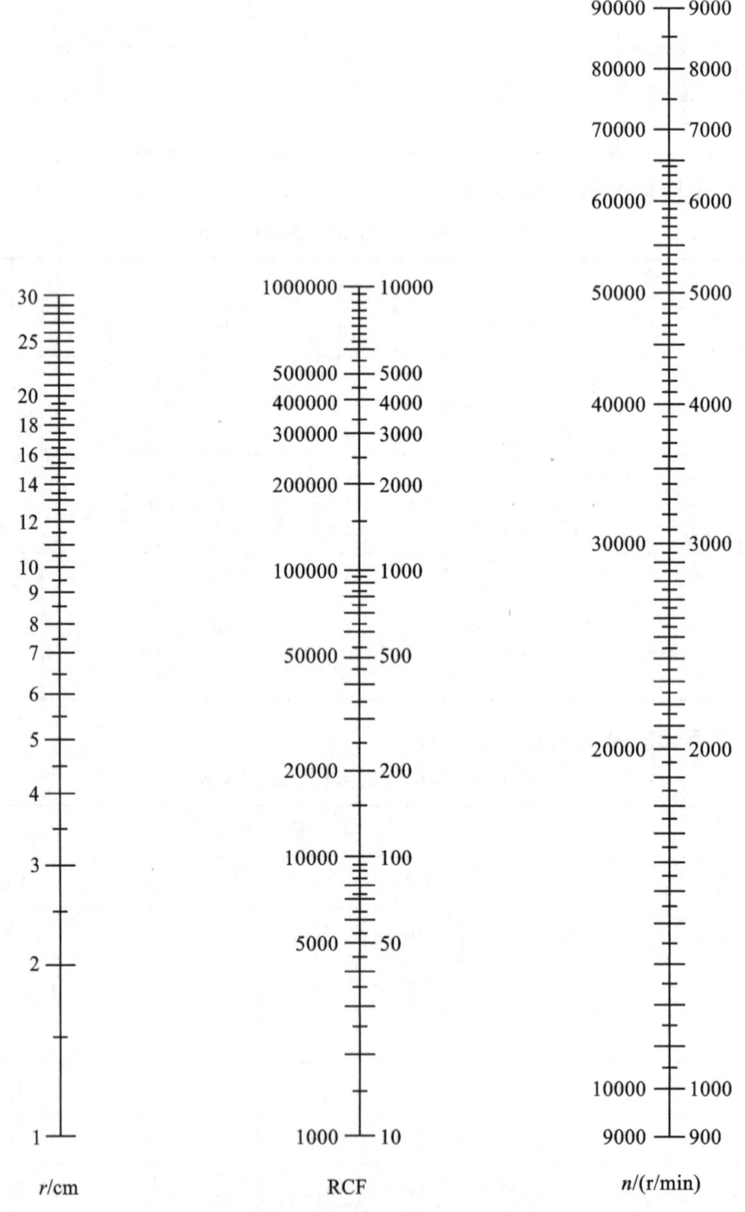

图Ⅰ-1 离心机转数与离心力的列线图

将离心机转数换算为离心力时，首先，在 r 标尺上取已知的半径和 n 标尺上取已知的离心机转数，然后，将这两点间连一条直线，在图中间 RCF 标尺上的交叉点即为相应离心力数值。

注意，若已知转数值处于 n 标尺的右边，则应读取 RCF 标尺右边的数值。同样，若转数值处于 n 标尺左边，则读取 RCF 标尺左边的数值。

离心机转数与离心力的列线图是由下述公式计算而来的：

$$RCF=1.119\times10^{-5}\times r\times n^2$$

式中：r 为离心机头的半径（角头），或离心管中轴底部内壁到离心机转轴中心的距离（甩平头），单位为 cm；n 为离心机转速，单位为 r/min；RCF 为相对离心力，以地心引力即重力加速度的倍数来表示，一般用 g（或数字$\times g$）表示。

2. 质量分数与物质的量浓度的换算

市售浓酸（硫酸、硝酸、盐酸等）都是采用%（质量分数）表示物质的含量，如需换算成物质的量浓度，可按照以下公式计算：

$$c=\frac{1000\times\rho\times w}{M}$$

式中：c 为物质的量浓度；ρ 为密度；M 为摩尔质量；w 为质量分数。

如质量分数为 37%，密度为 1.19 g/mL 的盐酸，物质的量浓度为

$$c=\frac{1000\times1.19\times37\%}{36.5}\ \text{mol/L}=12.1\ \text{mol/L}$$

3. 实验室常用酸、碱的相对密度和浓度的关系(表 I-1)

表 I-1　实验室常用酸、碱的相对密度和浓度的关系

名　　称	分子式	相对分子质量	相对密度	质量分数/(%)	物质的量浓度(粗略)/(mol/L)	配 1 L 1 mol/L 溶液所需体积/mL
盐酸	HCl	36.47	1.19	37.2	12	84
			1.18	35.4	11.8	
			1.10	20.0	6.0	
硫酸	H_2SO_4	98.09	1.84	95.6	18.0	28
			1.18	24.8	6.0	
硝酸	HNO_3	63.02	1.42	70.98	16.0	63
			1.40	65.3	14.5	
			1.20	32.36	6.1	
冰乙酸	CH_3COOH	60.05	1.05	99.5	17.4	59
乙酸	CH_3COOH	60.05		36	6.0	
磷酸	H_3PO_4	98.06	1.71	85.0	15,30,45(依反应而定)	67(以 15 mol/L 计)
氨水	NH_4OH	35.05	0.90		15	67
			0.904	27.0	14.3	70
			0.91	25.0	13.4	
			0.96	10.0	5.6	
氢氧化钠溶液	NaOH	40.0	1.5	50.0	19	53

4. 一般化学试剂的分级(表 I-2)

表 I-2 一般化学试剂的分级

标准及用途	规格				
	一级试剂	二级试剂	三级试剂	四级试剂	生物试剂
国内标准	保证试剂	分析纯	化学纯	实验试剂	B. R.
	绿色标签	红色标签	蓝色标签	化学用	
国际标准	A. R. C. R. A. C. S. P. A.	C. P. P. U. S. S. Puriss	L. R. E. P.	P. Purea	
用途	纯度最高,杂质含量最少。适用于最精确分析及研究工作	纯度较高,杂质含量较低。适用于微量的精确分析,为分析实验广泛使用	质量略低于二级试剂。适用于一般的微量分析实验,包括要求不高的工业分析和快速分析	纯度较低,但高于工业用试剂。适用于一般定性检验	根据说明使用

5. 蛋白质核酸换算数据

(1) 分光光度换算。

1 单位的 A_{260} 双链 DNA=50 μg/mL

1 单位的 A_{260} 单链 DNA=30 μg/mL

1 单位的 A_{260} 单链 RNA=40 μg/mL

(2) DNA 摩尔换算。

1 μg 的 100 bp DNA=1.52 pmol=3.03 pmol 末端

1 pmol 的 1000 bp DNA=0.66 μg

1 μg 的 pBR322 DNA=0.36 pmol

1 pmol 的 pBR322 DNA=2.8 μg

1 kb 双链 DNA(钠盐)=6.6×10^5 Da

1 kb 单链 DNA(钠盐)=3.3×10^5 Da

1 kb 单链 RNA(钠盐)=3.4×10^5 Da

(3) 蛋白质摩尔换算。

100 pmol 的 100 kDa 蛋白质=10 μg

100 pmol 的 50 kDa 蛋白质=5 μg

100 pmol 的 10 kDa 蛋白质=1 μg

氨基酸平均相对分子质量=126.7

(4) 蛋白质/DNA 换算。

1 kb DNA=333 个氨基酸编码容量=37 kDa 蛋白质

10 kDa 蛋白质=270 bp DNA

30 kDa 蛋白质=810 bp DNA

50 kDa 蛋白质=1.35 kb DNA

100 kDa 蛋白质=2.7 kb DNA

注：1 Da=1 u，u 为原子质量单位。

附录J 常用实验动物的血液生理生化

一、血细胞计数

1. C57B/6J 近交系小鼠(表 J-1 至表 J-4)

表 J-1 普通级 C57B/6J 近交系小鼠血细胞计数

指　　标	性别	平均值	范　　围	单位
白细胞计数(WBC)	♂	92.3	73.70～110.90	$10^2/mm^3$
	♀	89.4	68.80～110.00	
红细胞计数(RBC)	♂	7.9	7.44～8.36	$10^6/mm^3$
	♀	8.08	7.59～8.57	
血红蛋白(HGB)	♂	126.10	120.20～132.00	g/L
	♀	128.20	123.10～133.30	
红细胞压积(HCT)	♂	42	40.00～44.00	%
	♀	42	40.00～44.00	
血小板计数(PLT)	♂	1093	887.00～1299.00	$10^9/L$
	♀	1126	951.00～1301.00	

注：应用 EDTA 抗凝，美国库尔特 T540 电子血球计数仪及配套试剂。

表 J-2 清洁级 C57B/6J 近交系小鼠血细胞计数

指　　标	性别	平均值	范　　围	单位
白细胞计数(WBC)	♂	2.8333	1.8446～3.82220	$10^9/L$
	♀	5.1567	2.8432～7.4702	
红细胞计数(RBC)	♂	9.05	8.5067～9.5933	$10^{12}/L$
	♀	8.1517	7.3890～8.9144	
血红蛋白(HGB)	♂	134.1333	127.4600～140.8066	g/L
	♀	125.9667	115.3952～136.5382	
红细胞压积(HCT)	♂	41.0433	38.2765～43.8101	%
	♀	37.27	33.8002～40.7398	
平均红细胞容量(MCV)	♂	45.3667	43.9651～46.7683	fL
	♀	45.7667	44.0712～47.4622	
平均红细胞血红蛋白量(MCH)	♂	14.83	14.2236～15.4364	pg
	♀	15.48	14.6981～16.2619	

续表

指标	性别	平均值	范围	单位
平均红细胞血红蛋白浓度(MCHC)	♂	327.3	314.6532～339.9468	g/L
	♀	338.4667	322.2702～354.6632	
血小板计数(PLT)	♂	785.333	675.4470～895.2196	10^9/L
	♀	782.2333	605.7438～958.7228	

注:应用日本光电 MEK-5216(动物芯片)血球计数仪及配套试剂。

表 J-3　SPF 级 C57B/6J 近交系小鼠(4 周龄)血细胞计数

指标	性别	平均值	范围	单位
白细胞计数(WBC)	♂	9.2174	7.4653～10.9695	10^9/L
	♀	7.5304	5.8929～9.1679	
红细胞计数(RBC)	♂	8.39	7.6458～9.1342	10^{12}/L
	♀	8.8983	8.3236～9.4730	
血红蛋白(HGB)	♂	121.8696	110.5026～133.2366	g/L
	♀	131	121.6095～140.3905	
红细胞压积(HCT)	♂	37.6304	34.3052～40.9556	%
	♀	40.2739	37.4578～43.0900	
平均红细胞容量(MCV)	♂	44.8565	44.0891～45.6239	fL
	♀	45.2565	44.4227～46.0903	
平均红细胞血红蛋白含量(MCH)	♂	14.5348	14.2206～14.8490	pg
	♀	14.7174	14.4149～15.0199	
平均血红蛋白浓度(MCHC)	♂	323.8696	317.5213～330.2179	g/L
	♀	325.2609	317.7581～332.7637	
红细胞体积分布宽度(RDW)	♂	16.7478	15.4577～18.0379	%
	♀	17.0652	15.7833～18.3471	
血细胞计数(PLT)	♂	889.1304	787.4248～990.8360	10^9/L
	♀	735.3478	618.3592～852.3364	
血细胞积压(PCT)	♂	0.043	0.0281～0.0579	%
	♀	0.0348	0.0201～0.0495	
平均血小板体积(MPV)	♂	0.487	0.3294～0.6446	fL
	♀	0.4696	0.2876～0.6516	
血小板分布宽度(PDW)	♂	19.5913	18.7789～20.4037	%
	♀	20.6652	19.8375～21.4929	

注:应用日本光电 MEK-7222K 全自动血细胞分析仪及配套试剂,并且应用本仪器调整小鼠的阈值和敏感度进行测定。

表 J-4　SPF 级 C57B/6J 近交系小鼠(6 周龄)血细胞计数

指　　标	性别	平均值	范　　围	单位
白细胞计数(WBC)	♂	10.3091	8.4526～12.1656	10^9/L
	♀	9.8087	7.0663～12.5511	
红细胞计数(RBC)	♂	9.6323	9.0766～10.1879	10^{12}/L
	♀	9.5626	8.3476～10.7776	
血红蛋白(HGB)	♂	137.9546	128.7766～147.1326	g/L
	♀	136.087	119.5398～152.6342	
红细胞压积(HCT)	♂	41.8773	39.44419～44.3127	%
	♀	41.1826	36.0045～46.3607	
平均红细胞血红蛋白含量(MCH)	♂	14.3227	13.9361～14.7093	pg
	♀	14.2522	13.8456～14.6588	
平均红细胞血红蛋白浓度(MCHC)	♂	329.2273	322.5659～335.8887	g/L
	♀	330.8696	323.1218～338.6174	
红细胞体积分布宽度(RDW)	♂	15.4773	14.6171～16.3375	%
	♀	15.6478	14.7714～16.5242	
血小板计数(PLT)	♂	972.1364	845.2438～1099.0290	10^9/L
	♀	808.1304	585.7435～1030.5173	
平均血小板体积(MPV)	♂	0.4045	0.2286～0.5804	fL
	♀	0.6348	0.2929～0.9767	

注:应用日本光电 MEK-7222K 全自动血细胞分析仪及配套试剂,并且应用本仪器调整小鼠的阈值和敏感度进行测定。

2. SD 大鼠(表 J-5、表 J-6)

表 J-5　清洁级 SD 大鼠血细胞计数

指　　标	性别	平均值	范　　围	单位
白细胞计数(WBC)	♂	4.69	3.6682～5.7118	10^9/L
	♀	5.645	4.2938～6.9962	
红细胞计数(RBC)	♂	5.3385	4.8554～5.8216	10^{12}/L
	♀	5.678	5.1545～6.2015	
血红蛋白(HGB)	♂	120.65	114.2570～127.0430	g/L
	♀	131.7	123.9738～139.4262	
红细胞压积(HCT)	♂	31.82	29.4348～34.2052	%
	♀	31.075	27.7708～34.3792	
平均红细胞容量(MCV)	♂	59.7	57.5454～61.8546	fL
	♀	54.8	52.5852～57.0148	
平均红细胞血红蛋白含量(MCH)	♂	22.73	20.8821～24.5779	pg
	♀	23.305	21.7952～24.8148	

续表

指　　标	性别	平均值	范　　围	单位
平均红细胞血红蛋白浓度(MCHC)	♂	380.7	351.1221～410.2779	g/L
	♀	426.45	395.5725～457.3275	
血小板计数(PLT)	♂	534.75	424.1636～645.3364	10^9/L
	♀	410.95	281.6712～540.2288	

注:应用日本光电 MEK-5216(动物芯片)血球计数仪及配套试剂。

表 J-6　SPF 级 SD 大鼠(180～200 g)血细胞计数

指　　标	性别	平均值	范　　围	单位
白细胞计数(WBC)	♂	9.7211	7.9370～11.5052	10^9/L
	♀	7.68	6.4295～8.9305	
红细胞计数(RBC)	♂	6.7332	6.3124～7.1539	10^{12}/L
	♀	7.8075	7.3285～8.2865	
血红蛋白(HGB)	♂	139.6842	131.6561～147.7123	g/L
	♀	160.5	150.6458～170.3542	
红细胞压积(HCT)	♂	40.3211	38.2422～42.4000	%
	♀	41.26	38.7784～43.7416	
平均红细胞容量(MCV)	♂	59.9632	57.6955～62.2309	fL
	♀	52.875	50.7465～55.0035	
平均红细胞血红蛋白含量(MCH)	♂	20.7789	19.8119～21.7459	pg
	♀	20.565	19.8278～21.3022	
平均红细胞血红蛋白浓度(MCHC)	♂	346.3682	339.1931～352.5435	g/L
	♀	389.3	373.8826～404.7174	
红细胞体积分布宽度(RDW)	♂	15.5579	14.4122～16.7036	%
	♀	13.3	12.7699～13.8301	
血小板计数(PLT)	♂	1023.7895	910.4181～1137.1609	10^9/L
	♀	953.6	844.2963～1062.9037	
血小板压积(PCT)	♂	0.1242	0.0869～0.1615	%
	♀	0.065	0.0314～0.0986	
平均血小板体积(MPV)	♂	1.2	0.9292～1.4708	fL
	♀	0.68	0.3695～0.9905	
血小板分布宽度(PDW)	♂	18.2368	17.5691～18.9045	%
	♀	18.625	17.7928～19.4572	

注:应用日本光电 MEK-7222K 全自动血细胞分析仪及配套试剂,并且应用本仪器调整大鼠的阈值和敏感度进行测定。

3. 新西兰兔(表 J-7)

表 J-7 普通级新西兰兔 2～3 kg 血细胞计数

指　　标	性别	平均值	范　　围	单位
白细胞计数(WBC)	♂	9.725	6.7621～12.6879	10^9/L
	♀	10.81	6.5102～15.1098	
红细胞计数(RBC)	♂	6.488	4.7159～8.2601	10^{12}/L
	♀	5.461	4.3765～6.5455	
血红蛋白(HGB)	♂	120.8	88.0801～153.5199	g/L
	♀	103.5	111.1977～122.8023	
红细胞压积(HCT)	♂	38.105	28.6513～47.5587	%
	♀	32.895	27.0569～38.7331	
平均红细胞容量(MCV)	♂	59.055	56.7849～61.3251	fL
	♀	60.87	58.3244～63.4156	
平均红细胞血红蛋白含量(MCH)	♂	18.63	17.9810～19.2790	pg
	♀	19.14	18.2931～19.9869	
平均红细胞血红蛋白浓度(MCHC)	♂	315.7	307.2265～324.1735	g/L
	♀	314.55	301.6436～327.4564	
红细胞体积分布宽度(RDW)	♂	14.69	13.6806～15.6994	%
	♀	14.665	12.8451～16.4849	
血小板计数(PLT)	♂	465.9	253.5565～678.2435	10^9/L
	♀	421.8	49.7678～793.8322	
血小板压积(PCT)	♂	0.16	0.0756～0.2444	%
	♀	0.145	0.0363～0.2537	
平均血小板体积(MPV)	♂	3.385	2.8457～3.9243	fL
	♀	3.18	2.5266～3.8334	
血小板分布宽度(PDW)	♂	16.415	15.4404～17.3896	%
	♀	16.335	14.2138～17.4562	

注:应用日本光电 MEK-7222K 全自动血细胞分析仪及配套试剂,并且应用本仪器调整兔的阈值和敏感度进行测定。

4. BWE L2SPF 种鸡(表 J-8)

表 J-8 清洁级 10 周龄 BWE L2SPF 种鸡血细胞计数

指　　标	性别	平均值	范　　围	单位
白细胞计数(WBC)	♂	5.24	4.19～6.29	10^9/L
	♀	6.42	5.13～7.71	
红细胞计数(RBC)	♂	5.35	2.65～8.05	10^{12}/L
	♀	4.42	3.19～5.65	

续表

指　　标	性别	平均值	范　　围	单位
血红蛋白(HGB)	♂	118.6	107.27～129.93	g/L
	♀	119.29	99.71～138.69	
红细胞压积(HCT)	♂	60.56	27.25～93.87	%
	♀	48.34	33.24～63.44	
平均血红蛋白含量(MCH)	♂	26.1	15.75～36.45	pg
	♀	27.64	24.08～31.2	
平均血红蛋白浓度(MCHC)	♂	204.46	62.64～346.28	g/L
	♀	255.4	218.66～292.14	
红细胞体积分布宽度(RDW)	♂	11.54	10.25～12.83	%
	♀	11.12	10.04～12.2	
血小板计数(PLT)	♂	388.2	131.11～645.29	10^9/L
	♀	328	147.65～508.35	
平均血小板压积(MPV)	♂	7.58	6.66～8.5	fL
	♀	7.62	6.67～8.57	

二、常用实验动物血清电解质的含量及渗透压

1. C57BL/6J 近交系小鼠(表 J-9 至表 J-11)

表 J-9　清洁级 C57BL/6J 近交系小鼠血清电解质的含量及渗透压

指　　标	性别	平均值	范　　围	单　　位
磷(P)	♂	2.8668	2.6126～3.1210	mmol/L
	♀	0.92386	2.6012～3.2760	
钠(Na)	♂	155.0864	153.4135～156.7557	mmol/L
	♀	154.5483	153.0907～156.0059	
钾(K)	♂	7.0362	6.3714～7.7010	mmol/L
	♀	7.1848	6.6602～7.7094	
氯(Cl)	♂	117.1615	114.1465～120.1765	mmol/L
	♀	115.6183	113.5962～117.6314	
钙(Ca)	♂	2.33	2.2583～2.4017	mmol/L
	♀	2.3159	2.2269～2.4049	
镁(Mg)	♂	1.3468	1.2404～1.4532	mmol/L
	♀	1.3358	1.1981～1.4735	
二氧化碳(CO_2)	♂	21.1192	20.1501～22.0883	mmol/L
	♀	21.2207	20.0507～22.3907	
阴离子间隙(AG)	♂	23.8192	19.0982～28.5402	mmol/L
	♀	24.9207	21.8664～27.9750	

续表

指　标	性别	平均值	范　围	单　位
渗透压	♂	301.1042	297.5618～304.6466	mOsm/kg
	♀	300.4107	297.3970～303.4244	

注：应用贝克曼全自动生化分析仪 CX5，贝克曼原装试剂。

表 J-10　SPF 级 C57BL/6J 近交系小鼠(4 周龄)血清电解质的含量

指　标	性　别	平　均　值	范　围	单　位
磷(P)	♂	3.7300	3.3910～4.0690	mmol/L
	♀	3.6373	3.4613～3.8133	
钠(Na)	♂	212.6235	181.1011～244.1459	mmol/L
	♀	182.4800	178.2804～186.6760	
钾(K)	♂	11.1394	8.5642～13.6946	mmol/L
	♀	9.2907	8.9757～9.6057	
氯(Cl)	♂	171.1529	146.5655～195.7403	mmol/L
	♀	147.7544	143.8929～151.6137	
钙(Ca)	♂	2.6229	2.4100～2.8358	mmol/L
	♀	2.5213	2.4565～2.5861	
镁(Mg)	♂	1.4541	1.1698～1.7384	mmol/L
	♀	1.3940	1.2881～1.4999	
二氧化碳(CO_2)	♂	15.2647	12.5041～18.0253	mmol/L
	♀	14.6067	13.0518～16.1616	
阴离子间隙(AG)	♂	41.7200	35.2971～48.1429	mmol/L
	♀	29.4107	27.6055～31.2159	
渗透压	♂	439.3433	400.8278～477.8588	mOsm/kg
	♀	351.6147	343.7068～359.5226	

注：应用贝克曼全自动生化分析仪 CX5，贝克曼原装试剂。

表 J-11　SPF 级 C57BL/6J 近交系小鼠(6 周龄)血清电解质的含量

指　标	性　别	平　均　值	范　围	单　位
磷(P)	♂	3.9215	3.5840～4.2590	mmol/L
	♀	3.6880	3.5225～4.1208	
钠(Na)	♂	182.3590	170.2103～194.5077	mmol/L
	♀	183.3240	173.5022～193.1458	
钾(K)	♂	9.1920	8.5232～9.8608	mmol/L
	♀	8.7604	5.8577～11.6631	
氯(Cl)	♂	142.6800	134.2653～151.0947	mmol/L
	♀	141.9200	130.4607～153.3793	

续表

指　　标	性　　别	平　均　值	范　　围	单　　位
钙(Ca)	♂	2.5140	2.4570～2.5170	mmol/L
	♀	2.6196	2.2915～2.9477	
镁(Mg)	♂	1.6475	1.4961～1.7989	mmol/L
	♀	1.5244	1.0477～2.0011	
二氧化碳(CO_2)	♂	12.9850	11.4178～14.5525	mmol/L
	♀	14.4200	12.1806～16.6594	
阴离子间隙(AG)	♂	35.9220	31.7817～40.0623	mmol/L
	♀	35.4413	29.6955～41.1871	
渗透压	♂	350.9060	328.3705～373.4415	mOsm/kg
	♀	353.3238	334.3170～372.3306	

注：应用贝克曼全自动生化分析仪 CX5，贝克曼原装试剂。

2. SD 大鼠(表 J-12)

表 J-12　清洁级 SD 大鼠 180～200 g 血清电解质的含量

指　　标	性　　别	平　均　值	范　　围	单　　位
磷(P)	♂	3.1735	2.4107～3.9363	mmol/L
	♀	2.6315	2.3106～2.9524	
钠(Na)	♂	147.8000	146.0348～149.5652	mmol/L
	♀	149.3000	147.1212～151.4788	
钾(K)	♂	6.8440	6.1027～7.5833	mmol/L
	♀	6.3430	5.4490～7.2370	
氯(Cl)	♂	108.3500	106.9256～109.7744	mmol/L
	♀	110.2500	108.3340～112.1660	
钙(Ca)	♂	2.2355	2.1487～2.3223	mmol/L
	♀	2.1360	2.2293～2.4027	
镁(Mg)	♂	1.1325	0.8479～1.4171	mmol/L
	♀	1.3040	1.1710～1.4370	
二氧化碳(CO_2)	♂	24.7050	23.3518～26.0582	mmol/L
	♀	23.1550	21.0398～25.2702	
阴离子间隙(AG)	♂	21.5200	19.6459～23.3924	mmol/L
	♀	22.1950	18.8014～25.5886	
渗透压	♂	285.5270	282.5292～288.5248	mOsm/kg
	♀	288.7125	284.5146～292.9104	

注：应用贝克曼全自动生化分析仪 CX5，贝克曼原装试剂。

3. 新西兰兔(表 J-13)

表 J-13 普通级新西兰兔 2～3 kg 血清电解质的含量

指　　标	性　　别	平 均 值	范　　围	单　　位
磷(P)	♂	1.9710	1.66676～2.2744	mmol/L
	♀	2.2097	1.7174～2.6987	
钠(Na)	♂	149.3050	145.9318～152.6782	mmol/L
	♀	150.8700	141.6493～160.0907	
钾(K)	♂	4.8455	4.1036～5.5874	mmol/L
	♀	5.1795	4.1064～6.2526	
氯(Cl)	♂	113.0100	109.1852～116.8348	mmol/L
	♀	110.1450	103.7100～116.5800	
钙(Ca)	♂	3.3978	3.0429～3.7527	mmol/L
	♀	3.6885	3.3776～3.9994	
镁(Mg)	♂	1.2440	1.0766～1.4114	mmol/L
	♀	1.3910	1.0803～1.0717	
二氧化碳(CO_2)	♂	18.7700	15.5439～21.9961	mmol/L
	♀	16.6200	10.9543～22.2857	
阴离子间隙(AG)	♂	22.3705	18.3678～26.3732	mmol/L
	♀	29.2900	17.5610～41.0190	
渗透压	♂	288.9770	282.5221～295.4319	mOsm/kg
	♀	292.3360	274.9864～309.6856	

注:应用贝克曼全自动生化分析仪 CX5,贝克曼原装试剂。

4. 伊沙蛋鸡(表 J-14)

表 J-14 普通级 20 日龄伊沙蛋鸡血清电解质的含量及渗透压

指　　标	平 均 值	范　　围	单　　位
磷(P)	1.713	1.527～1.899	mmol/L
钠(Na)	116.846	113.228～120.464	mmol/L
钾(K)	4.42	4.165～4.675	mmol/L
氯(Cl)	10.686	10.585～10.787	mmol/L
钙(Ca)	2.409	1.974～2.124	mmol/L
镁(Mg)	0.908	0.865～0.951	mmol/L
渗透压	260.833	253.878～267.788	mOsm/kg

注:数据采用甲基百里香酚蓝比色法、焦性锑酸钾比浊法、四苯硼钠比浊法、孔雀绿直接显色法等测得。

参考文献

[1] 刘江东,赵刚,邓凤娇,等.细胞生物学实验教程[M].武汉:武汉大学出版社,2005.
[2] 卢龙斗,常重杰.遗传学实验技术[M].北京:科学出版社,2007.
[3] 王金发,何炎明,刘兵.细胞生物学实验教程[M].2版.北京:科学出版社,2011.
[4] 马丹炜,王万军.细胞生物学实验教程[M].北京:科学出版社,2010.
[5] 章静波,黄东阳,方瑾.细胞生物学实验技术[M].北京:化学工业出版社,2006.
[6] 李玲,李雪峰.细胞生物学实验[M].长沙:湖南科学技术出版社,2003.
[7] 薛雅蓉,张晶,华子春.实用细胞生物学实验[M].北京:科学出版社,2013.
[8] 桑建利,谭信.细胞生物学实验指导[M].北京:科学出版社,2010.
[9] 杨汉民.细胞生物学实验[M].2版.北京:高等教育出版社,2002.
[10] 丁明孝,苏都莫日根,王喜忠,等.细胞生物学实验指南[M].北京:高等教育出版社,2009.
[11] 王崇英,高清祥.细胞生物学实验[M].3版.北京:高等教育出版社,2011.
[12] J.S.博尼费斯农,M.达索,J.B.哈特佛德,等.精编细胞生物学实验指南[M].章静波,等译.北京:科学出版社,2007.
[13] 王冬平,曾林,尚世臣.实验动物血液生理生化参考手册[M].北京:科学出版社,2011.
[14] 郭振.细胞生物学实验[M].北京:中国科学技术大学出版社,2012.
[15] 刘佳,李宏.医学细胞生物学与遗传学实验教程[M].北京:科学出版社,2012.
[16] 赛利斯(Celis J).细胞生物学实验手册第一卷[M].3版.北京:科学出版社,2008.
[17] 赛利斯(Celis J).细胞生物学实验手册第二卷[M].3版.北京:科学出版社,2008.
[18] J.E.科利根,B.E.比勒,D.H.马古利斯,等.精编免疫学实验指南[M].曹雪涛,等译.北京:科学出版社,2009.
[19] 裘法祖,武忠弼,吴在德,等.现代免疫学实验技术.[M].2版.武汉:湖北科学技术出版社,2002.
[20] 樊延俊.细胞生物学实验技术[M].青岛:中国海洋大学出版社,2006.
[21] 赵刚,刘江东.医学细胞生物学实验教材[M].2版.北京:科学出版社,2010.
[22] 余光辉.图解细胞生物学实验教程[M].北京:化学工业出版社,2013.
[23] 乔守怡.遗传学分析实验教程[M].北京:高等教育出版社,2008.
[24] 刘祖洞,江绍慧.遗传学实验[M].北京:高等教育出版社,1987.
[25] 于兰芝.瑞氏-吉姆萨染色法在白带综合检查中的应用[J].中国医药指南,2013,07:394.
[27] 兰忠诚.临床3种血涂片常用染色方法的比较分析[J].国际检验医学杂志,2012,05:581-582.
[28] 鲁质博,刘晓东.血涂片标本瑞氏-姬姆萨混合染色方法的探讨[J].第四军医大学吉林

军医学院学报,2001,04:217.

[29] [德]J. R. 哈里斯,[英]J. 格雷厄姆,[英]D. 赖克伍德. 细胞生物学实验方案[M]. 吕社民,李冬民,孟列素,等译. 北京:化学工业出版社,2009.

[30] 吕冬霞. 细胞生物学实验技术[M]. 北京:科学出版社,2012.

[31] 关兵才,张海林,李之望. 细胞电生理学基本原理与膜片钳技术[M]. 北京:科学出版社,2013.

[32] 吕国蔚. 实验神经生物学[M]. 北京:科学出版社,2002.

[33] 小川和郎,中根一穗. 酶组织细胞化学技术[M]. 上海:上海医科大学出版社,1989.

[34] 王崇英,高清祥. 细胞生物学实验[M]. 3 版. 北京:高等教育出版社,2011.

[35] 薛庆善. 体外培养的原理与技术[M]. 北京:科学出版社,2001.

[36] 高小权,黄克和,雷鹏,等. 高钙日粮对青年蛋鸡血清电解质动态变化的影响[J]. 天津农业科学,2011,17(1):96-99.

[37] 冷超,韩凌霞,于海波,等. 不同周龄 BWE L2 SPF 种鸡生理生化指标的测定[J]. 中国比较医学杂志,2007,17(12):697-701.

[38] 朱巍,郑斯英,钟慎斌,等. Calyculin A 诱导染色体凝聚的方法探讨[J]. 苏州医学院学报,2001,21:533-534.

[39] 杨献光,马克学. "绿色荧光蛋白(GFP)液压转基因"的实验教学探索[J]. 生物学通报,2011,46:22-23.

[40] 李杰,李玉琴. MTT 法在肿瘤研究中的改良及应用进展[J]. 中国肿瘤临床,1998,25(4):312-313.

[41] 周建军,乐秀芳,韩家娴,等. 评价抗癌物质活性的改良 MTT 方法[J]. 中国医药工业杂志,1993,24(1):455-457.

[42] Gotoh E,Asakawa Y,Kosaka H. Inhibitin of protetein serine/threonine phosphatases directly induces premature chromosome condensation in mammalian somatic cells[J]. Biomedical Res,1995,16:63-68.

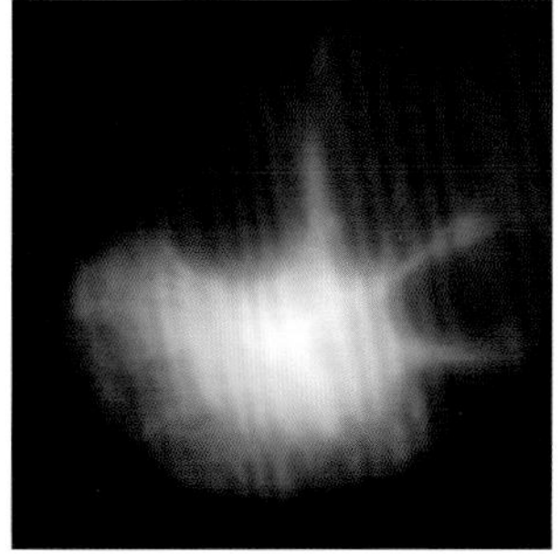
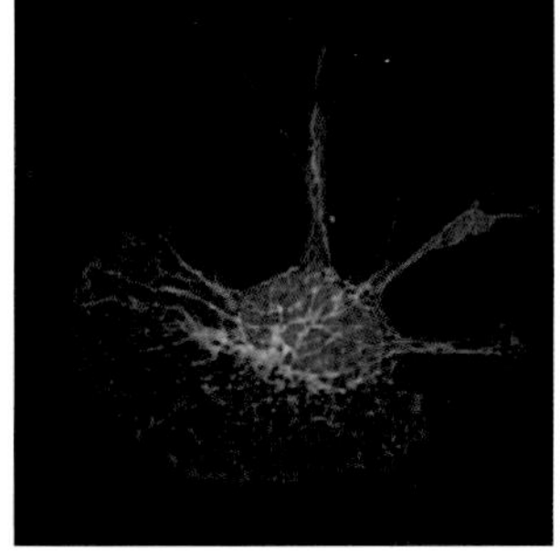

彩图 1　高分辨率共聚焦扫描三维图像

注:巨噬细胞,蓝色为 DNA,蓝色为微管,肌动蛋白为红色。左图为低分辨处理,右图为高分辨重建图像。

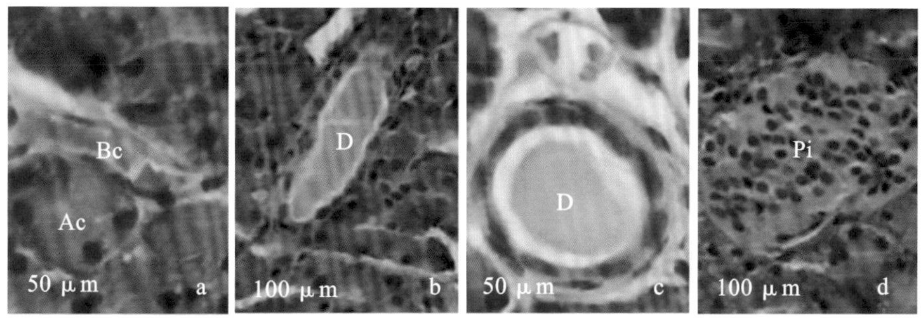

彩图 2　HE 染色显示塔里木兔胰腺组织学结构

a. 腺泡(×400);b. 导管(×200);c. 导管(×400);d. 胰岛(×200)

Ac. 腺泡(acinar cell);Bc. 血细胞(blood cell);D. 导管(duct);Pi. 胰岛(pancreatic islet)

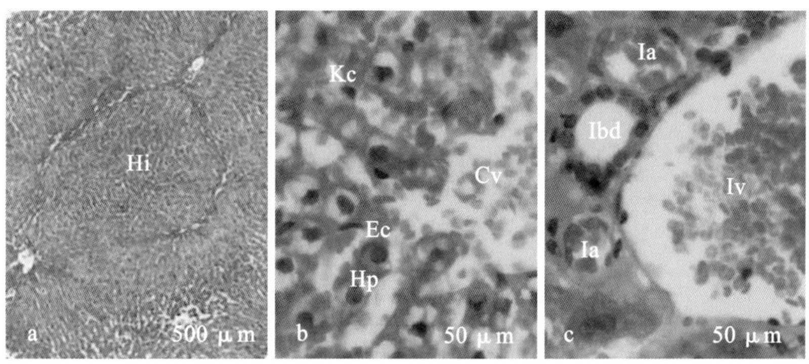

彩图 3　HE 染色显示塔里木兔肝脏组织学结构

a. 肝光镜低倍像(×40);b. 肝小叶局部高倍像(×400);c. 门管区(×400)

Hi. 肝小叶;Cv. 中央静脉;Hp. 肝板;Kc. 枯否细胞;Ec. 内皮细胞;Iv. 小叶间静脉;Ia. 小叶间动脉;Ibd. 小叶间胆管

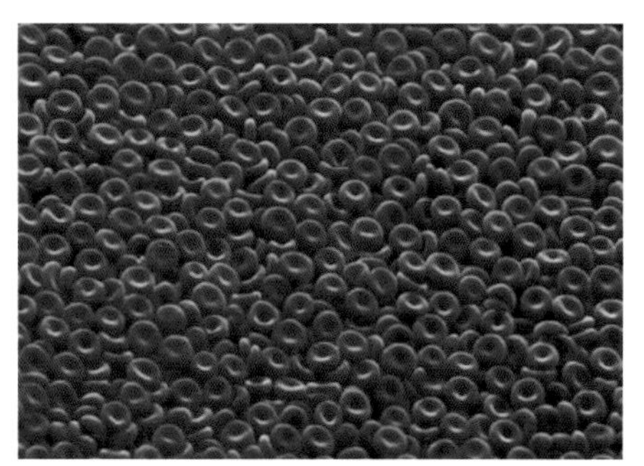

彩图 4　红细胞扫描电子显微镜镜下图

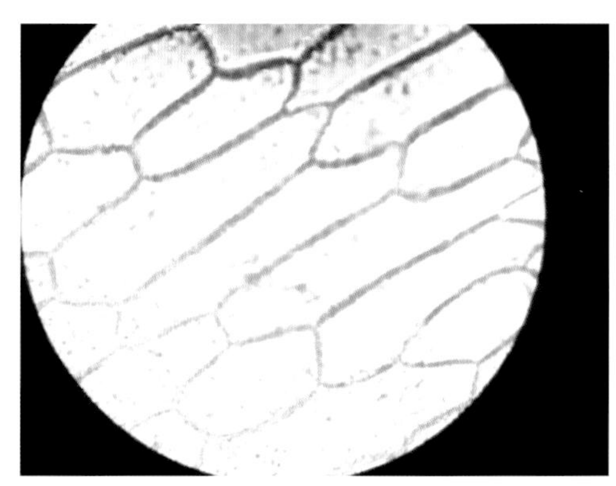

彩图 5　洋葱鳞茎内表皮示线粒体(40×10)

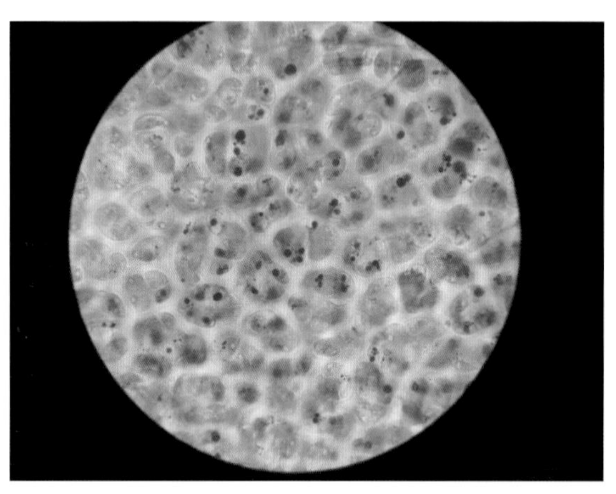

彩图 6　液泡系中性红活体染色

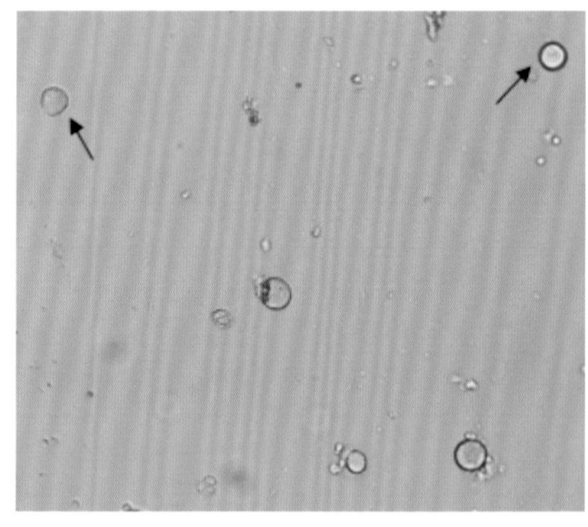

彩图 7　急性分离的 DRG 细胞

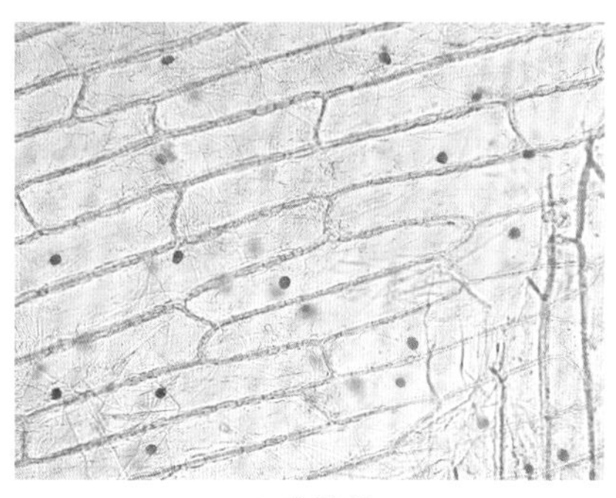

(a) 实验组

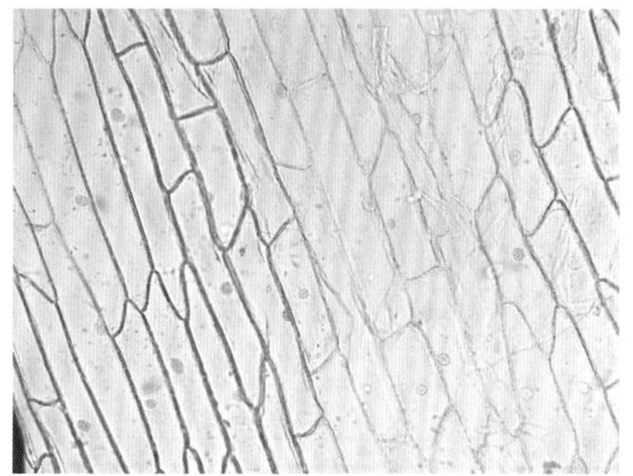

(b) 对照组

彩图 8　洋葱鳞茎表皮的 Feulgen 反应实验结果

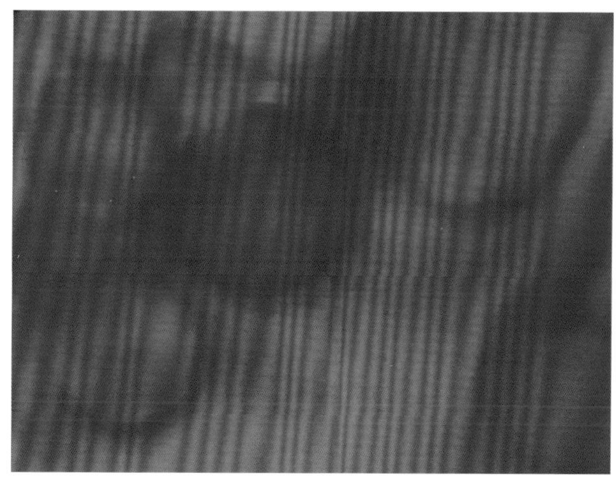

彩图 9　PAS 反应显示马铃薯块茎细胞中多糖的分布(紫红色化合物)

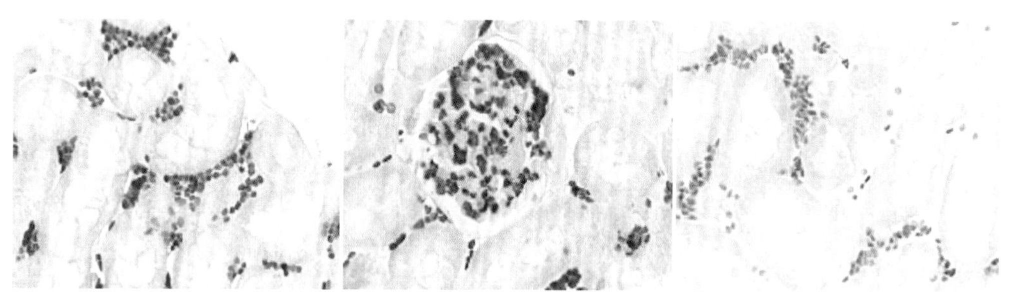

彩图 10　联苯胺反应显示过氧化物酶在兔肾脏细胞中的分布

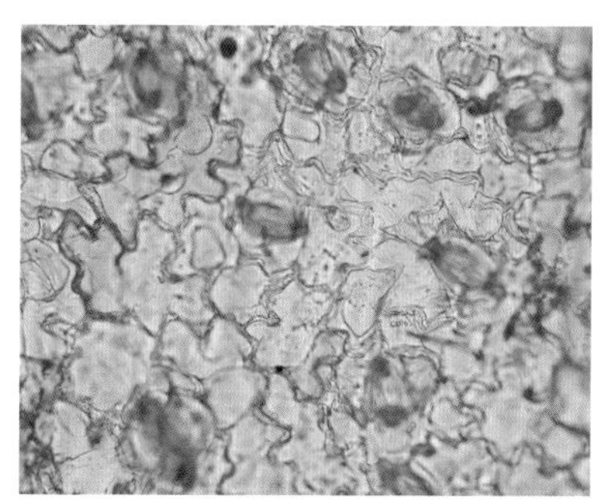
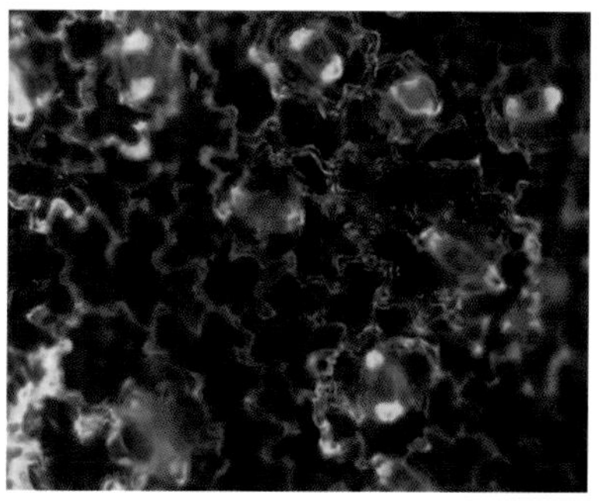

彩图 11　细胞壁蛋白与 GFP 蛋白融合基因烟草的叶表皮图(100×)

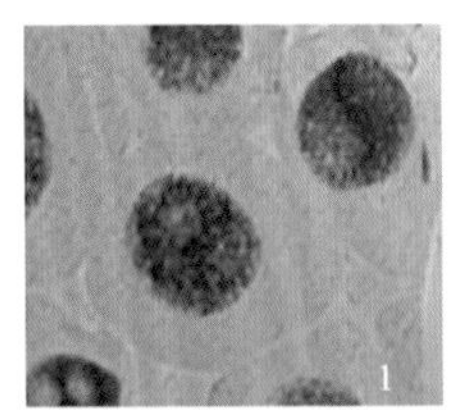
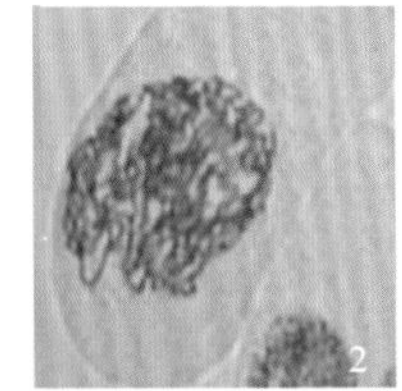
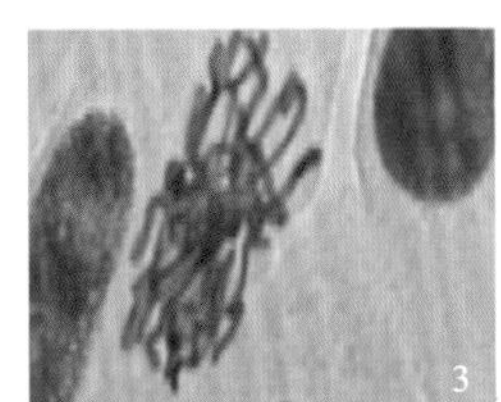
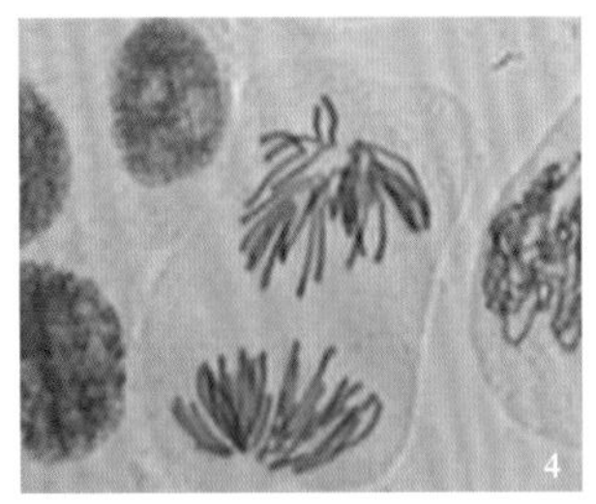
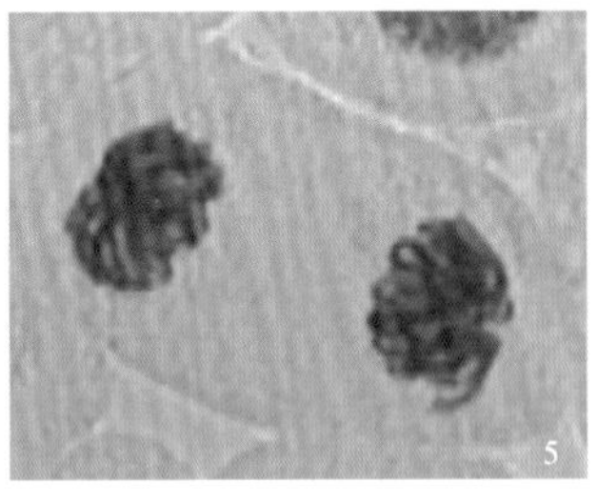

彩图 12　有丝分裂各个时期的不同形态

1—间期；2—前期；3—中期；4—后期；5—末期

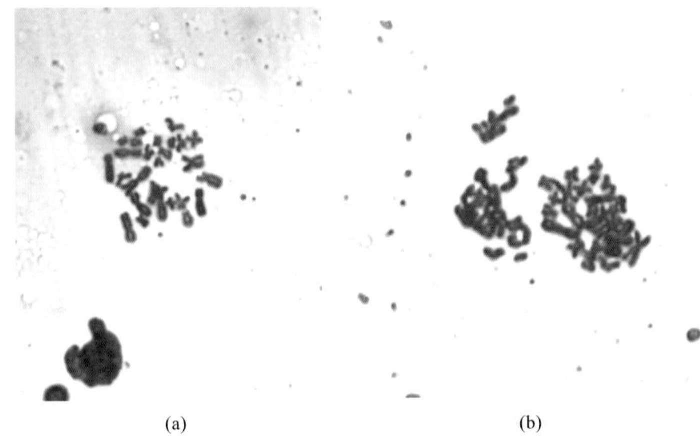

(a)　　　　(b)

彩图 13　青蛙骨髓细胞染色体

(a)单个分散的骨髓细胞染色体；(b)两个骨髓细胞的染色体

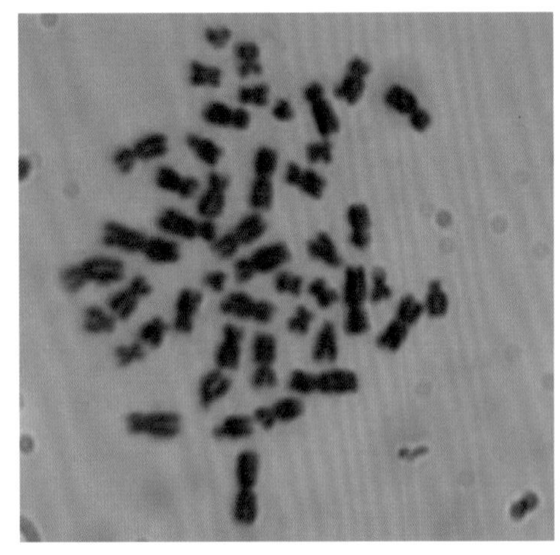

彩图 14　人淋巴细胞染色体(46,XY)